高等职业教育“十四五”规划教材

猪生产技术

王冬群　主编

中国农业大学出版社
·北京·

内容简介

本教材依据课程项目化教学改革的思路，在体系设计上，以养猪生产工作环节组织项目内容，按企业经营管理流程安排学习内容和学习顺序，贴近生产实际；在内容选取上，充分吸纳了养猪行业发展的新知识、新技术、新工艺和新方法。按照养猪生产的工作过程，全书内容分为现代化猪场建设、猪种资源及选择利用、标准化公猪饲养、标准化母猪饲养、精细化小猪保育、数字化肉猪育肥、智能化猪舍管理七个项目，又根据工作细节，将七个项目分解成若干个任务，每个任务均具有较强的实践操作性，可解决生产中的具体问题。教材中穿插有相关岗位的技能操作和实训内容，另外有相关知识的拓展，可供学习。

本教材可作为高等职业院校畜牧兽医相关专业的教学用书，也可作为猪场岗位培训和畜牧兽医行业技术人员、猪场工作人员以及广大养猪户的参考用书。

图书在版编目(CIP)数据

猪生产技术 / 王冬群主编. --北京：中国农业大学出版社，2024.8

ISBN 978-7-5655-3134-7

Ⅰ.①猪…　Ⅱ.①王…　Ⅲ.①养猪学　Ⅳ.①S828

中国国家版本馆 CIP 数据核字(2023)第 237532 号

书　　名　猪生产技术

作　　者　王冬群　主编

策划编辑　康昊婷　　**责任编辑**　康昊婷

封面设计　郑　川　李尘工作室

出版发行　中国农业大学出版社

社　　址　北京市海淀区圆明园西路 2 号　　**邮政编码**　100193

电　　话　发行部 010-62733489,1190　　读者服务部 010-62732336

编辑部 010-62732617,2618　　出　版　部 010-62733440

网　　址　http://www.caupress.cn　　**E-mail** cbsszs@cau.edu.cn

经　　销　新华书店

印　　刷　北京溢漾印刷有限公司

版　　次　2024 年 8 月第 1 版　　2024 年 8 月第 1 次印刷

规　　格　185 mm×260 mm　　16 开本　　13 印张　　321 千字

定　　价　42.00 元

编审人员

主　编　王冬群

副主编　方和俊　张珍誉

编　者　（以姓氏笔画为序）

王冬群（眉山职业技术学院）

毛　建（眉山职业技术学院）

方和俊（眉山职业技术学院）

刘洪亮（四川省眉山万家好种猪繁育有限公司）

张珍誉（眉山职业技术学院）

吴　锐（四川省眉山万家好种猪繁育有限公司）

何　帅（眉山职业技术学院）

黄树平（眉山职业技术学院）

主　审　马卿山（新希望六和股份有限公司）

前　言

本教材是在党的二十大提出的“加强教材建设和管理”等相关精神指导下，根据《关于职业院校专业人才培养方案制订与实施工作的指导意见》（教职成〔2019〕13号）、《关于全面提高高等职业教育教学质量的若干意见》等有关文件精神，依据高等职业教育服务区域经济发展、以就业为导向、突出实践技能、增强职业能力的培养目标，结合目前我国养猪发展实际并着眼未来养猪技术发展编写而成的。

本教材以培养面向生产、建设、服务和管理第一线需要的高技能人才为目标，确保教材内容与生产实践相结合。教材在设计上，以分析专业岗位为起点，按照“基于工作过程”的思路，从典型的职业活动出发，整合理论知识和实践技能；在内容安排上，以项目化的形式组合内容，项目的编排以养猪生产过程为主线；教材内容的选取力求针对岗位需求，以任务体现，解决生产中的具体问题，培养学生的职业能力和可持续发展能力，使本教材方便学生阅读。本教材可作为高等职业院校畜牧兽医相关专业的教学用书，也可作为猪场岗位培训和畜牧兽医行业技术人员、猪场工作人员以及广大养猪户的参考用书。

本书在编写过程中，参阅了大量的相关书籍，很多来自养猪生产一线的技术人员及专家参与了教材的设计与指导，在此谨向有关编著者及专家学者表示真诚的感谢。同时，本教材的编写和出版工作也得到了眉山职业技术学院和中国农业大学出版社的大力支持，在此一并表示诚挚的感谢。

由于编者的学识、业务水平和经验有限，且编写时间仓促，书中不尽完善及谬误之处，敬请大家批评指正。

编　者

2023年8月

目　录

项目一
现代化猪场建设

项目导读

现代养猪业已较多采用现代科学技术和生产方式，体现养猪生产专业化、品种专门化、产品上市均衡化及生产过程自动化的特点。在这种规模化生产过程中，只有采用现代的环境管理技术，从猪生长发育不同阶段对温湿度、空气质量、光照、社会环境以及动物福利等需求出发，对猪舍环境进行合理调控，才能生产出优质的畜产品，获得最佳的生产效益。猪场的科学规划设计，要体现选址科学，布局合理，生产流程通畅，猪舍建设与配套设备、设施投资回报合理，利于猪场可持续发展的特点，利于猪场生产潜力最大限度地发挥。猪场建设内容可归纳为猪场设计与建设和猪场环境控制两个方面。

学习目标

素质目标：

1. 培养学生具有科学严谨、精益求精的职业精神。
2. 培养学生具有动物福利、生物安全、环境保护的意识。
3. 培养学生具有想养猪、爱养猪、养好猪的职业志向。

知识目标：

1. 了解场址选择应考虑的自然条件和社会条件，选择猪场场址。
2. 了解猪场的经营类型和生产工艺流程。
3. 能正确选择并建设猪舍，合理选择设备、设施和场址。

技能目标：

1. 会科学选择猪场场址，并依此提出意见和建议。
2. 能根据猪场性质、规模确定工艺流程及建设规划意见。
3. 能合理提出选择设备方案及环境调控方案。

思维导图

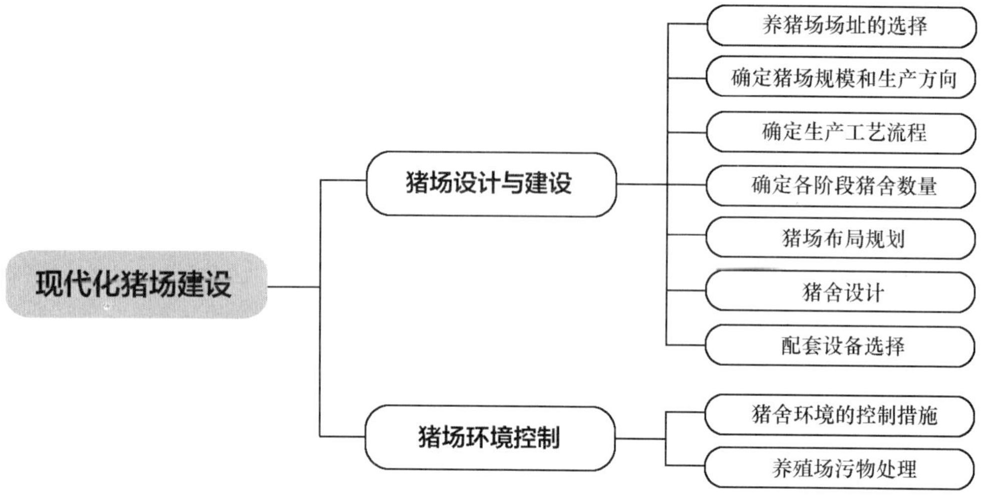

任务一　猪场设计与建设

一、养猪场场址的选择

猪场用地应符合土地利用发展规划和村镇建设发展规划，满足建设工程需要的水文和工程地质条件。场址选择应根据猪场的性质、规模和任务，考虑场地的地形、地势，水源，土壤，气候等自然条件，同时兼顾饲料及能源供应、交通运输、产品销售、与周围工厂（居民点、其他畜禽场等）的距离等有效防疫条件要求，以及当地农业生产、猪场粪污物无害化处理和排污能力、环保等社会条件，符合国家相关法律法规、当地土地利用发展规划和村镇建设发展规划，进行全面调查和综合分析后再做出决定。

（1）地形地势　猪场地形要求开阔整齐，有足够的面积。地形狭长或边角多不便于场地规划和建筑物布局；面积不足会造成建筑物拥挤，给饲养管理、改善场区和猪舍环境及防疫、防火等造成不便。非集约化猪场生产区面积一般可按繁殖母猪每头 5～50 m^2 或上市商品育肥猪每头 3～4 m^2 考虑，猪场生活区、行政管理区、隔离区另作考虑，并且需要留有发展余地。集约化猪场生产区面积按照存栏头数计算，每头猪使用面积 2 m^2。一般一个自繁自养年出栏 1 万头肥猪的大型商品猪猪场，占地面积以 30 000 m^2 为宜。

猪场地势要求较高、干燥、平坦、背风向阳、有缓坡。地势低洼的场地易积水潮湿，夏季通风不良，空气闷热，易滋生蚊蝇和微生物，而冬季则阴冷。有缓坡的场地便于排水，但坡度以不大于 25°为宜，以免造成场内运输不便。在坡地建场宜选背风向阳坡，以利于防寒和保证场区较好的小气候环境。集约化猪场建场选址时应主要考虑原料、生猪运输、防疫和粪污处理等问题。

厂址选择应本着节约用地、不占或少占农田的原则。建场面积依猪场的任务、性质、规模和场地的具体情况而定。自然保护区（图 1-1）、饮用水水源保护区（图 1-2）、风景旅游区（图 1-3），受洪水或山洪威胁及泥石流、滑坡等自然灾害多发地带，自然环境污染严重的地区地段或地区严禁建场。

图 1-1　中国自然保护区标志

图 1-2　饮用水水源保护区标志

图 1-3　风景旅游区

(2)水源水质　猪场水源要求水量充足,水质良好,便于取用和进行卫生防护,并易于净化和消毒。水质要清洁,不含细菌、寄生虫卵及矿物毒物。农业农村部在 NY 5027—2008《无公害食品　畜禽饮用水水质》、NY 5028—2008《无公害食品　畜禽产品加工用水水质》中明确规定了无公害畜牧生产中的水质要求。水源不符合饮用水卫生标准的,必须经净化消毒处理,达到标准后方能饮用。

水源水质必须满足场内生活用水、猪只饮用及饲养管理用水(如调制饲料、冲洗猪舍、清洗机具和用具等)的要求。水源的建设还要给猪场今后的生产发展留有余地。一个万头猪场日用水量可达 150～250 L,不同生长阶段猪只需水量见表 1-1,供选择场址时参考。

表 1-1　不同生长阶段猪只需水量

类别	总需水量/[L/(头·天)]	饮用量/[L/(头·天)]
种公猪	40	10
空怀及妊娠母猪	40	12
带仔母猪	75	20
断奶仔猪	5	2
育肥猪	15	6

(3)土壤特性　土壤的物理、化学和生物学特性都会影响猪的健康和生产力。一般情况下,猪场土壤要求透气性好、溶水性好、热容量大,这样可抑制微生物、寄生虫和蚊蝇的滋生,并可使场区昼夜温差变小。土壤化学成分通过饲料或水影响猪的代谢和健康,某些化学元素缺乏或过多,都会造成地方病,如缺碘造成甲状腺肿,缺硒造成白肌病,多氟造成斑釉齿和大骨节病等。土壤虽有一定的自净能力,但许多病原微生物可存活多年,而土壤又难以彻底进行消毒,所以土壤一旦被污染,则多年具有危害性。选择场址时应避免在旧猪场场址或其他畜牧场场地上重建或改建。为避免与农争地,少占耕地,选址时不宜过分强调土壤种类和物理特性,应着重考虑化学和生物学特性,注意地方病和疫情的调查。

(4)周围交通环境　猪场要求交通便利,特别是大型集约化的商品猪场,饲料、产品、粪污废弃物运输量很大,为了减少运输成本,在防疫条件允许的情况下,猪场场址应保证便利的交通条件。交通干线又往往是疫病传播的途径,因此选择场址时既要考虑交通方便,又要使猪场与交通干线保持适当的距离。按照猪场建设标准,猪场需距离铁路,国家一级、二级公路

300 m以上,距离国家三级公路150 m以上,距国家四级公路50 m以上。猪场应修建专用道路与主要公路相连,保证饲料的就近供应、产品的就近销售及粪污和废弃物的就地利用和处理等,以降低生产成本和防止污染周围环境。但是在非洲猪瘟背景下,很多养猪场为保证生物安全,将场址选择建在较偏远地方(图1-4)。

图1-4 建在偏远地方的猪场

(5)电力 距电源近,节省输变电开支。供电稳定,少停电。机械化猪场有成套的机电设备,包括供水、保温、通风、饲料加工、饲料运输、饲料输送、清洁、消毒、冲洗等设备,用电量较大,加上生活用电,一个万头猪场装机容量(除饲料加工外)应满足70~100 kW。当电网供电不能稳定供给时,猪场应自备小型发电机组,以应付临时停电。

(6)卫生防疫要求 为了保持良好的卫生防疫和安静的环境,猪场应远离居民区、兽医机构、屠宰场、公路、铁路干线,并根据当地常年主导风向,使猪场位于居民点的下风向和地势较低处,但要避开居民点的污水排出口。与其他牧场应保持足够距离,一般牧场间距应不少于150 m,大型牧场间距应不少于1 000 m。另外,猪场会产生大量的粪便及污水,如果能把养猪与养鱼、种植蔬菜和水果或其他农作物结合起来,则会变废为宝,综合利用,保持生态平衡,保护环境。

二、确定猪场规模和生产方向

(一)年出栏头数

猪场的饲养规模是指在养猪场正常运营的情况下,养猪场年出栏商品猪的头数,如千头猪场、万头猪场等。种猪场也可以按照基础母猪头数计。

小型养猪场:年出栏1 000~5 000头商品猪,年饲养基础母猪<300头。

中型养猪场:年出栏5 000~10 000头商品猪,年饲养基础母猪300~600头。

大型养猪场:年出栏10 000头以上商品猪,年饲养基础母猪>600头;规模超过3 000头宜分场建设,有利于猪场疫病防治、环境控制、粪污处理。

1.规模化养猪场

实际生产中以基础母猪100头,年出栏商品猪2 000~2 400头为一个标准规模养猪场,每周至少有4~5头母猪产仔,5~6头母猪配种、妊娠,每周出栏商品肉猪40头,需要6个劳动力完成全部任务，投入资金 130 万元，产出约 150 万元，每头母猪产生利润大约 2 000 元。自繁自养的规模化养猪场、年出栏 300～5 000 头商品猪的标准化规模养猪场、养猪专业户，其基础母猪头数参见表 1-2。

表 1-2　不同规模养猪场基础母猪头数指标

建设规模/(头/年)	400～500	500～1 000	1 000～2 000	2 000～3 000	3 000～5 000
基础母猪/头	20～30	30～50	50～80	80～120	120～200

2.集约化猪场

集约化猪场通常是指大规模的猪场，通过使用优良的猪种，饲喂全价饲料，创造适宜的环境，执行严格的防疫，实行集约化养猪，最终达到获得较高经济效益的目的。将生产环节按照工业生产方式进行，按繁殖周期安排工艺流程，按节拍均衡生产，实行全进全出制度。

(二)生产方向

根据生产方向可细分为哺乳仔猪场、生长育肥猪场、自繁自养猪场和种猪场。哺乳仔猪场要求保育猪经过保育期饲养体重达到 20～25 kg，然后销售给生长育肥猪生产者；自繁自养也称全程饲养，即配种、分娩、育肥 3 个过程结合的一种饲养方式；种猪场主要生产并出售种猪。养猪场性质和规模的确定应先根据市场需求制订，再考虑生产技术水平、投资能力和各方面基础条件。种猪场应尽可能纳入国家或地区的繁育体系，其性质和规模应符合国家或地区的要求，建场时应慎重考虑，切忌盲目追求高层次、大规模，否则很可能导致投入产出不成比例、资金链断裂、猪场倒闭的严重后果。

(三)确定生产模式和生产方式

1.集约化

集约化养猪，就是以“集中、密集、制约、节约”为前提，按照养猪生产的客观规律和地区特点而采取的对猪群、劳力、设备的合理配置和适度组合的方式，并采用先进的养猪科学技术，挖掘各类猪群的生产潜力，提高养猪效益。集约化养猪以高效益为目的，力求用较低的成本在较短的时间内生产较多的产品，主要体现在：集约化养猪可以有效地提高猪舍的利用率，可比传统养猪节省猪舍面积 30%～50%，猪场占地面积和占地投资也相应减少；实施早期断乳、同期发情等先进繁殖技术，提高母猪的利用强度，使母猪年产仔窝数增加到 2.5 窝；适宜的环境和合理的饲养管理，加强良种选育工作；充分挖掘猪的生产潜力，提高商品猪生产水平，一般育肥猪达 90 kg 体重的日龄为 170～180 d；饲料转化率得到提高，我国育肥猪的饲料转化率一般为 2.8∶1。

2.非集约化

非集约化饲养主要是指农村家庭传统散养，养殖户多，养殖规模小，养殖数量少，分散饲养。受到现代化、规模化养殖和疫病、防疫风险等因素的影响，这种养殖模式如今越来越少。

3.自动喂饲

自动喂饲主要使用机械喂料。经饲料加工厂加工好的全价配合饲料，直接装入饲料罐车运输到生产区内，送入饲料贮存塔中，然后用螺旋输送机输送到猪舍内的自动落料饲槽或食槽内进行饲喂，供猪采食。这种供料饲喂的方法，不仅使饲料保持新鲜，不受污染，减少包装、装卸和散漏损失，还可以实现机械化、自动化，节省劳力，提高劳动生产率。但缺点是设备造价高，投资成本大，对电的依赖性大。目前一些大型猪场均采用智能喂饲系统，有效地提高了劳动效率。

4.人工喂饲

人工喂饲是指以人工喂料为主的喂饲方式，饲料采用袋装，人工送到猪舍，投到自动落料饲槽或食槽，供猪采食。尽管人工运送喂饲劳动强度大，劳动效率低，饲料装卸、运送损失大，饲料又易受到污染，但这种方式所需设备较少，除食槽外主要是加料车。

加料车通常机动性较好，可在猪舍走道与操作间之间的任意位置运行和装卸饲料；投资少，制作简单，适宜运送各种性状的饲料；不需要电力，任何地方都可采用。

三、确定生产工艺流程

（一）规模化养猪工艺参数

为了准确计算各类猪群的存栏数、猪舍及各猪舍所需栏位数、饲料用量和产品数量，必须根据猪场的品种、生产力水平、技术水平、经营管理水平和环境设施等，实事求是地确定生产工艺参数，参数发生错误，设计失败，必将影响生产流程。为此，参数制定必须反复推敲，慎重确定。

（1）繁殖周期　繁殖周期决定母猪的年产窝数，关系到养猪生产水平的高低，其计算公式如下：

$$繁殖周期=妊娠期+哺乳期+空怀期$$

其中，妊娠期平均为114 d；哺乳期一般为28 d，条件好的猪场采用21 d断乳；空怀期包括两个阶段：一是断乳至发情时间5～7 d，二是配种至受胎时间，此段时间影响发情期受胎率和分娩率的高低；假定分娩率为100%，将返情的母猪多养的时间平均分配给每头猪，其时间是：21×(1－情期受胎率) d。以28 d断乳为例，其繁殖周期＝114＋28＋7＋21×(1－情期受胎率)，即：繁殖周期＝149＋21×(1－情期受胎率)。

例如：当发情期受胎率为90%时，繁殖周期为151 d。发情期受胎率每增加5%，繁殖周期就减少1 d。

（2）母猪年产窝数　母猪年产窝数＝(365÷繁殖周期)×分娩率

即

$$母猪年产窝数=\frac{365\times 分娩率}{114+哺乳期+7+21\times(1-发情期受胎率)}$$

当母猪发情期受胎率为90%，仔猪哺乳期为28 d时，母猪年产窝数可以达到2.4窝/年；当仔猪21 d断乳时，母猪年产窝数就可以达到2.5窝/年。可见仔猪早期断乳、妊娠母猪的饲养等技术是提高母猪生产力水平的关键技术环节，其工艺参数可参考表1-3。

表 1-3　某万头商品猪场工艺参数

项目		参数	项目		参数
妊娠期/d		114	每头母猪年产活仔数/头	出生时	19.4
哺乳期/d		35		35 日龄	17.5
保育期/d		28～35		36～70 日龄	16.6
断乳至受胎/d		7～14		71～170 日龄	16.3
繁殖周期/d		156～163	平均日增重/g	出生～35 日龄	194
母猪年产胎次/次		2.15		36～70 日龄	486
母猪窝产仔数/头		10		71～160 日龄	722
窝产活仔数/头		9	公、母猪年更新率/%		35(28)
成活率/%	哺乳仔猪	90	母猪情期受胎率/%		90
	断乳仔猪	95	妊娠母猪分娩率/%		95
	生长育肥猪	98	公、母猪比例		1:25
出生至目标体重/kg	初生重	1.2～1.4	圈舍冲洗消毒时间/d		7
	35 日龄	8～8.5	生产节律/d		7
	70 日龄	25～30	母猪临产前进产房的时间/d		7
	160～170 日龄	90～100	母猪配种后原圈观察时间/d		21

(二)规模化养猪工艺流程

规模化养猪工艺流程是根据集约化、工厂化养猪生产的要求，把养猪生产过程分为空怀、配种、妊娠、分娩、哺乳、保育、生长和育肥等一系列的生产过程。一个猪群完成一个阶段的生产工序之后，就会转入下一个生产工序，每道工序分别在不同的栋舍(或称为车间)里完成。生产环节、形似工业生产的车间组成一条连续生产的生产线，规模化养猪工艺流程有两个特点：一是连续的流水式生产，二是全进全出均衡生产。规模化养猪生产工艺流程模式如图 1-5 所示。但在实际生产中，工艺流程的设计需根据生产环节、猪种特点、饲养规模、饲料质量、技术水平、饲养方式、设备条件等实际情况而定，目前主要有“一点一线”和“多点式”生产工艺。

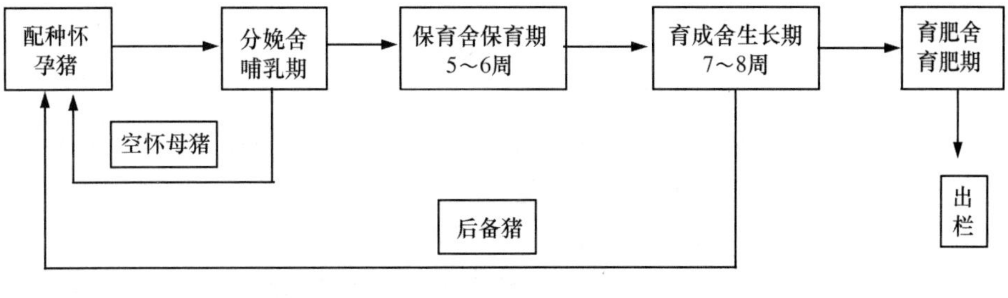

图 1-5　规模化养猪生产工艺流程示意图

1."一点一线"生产工艺

在一个生产区把配种、妊娠、分娩、哺乳、保育、生长、育肥等生产程序组成一条生产线。目前运用较多的有四段饲养法、五段饲养法和六段饲养法。

(1)四段饲养三次转群工艺流程　此流程是将养猪生产过程按配种妊娠、分娩哺乳、保育、生长育肥共四道工序划分,每道工序完成一个生产阶段的任务,完成一道工序进行一次转群,共需要三次转群。如果仔猪 4 周龄断乳,保育猪 10 周龄,其工艺流程如图 1-6 所示,其特点是将待配母猪、妊娠母猪及公猪在同一猪舍内分区饲养,猪群调动较少,便于饲养与管理。断乳后的保育猪在专门的保育工段饲养至 10 周龄,待体重达 25～30 kg 时,再转入生长育肥舍饲养 12～13 周,体重达 90～120 kg 时出栏销售。这样便于采取措施满足断乳后的仔猪对环境条件要求高的特点,有利于提高成活率。

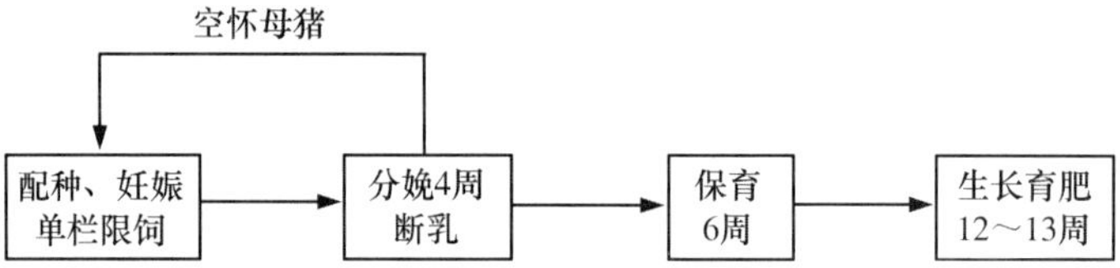

图 1-6　四段流程示意图

(2)五段饲养四次转群工艺流程　五段饲养四次转群生产流程是将养猪生产过程分为空怀配种期、妊娠期、哺乳期、仔猪保育期、生长育肥期共五道工序,每道工序完成一个生产阶段的任务,完成一道工序进行一次转群,共需要四次转群,称为五段饲养四次转群生产流程。它的主要特点是在四段饲养工艺的基础上,把空怀待配母猪和妊娠母猪分开,单独组群,有利于配种,提高繁殖率。空怀母猪配种后观察 21 d,确认妊娠后转入妊娠舍饲养至产前 7 d 转入分娩哺乳舍。这种工艺的优点是断奶母猪复膘快、发情集中、便于发情鉴定,容易把握适时配种。其工艺流程如图 1-7 所示。

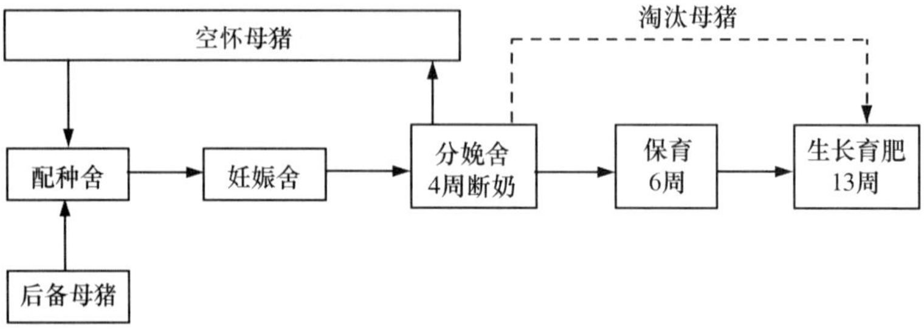

图 1-7　五段饲养四次转群工艺流程示意图

(3)六段饲养五次转群工艺流程　此流程是将养猪生产过程按配种、妊娠、分娩哺乳、仔猪保育、生长猪育成、育肥共六道工序划分,每道工序完成一个生产阶段的任务,完成一道工序进行一次转群,共需要五次转群,称为六段饲养五次转群生产流程。其工艺流程如图 1-8 所示。它的主要特点是在五段饲养工艺的基础上,将空怀待配母猪和妊娠母猪分开饲养,空怀母猪经 1 周左右配种期和 3 周左右的妊娠鉴定期,转入妊娠舍饲养 12 周,最后 1 周转入分娩哺乳舍。这种安排有利于断乳母猪的复膘、发情鉴定及配种,而且能防止空怀母猪和妊娠母猪之间争斗引发的流产,便于根据母猪妊娠后的膘情采取合适的饲养方法,但转群易造成应激增多,应采取措施预防机械性流产的发生。

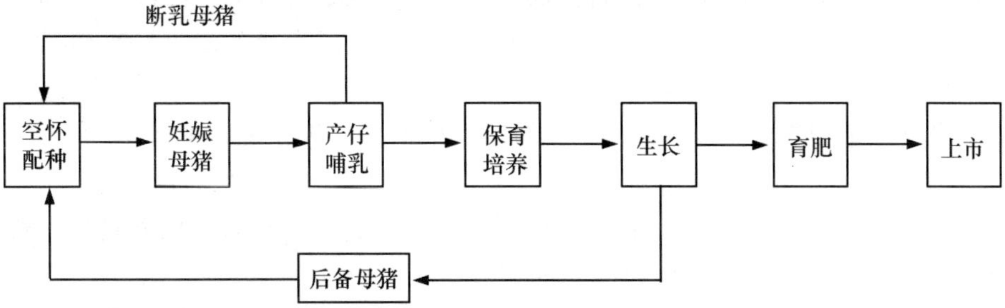

图 1-8　六段饲养五次转群生产流程示意图

"一点一线"生产工艺最大优点是地点集中,管理方便,转群容易。缺点是猪群过于集中,在同一条生产线上,有一个生产环节出现问题,其他环节就会不可避免地受到影响,尤其是疫病的交叉感染,难以防控,防疫显得困难。

2."多点式"生产工艺

此模式养猪生产工艺及猪场布局往往是以场为单位实行全进全出。生产中有"二点式"和"三点式"生产工艺。其工艺流程如图 1-9 及图 1-10 所示。

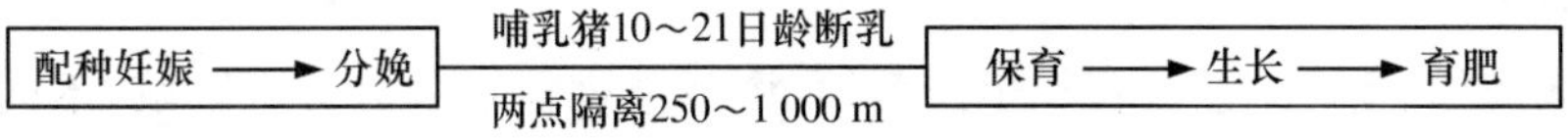

图 1-9　"二点式"流程示意图

图 1-10　"三点式"流程示意图

多点式生产工艺,能有效地隔离一些疫病的传播,保证仔猪的健康水平,提高猪群的成活率与生长速度。全进全出的饲养工艺流程,大型规模化猪场常实行多点式养猪生产工艺及猪场布局,以场为单位实行全进全出,这样不但有利于防疫、方便管理,而且可以避免因猪场过于集中给环境控制和粪污处理带来的压力。总之,实际生产过程中,必须根据猪场的性质和规模,以提高生产水平为前提来确定饲养工艺流程中饲养阶段的划分。

(三)工艺组织

合理的生产工艺是提高养猪生产效率的可靠保证。生产工艺的确定需要考虑以下因素。

(1)确定饲养模式　养猪的生产模式不仅要根据经济、气候、能源、交通等综合条件来确定,还要根据猪场的性质、规模、技术水平来确定。例如同样是集约化饲养,公猪与待配母猪可以同舍饲养,也可以分舍饲养;母猪可以单栏限位饲养,也可以小群饲养或大群智能喂饲;配种方式有的采取本交,有的采取人工授精。因此,各类猪群的饲养、环境控制、清粪等方式都需要一定的饲养模式来确定。饲养模式一定要符合当地的条件,灵活运用,不能照抄照搬。对于配套的设施和设备,要选择性地使用,既要提高生产效率,又要降低成本。

(2)确定繁殖节律　繁殖节律是指相邻两群泌乳母猪转群的时间间隔(天数)。按照规模化养猪的要求，在一定时间内对一群母猪进行配种，使其受胎后及时组成一定规模的生产群，以保证分娩后形成确定规模的泌乳母猪群，泌乳母猪群在规定的时间进行转群，并获得规定数量的仔猪，进而形成有节奏的生产。合理的繁殖节律是流水式生产工艺的前提，是合理利用猪舍，组织劳动管理，均衡生产商品肉猪的基础。

繁殖节律一般采用1、2、3、4、7或10日制。可根据猪场规模确定繁殖节律，年产5万～10万头商品猪的企业多实行1或2日制，即每天或每2 d有一批母猪配种、产仔、断乳、仔猪保育和肉猪出栏；年产1万～3万头商品猪的企业多实行7日制；规模较小的养猪场一般采用10或12日制。7日制与其他节律相比，有以下优点。

①可减少待配母猪和后备母猪的饲养头数。猪的发情周期是21 d，是7的倍数。

②可将繁育的技术工作和劳动任务安排在一周前5 d完成，避开周六和周日。由于大多数母猪在断乳后第5～7天发情，配种工作可安排在3 d内完成。这样就使生产中的配种和转群工作全部在周四、周五之前完成。配种母猪数量不足可按规定由后备母猪补充。

③有利于按周、按月和按年制订工作计划，建立有序的工作和休假制度，减少工作的混乱性和盲目性。

四、确定各阶段猪舍数量

1.猪群结构

根据猪场规模、生产工艺流程和生产条件，将生产过程划分为若干阶段，不同阶段组成不同类型的猪群，计算出每一类群猪的存栏数量，就形成了猪群的结构。饲养阶段划分的目的是为了最大限度地利用猪群、猪舍和设备，提高生产效率。下面以年产万头商品育肥猪的猪场为例，介绍一种简便的猪群结构计算方法。

(1)生产指标　为了提高管理效率，猪场应科学设计相应的生产指标和实际生产指标。实际生产指标取决于生产技术水平，是日常生产管理的依据。某万头猪场实际生产指标如下，可依此进行猪群数量的计算。①母猪年均产仔窝数为2.1窝。②母猪使用年限为3年，公猪使用年限为2～3年。③每窝平均产活仔数为10头。④哺乳仔猪成活率为90%。⑤断乳仔猪成活率为95%。⑥生长肥育猪成活率为98%。⑦一次情期受精怀胎率为80%。⑧怀胎分娩率为95%。

(2)年产仔总窝数

年产仔总窝数＝年计划出栏头数/(窝产仔数×从出生至出栏的成活率)

＝10 000/(10×90%×95%×98%)＝1 193

(3)每个节律转群头数　以7 d为一个节律计算。

①每周产仔窝数＝1 193/52＝23(窝)，一年52周，即每周分娩、泌乳母猪数为23头。

②每周妊娠母猪数＝23/95%＝24(头)，分娩率95%。

③每周配种母猪数＝24/90%＝27(头)，情期受胎率90%。

④每周哺乳仔猪数＝23×10×90%＝207(头)，成活率90%。

⑤每周保育仔猪数＝207×95%＝197(头)，成活率95%。

⑥每周生长育肥猪数＝197×98%＝193(头)，成活率98%。

(4)各类猪群组数　生产以7 d为节律，故猪群组数等于饲养的周数。

(5)猪群的结构　各类猪群存栏数＝每组猪群头数×猪群组数。

万头猪场猪群结构见表1-4。生产母猪为561头(135＋288＋138)，公猪、后备猪群的计算方法为：

①公猪数：561/25＝22(头)，公母比例1∶25。

②后备公猪数：22×35％＝8(头)。公猪年更新率为35％，若半年更新1次，实际养4头即可。

③后备母猪数：561×28％/52/0.5＝6(头/周)，母猪年更新率为28％，留种率为50％。

表1-4　万头猪场猪群结构

猪群种类	饲养周期/周	组数/组	每组头数/头	存栏数/头	备注
空怀配种母猪群	5	5	27	135	配种后观察21 d
妊娠母猪群	12	12	24	288	
泌乳母猪群	6	6	23	138	妊娠母猪产前1周转入分娩舍
哺乳仔猪群	5	5	230	1 150	按出生头数计算
保育仔猪群	5	5	207	1 035	按转入的头数计算
生长育肥猪群	13	13	196	2 548	按转入的头数计算
后备母猪群	8	8	6	48	8个月配种
公猪群	52			22	不转群
后备公猪群	12			8	9个月使用
总存栏数				5 372	

2.猪栏配备

现代化养猪生产能否按照工艺流程进行，关键是猪舍和栏位配置是否合理。猪舍的类型一般是根据猪场规模、猪群种类划分的，而栏位数量需要准确计算，计算栏位需要量方法如下：

各饲养群猪栏分组数＝猪群组数＋消毒空舍时间(d)/生产节律(7 d)

每组栏位数＝(每组猪群头数/每栏饲养量)＋机动栏位数

各饲养群总栏位数＝每组栏位数×猪栏组数

如果采用空怀待配母猪和妊娠母猪小群饲养、泌乳母猪网上饲养，消毒空舍时间为7 d，则万头猪场的栏位数如表1-5所示。

表1-5　万头猪场各饲养群猪栏配置数量(参考)

猪群种类	猪群组数/组	每组头数/头	每栏饲养量/(头/栏)	猪栏组数/组	每组栏位数/个	总栏位数/个
空怀配种母猪群	5	27	4～5	6	7	42
妊娠母猪群	12	24	4～5	13	6	78
泌乳母猪群	6	23	1	7	24	168
保育仔猪群	5	207	8～12	6	19	114
生长育肥猪群	13	196	8～12	14	18	252
公猪群(含后备)	—	—	1	—	—	28
后备母猪群	6	6	4～6	7	3	21

五、猪场布局规划

(一)场地规划

1.场地分区

猪场一般可分为4个功能区,即生活区、生产管理区、生产区、隔离区。为便于防疫和安全生产,应根据当地全年主风向与地势,依顺序安排以上各区,即生活区→生产管理区→生产区→隔离区。

(1)生活区　生活区包括文化娱乐室、职工宿舍、食堂等。此区应设在猪场大门外面。为保证良好的卫生条件,避免生产区臭气、尘埃和污水的污染,生活区应设在上风向或侧风向和地势较高的地方,同时其位置应便于与外界联系。

(2)生产管理区　生产管理区包括行政和技术办公室、接待室、饲料加工调配车间、饲料储存库、办公室、水电供应设施、车库、杂品库、消毒池、更衣消毒和洗澡间等。该区与日常饲养工作关系密切,距生产区距离不宜太远。饲料库应靠近进场道路,并在外侧墙上设卸料窗,场外运料车辆不许进入生产区,饲料由卸料窗进入料库;消毒、更衣、洗澡间应设在猪场大门一侧,进生产区人员一律经消毒、洗澡、更衣后方可入内。

(3)生产区　生产区包括各类猪舍和生产设施,是猪场的核心区域,严禁外来车辆进入生产区,也禁止生产区车辆外出。各猪舍由料库内门领料,用场内小车运送。在靠围墙处设装猪台,售猪时由装猪台装车,避免外来车辆进场。

(4)隔离区　隔离区包括兽医室和隔离猪舍、尸体剖检和处理设施、粪污处理及贮存设施等。该区是卫生防疫和环境保护的重点区域,应设在整个猪场的下风或偏风方向、地势较低处,避免疫病传播和环境污染。

2.场内道路和场内排水

道路应分净道和污道,互不交叉。净道用于运送饲料、产品等,污道则用于运送粪污、病猪、死猪等。场内道路要求防水防滑,生产区不宜设直通场外的道路,而生产管理区和隔离区应分别设置通向场外的道路,以利于卫生防疫。

场区排水设施为排除雨水和雪水而设。一般可在道路一侧或两侧设明沟排水,也可设暗沟排水,但场区排水管道不宜与舍内排水系统的管道通用,以防杂物堵塞管道影响舍内排污,并防止雨季污水池满溢,污染周围环境。

3.场区绿化

场区内宜植树、种草、栽花,做好绿化工作,对改善场区小气候有重要意义。绿化可以美化环境,更重要的是可以吸尘灭菌、降低噪声、净化空气、防疫隔离、防暑防寒。场区绿化可按冬季主风的上风向设防风林,在猪场周围设隔离林,猪舍之间、道路两旁进行遮阳绿化,场区裸露地面可种花草。场区绿化植树需考虑树干高低和树冠大小,防止夏季阻碍通风和冬季遮挡阳光。

(二)建筑物布局

猪场建筑物的布局在于正确安排各种建筑物的位置、朝向、间距。布局时需考虑各建筑物间的功能关系、卫生防疫、通风、采光、防火、节约用地等。

生活区和生产管理区与场外联系密切，为保障猪群防疫，宜设在猪场大门附近，门口分设行人和车辆消毒池。两侧设值班室和更衣室。生产区各猪舍的位置需考虑方便配种、转群等，并注意卫生防疫，种猪舍、仔猪舍应置于上风向和地势高处。妊娠猪舍、分娩猪舍应放到较好的位置。分娩猪舍要靠近妊娠猪舍，又要接近仔猪培育舍，成猪舍靠近育肥舍，育肥舍设在下风向。围墙内侧设装猪台，运输车辆停在围墙外装车。如商品猪场可按种公猪舍、空怀母猪舍、妊娠母猪舍、断乳仔猪舍、育肥猪舍等建筑物顺序靠近排列。病猪和粪污处理设施应置于全场最下风向和地势最低处，距生产区宜保持至少 50 m 的距离。

猪舍的朝向关系到猪舍的通风、采光和排污效果，根据当地主导风向和日照情况确定炎热地区，并根据当地夏季主导风向安排猪舍朝向，加强通风效果，避免太阳直射；寒冷地区，应根据当地冬季主导风向确定朝向，减少冷风渗透量，增加热辐射。一般以冬季或夏季主风向与猪舍长轴有 30°～60°夹角为宜，应避免主风方向与猪舍长轴垂直或平行。为了利于防暑和防寒，猪舍一般以南向或南偏东(西)45°以内为宜。

各建筑物排列整齐、合理，既要利于道路、给水和排水管道、绿化、电线等的布置，又要便于生产和管理工作。猪舍之间的距离以能满足光照、通风、卫生防疫和防火的要求为原则。综合考虑光照、通风、卫生防疫、防火及节约用地等各种要求，猪舍间距一般以 3～5 H(H 为南排猪舍檐高)为宜。

六、猪舍设计

猪舍是猪的主要活动场所，猪舍建筑设计是否科学合理直接影响猪生产性能的发挥和圈舍利用率。为此，根据猪场生产工艺流程以及猪在不同生长发育阶段的特点和要求建造猪舍，是猪舍建筑设计的基础。

1.猪舍建筑

猪舍建筑有多种类型。根据屋顶形式不同可划分为单坡式，双坡式、平顶式、拱顶式等；根据猪栏排列形式不同可划分为单列式、双列式和多列式；根据猪舍对温度、湿度、空气等环境条件控制程度不同可划分为有窗密闭式猪舍和无窗密闭式猪舍。

从目前整体效果来看，以有窗密闭双列式猪舍优点较多，内设顶棚(视地区冬季最低气温而定)，保温隔热性能好。窗的大小、结构和安装高度根据当地气候条件决定，寒冷地区多采用坐北朝南的猪舍，南窗应大，北窗要小，窗为双层双扇内开带纱窗。夏季依靠自然条件通风换气，冬季靠机械辅助通风换气。

2.猪舍基本结构

猪舍结构主要包括屋顶、顶棚、门窗、墙壁、地面等，这些又统称为猪舍的外围护栏结构。外围护栏结构的性能在很大程度上影响着猪舍的小气候。

(1)屋顶　屋顶是猪舍上部的外围护结构，主要用来防止雨、雪、风沙对猪舍的侵袭，隔绝太阳光的强烈辐射。屋顶要求坚固、保温隔热、防水、防火、不透风，有一定承重能力。在我国北方地区，屋顶形式采用双坡或瓦片结构较好。顶高一般为 2.6～3.0 m，前檐高 1.8～2.0 m，后檐高 1.6～1.8 m。

(2)顶棚　顶棚将猪舍与屋顶下的空间隔开，形成一个缓冲空间，使猪舍冬季保温，夏季防热，有利于通风换气。猪舍的顶棚要求保温隔热、不怕水、不透气、防火、坚固、表面光滑。

(3)门窗　供人、猪及运输饲料、粪便的手推车出入的外门正对中间走道，门宽 1.2～1.5 m，高 1.8～2.0 m，门内设长度大于车轮周长的消毒池，门外设坡道，便于猪和手推车出入。窗户主要用于采光和通风换气，面积大的窗户采光好、换气好，但不利于冬季保温和夏季防暑，猪舍窗户大小、数量、结构、位置应根据当地气候条件合理设计。一般来说，每隔 3 m 设一个窗户，窗户下框距地面 90～100 cm。

(4)墙壁　墙壁将猪舍与外界隔开，用以保证舍内必需的温度和湿度。猪舍墙壁要求坚固耐用，防水、抗震、防火、表面光滑，便于清扫、消毒，具有良好的保温隔热性能。砖墙传热慢，消毒方便，目前被普遍采用。在北方地区由于温度低，重点放在防寒上，墙体应该厚一些或做成空心结构，或在墙里面贴一层泡沫板；在南方地区，由于气温较高，重点应放在防潮、防暑上，墙体可以薄一些，或在墙里面贴一层泡沫板。

(5)地面　猪舍地面是猪躺卧的床和活动、采食、排便的场地，地面不但对猪舍卫生、猪的日增重和生产性能的发挥有很大影响，而且对猪舍保温也有重要作用。猪舍地面要求不返潮，导热系数小，平整、坚实、不滑、耐腐蚀，便于清扫和消毒，适于猪行走和躺卧。地面一般要求三面高一面低，保持 2%～3%的坡度，以利于保持地面干燥。目前猪舍多采用水泥地面和水泥漏缝地板，为了克服水泥地面传热快的缺点，可在地表下层用孔隙较大的材料(如炉灰渣、膨胀珍珠岩、空心砖、三合土、木板等)增强地面的保温性能。

3.猪舍内部布局

不同性别、不同生理阶段的猪对环境及设备的要求不同，设计猪舍内部结构时应根据猪的生理特点和生物学习性，合理布置猪栏、走道和合理组织饲料、粪便运送路线，选用适宜的生产工艺和饲养管理方式，充分发挥猪只的生产潜力，同时提高饲养管理工作者的劳动效率。

(1)公猪舍、空怀母猪舍与配种舍　公猪舍多采用带运动场的单列式。猪场可将公猪与空怀母猪放在同一舍内，公猪单圈饲养，空怀母猪每圈 4～5 头。为排列整齐，两种猪圈的面积和高度一般相同，隔栏高度为 1.2～1.4 m，面积为 7～9 m^2。配种舍的设置有多种方式，可以专门设配种舍，也可以利用公猪舍和空怀母猪舍。

(2)妊娠母猪舍、分娩舍与泌乳母猪舍　常见形式为三走道双列式。该猪舍主要供母猪妊娠、分娩、哺育仔猪用，其设计既要有利于母猪健康和保胎，还要保证仔猪不能被母猪踩死、压死。因此，该猪舍应设置高床分娩栏(即产床)。母猪在妊娠前期可群饲，与空怀母猪饲养在同一舍内，每圈 2～4 头，分娩前 7～10 d 可转入分娩栏饲养。断乳后母猪转入空怀母猪舍，断乳仔猪转入仔猪培育舍。

(3)仔猪培育舍　仔猪培育舍应能给仔猪提供一个温暖、清洁的环境。因此冬季一般需要供暖设备。仔猪培育可采用地面或网上群养，每圈 8～12 头，仔猪断乳后转入培育舍，一般应原窝饲养，每窝占一圈，这样可减少因认识陌生伙伴、重新建立群内的优胜序列而造成的应激。

(4)生长育肥猪舍　为减少猪群周转次数，往往把育成期和育肥期两个阶段合并成一个阶段饲养，生长育肥猪多采用地面群养，每圈 8～10 头，每头猪的占栏面积和采食宽度分别为 0.8～1.0 m^2 和 35～40 cm，详见表 1-6。

表 1-6 各类猪的圈养头数及每头猪的占栏面积和采食宽度

猪群类别	大栏群养头数/头	每圈适宜头数/头	每头猪的占栏面积/(m^2/头)	采食宽度/(cm/头)
断乳仔猪	20～30	8～12	0.3～0.4	18～22
后备猪	20～30	4～5	1.0	30～35
空怀母猪	12～15	4～5	2.0～2.5	35～40
妊娠前期母猪	12～15	2～4	2.5～3.0	35～40
妊娠后期母猪	12～15	1～2	3.0～3.5	40～50
设防压架母猪	—	1	4.0	40～50
泌乳母猪	1～2	1～2	6.0～9.0	40～50
生长育肥猪	10～15	8～12	0.8～1.0	35～40
公猪	1～2	1	6.0～8.0	35～45

生长育肥猪身体各机能发育均趋于完善，对不良环境条件具有较强的抵抗力。因此，对环境条件的要求不是很严格，可采用多种形式的圈舍饲养。

表 1-6 中列出了各类猪饲养时每圈的适宜头数、每头猪的占栏面积、采食宽度等。参照这些数据，并考虑不同类型猪舍所采用的生产工艺、饲养管理措施及饲养人员的劳动定额等，即可确定每种猪舍的内部结构和尺寸、猪舍的跨度和长度等。

七、配套设备选择

现代化猪场的配套设备主要包括各种限位饲养栏，漏缝地板，供水系统，饲料加工、贮存、运送及饲养设备，供暖通风设备，粪便处理设备，洗消设备，卫生防疫、检测器具和运输工具等。

(一)猪栏

现代化猪场均采用固定栏饲养，常见的猪栏有仔猪保育栏与高床分娩栏。

1. 仔猪保育栏

仔猪保育栏主要由金属编织的漏缝地板网、围栏、自动食槽、连接卡、支腿等组成。金属编织网通过支架设在粪尿沟上(或实体水泥地面上)，围栏由连接卡固定在金属漏缝地板网上，相邻两栏在间隔处设有一个双面自动食槽，供两栏仔猪自由采食，每栏安装一个自动饮水器。

仔猪保育栏的长、宽、高尺寸视猪舍结构不同而定。常用尺寸有：栏长 2 m，栏宽 1.7 m，栏高 0.6 m，侧栏间隙 6 cm，离地面 25～30 cm，可养 10～25 kg 的仔猪 10～12 头，实用效果很好。

2. 高床分娩栏

高床分娩栏是一种单体栏，是当前饲养妊娠、分娩、泌乳母猪和哺乳仔猪的理想设备。分娩栏的中间为母猪限位架，是母猪分娩和仔猪哺乳的地方，两侧是仔猪采食、饮水、取暖和活动的地方。

分娩栏尺寸与猪场选用的母猪品种的体型有关，一般长 2.2～2.3 m，宽 1.7～2.0 m，距离地面 30 cm。母猪限位架宽 0.6～0.65 m(多采用 0.6 m 宽、1 m 高)，并每隔 30 cm 焊一弧脚。

(二)漏缝地板

现代化猪场为了保持栏内的清洁卫生、改善环境条件、减轻人工清扫的工作量，普遍采用粪尿沟上铺设漏缝地板的方式。漏缝地板有钢筋混凝土板条、钢筋编织网、钢筋焊接网、塑料板块、陶瓷板块等。对漏缝地板的要求是：耐腐蚀，不变形；表面平，不滑；导热性小，坚固耐用；漏粪效果好，易冲洗消毒；适应各种日龄猪的行走站立，不卡猪蹄。

(三)饲喂设备

1. 饲料加工设备

饲料加工设备是猪场常用的设备之一，主要包括颗粒粉碎设备、混合设备、封口机及打浆机等。有的猪场备有豆饼粉碎机、制粒机等设备；有的猪场还有饲料自动添加设备等。这些设备主要是为完成全价日粮的配合工作配备的。

二维码 1-1　饲喂设备

2. 仓储设备

仓储设备是每个猪场不可缺少的设备之一，是猪场贮存饲料原料或成品料的设施。有的猪场用库房进行储存，有的猪场用贮料仓(塔)进行储存。用后者可以节省包装，减少仓储占地。

贮料仓多用 1.5～3 mm 厚的镀锌钢板压型组装而成，以 4 根钢管做支腿。仓体由进料口、上锥体、柱体和下锥体构成，进料口多在顶端，也有在锥体侧面开口的，贮料仓的直径约 2 m，高度多在 7 m 以下，容量有 2 t、4 t、5 t、6 t、8 t、10 t 等。在生产实际中，由于贮料仓的下锥体夹角设计不合理，饲料贮存后在出口处易起拱。为防止起拱，在设计时下锥体夹角不能大于 45°，或将下锥体做成斜锥体形，以破坏起拱的条件，必要时加机械振动器装置。

贮料仓要密封，避免漏进雨水、雪水，但也应设有出气孔。一个完善的贮料仓还应装有料位指示器。

3. 加料车

加料车主要是将饲料由库房运送至食槽。加料车有手推机动加料车和手推人工加料车两种。

4. 饲槽

在养猪生产中，无论采用机械化送料饲喂还是人工饲喂，都要选好饲槽。对于限量饲喂的公猪、母猪(分娩母猪)，一般都采用钢板饲槽或混凝土地面饲槽；对于自由采食的保育仔猪、生长猪、育肥猪，多采用钢板自动落料饲槽，这种饲槽不仅能保证饲料清洁卫生，而且还可以减少饲料浪费，满足猪的自由采食。

(四)饮水设备

现代化猪场不仅需要大量饮用水，而且各生产环节还需要大量的清洁用水，这些都要由供水、饮水设备来完成。因此，供水、饮水设备是猪场不可缺少的设备。

1. 供水设备

猪场供水设备包括水的提取、贮存、调节、输送分配等部分，即水井提取、水塔贮存和输送管道等。供水可分为自流式供水和压力供水。现代化猪场的供水一般都是压力供水，其供水系统主要包括供水管路、过滤器、减压阀、自动饮水器等。

二维码 1-2 供水、饮水设备

2. 自动饮水器

猪用自动饮水器的种类很多，有鸭嘴式、乳头式、杯式等，应用最为普遍的是鸭嘴式自动饮水器。鸭嘴式自动饮水器结构简单，耐腐蚀，寿命长；工作可靠，密封性好、不漏水；水流流速较慢，符合猪只饮水要求。

(五)洗消设备

随着各种疾病的侵害，尤其是防控非洲猪瘟的经验表明，猪场的洗消设备等十分重要。当前非洲猪瘟病毒在我国已形成了一定的污染面，养猪企业及养殖场通过加强各环节的洗消流程，加强对运输车辆及人员、物品清洗、消毒及烘干，已最大限度地降低了疫病带来的危害。养殖场洗消中心承担着对进入猪场的车辆进行清洗、消毒和烘干等功能，以及对随车人员和物品的清洗、消毒功能，既快速、高效杀灭绝大多数病菌，又因其“单向流动”的洗消模式，形成以猪场为中心的多层生物安全防护圈，使得环境载毒量从外到内层层递减，真正发挥安全防控作用。

二维码 1-3 洗消设备

任务二 猪场环境控制

一、猪舍环境的控制措施

(一)猪对环境条件要求

通常所说的环境一般是指外界环境，外界环境是指与猪有关的自然环境(空气、光、土壤、水、动植物、微生物等)和人为环境(猪舍与设备、饲养条件、环境污染等)的总和。工厂化养猪集约化程度高，环境因素对猪场生产力水平和经济效益的影响明显。因此，养猪生产中应高度重视猪场、猪舍的环境改造和控制，给猪群创造一个适宜的生存及生产环境。

1. 温度对猪的影响

猪对温度较为敏感，小猪怕冷，大猪怕热。实践证明，热应激给养猪生产带来的影响应引起高度的重视。例如种公猪表现性欲抑制，精子活力下降，密度低，畸形精子增加；繁殖母猪发情异常，产仔数减少；肉猪采食量下降，增重速度减慢。而环境温度偏低会导致幼龄猪腹泻增加或引发呼吸道疾病。

2.湿度对猪的影响

空气湿度对猪的生产力和健康会产生不同的影响。在高温高湿的情况下，会阻碍猪的蒸发散热，从而加剧高温的危害。与此同时，常温高湿的环境有利于病原微生物和寄生虫的滋生，使猪易患疥螨和湿疹等皮肤病。在低温高湿条件下，会使猪增加寒冷感，加剧冷应激，猪易患风湿、关节炎等。由此可见，无论在任何温度条件下，相对湿度高于80%，并且通风不畅时都直接或间接地影响猪的生产力和健康。而低湿（小于40%）易导致皮肤及外露黏膜发生干裂，降低了皮肤黏膜对微生物的防卫能力，猪易患皮肤疾病和呼吸道疾病，并可造成猪舍空气含尘量增加。

3.猪对气流的要求

适宜气流在低温时，可加速体热的散失，在高温时可使猪体凉爽。

4.猪对空气的要求

猪场及猪舍内的二氧化碳、硫化氢、氨气等有害气体不可超标，否则猪只易感性强，易中毒或患病，影响生产潜力的发挥。一般要求氨气的含量在20 mg/m^{3}以下，硫化氢不超过10 mg/m^3，二氧化碳不超过0.15%。

此外，大量生产实践表明，光照对猪只影响不大。猪舍内噪声应当加以控制，舍内严禁喧哗、吵闹，舍内噪声不应超过60 dB。

（二）温度与湿度

规模化养猪一般采用封闭或半封闭猪舍，猪舍内环境直接影响养猪生产水平。舍内环境主要是指小气候因素（温度、湿度、气流、热辐射、光照、有害气体、噪声、尘埃、微生物等），其中，温度是主要的、起主导作用的因素，在不同的湿度、风速和热辐射情况下，温度对猪的影响也不同。

1.温度

猪的体温是相对恒定的，在正常的情况下，体温变动在38～40 ℃。不同类群的猪需要的温度条件也不一样。在养猪生产中，猪舍内温度应控制在15～22 ℃（8周龄前猪舍除外），温度过高或过低均会影响猪生产水平和猪群健康。大猪在高温的环境下（25 ℃以上）应注意舍内的防暑降温，小猪在低温度条件下（15 ℃以下）应考虑取暖保温，具体措施如下。

二维码 1-4　降温设备

（1）降温措施

①喷淋降温。喷淋降温要求在舍内用喷头，定时或不定时对猪群进行淋浴。喷淋时，水易湿透被毛湿润皮肤，可直接从猪体及舍内空气中吸收热量，利于猪体蒸发散热而达到降温的目的（图1-11、图1-12）。

②蒸发帘降温。又称湿帘或者水帘通风系统。该装置主要由湿帘、风机水循环系统及控制系统组成。由水管不断向蒸发帘淋水，将蒸发帘置于机械通风的进风口，当气流通过时，水分蒸发吸热，降低进入舍内的气流温度（图1-13、图1-14）。

图 1-11 育肥猪喷淋降温

图 1-12 猪舍滴水喷头降温

图 1-13 猪舍湿帘

图 1-14 猪舍风机

③冷风设备降温。冷风机是喷雾和冷风相结合的一种新型设备。冷风机技术参数各生产厂家不同,一般通风量为 6 000～9 000 m^2/h,喷雾雾滴直径可在 30 μm 以下,喷雾量可达 0.15～0.2 m^2/h。舍内风速为 1.0 m/s 以上,降温范围长度为 15～18 m,宽度为 8～12 m。这种设备国内外均有生产,降温效果比较好(图 1-15、图 1-16)。

图 1-15 冷风机主机

图 1-16 猪舍内冷风机送风管道

(2)保暖措施

①局部采暖。在舍内单独安装供热设备,如电热板(图 1-17)、产房保温灯(图 1-18)等。

在仔猪栏铺设电热毯或上面悬挂红外线灯。

图 1-17 猪舍电热板

图 1-18 产房保温灯

②集中采暖。集中采暖是指集约化、规模化养猪场,通过锅炉房或其他热源将热水、蒸汽或预热后的空气,通过管道输送到舍内或舍内的散热器(图 1-19)。主要设备有热风炉、暖风机、锅炉等,可有效解决通风与保暖问题。猪舍温度控制涉及因素较多,如猪舍的朝向、猪舍空间容积、建筑材料的保温隔热性能、猪舍封闭程度、地面隔热性能、通风效果、取暖形式及效果等。因此在建筑猪舍时应充分考虑寒冷季节的取暖保温、酷暑季节的防暑降温以及平时通风换气的需要,以免影响整个养猪生产。

二维码 1-5 供热保暖设备

图 1-19 猪舍集中采暖

2. 湿度

在通风良好的情况下,猪舍适宜的相对湿度为 50%～80%。为达到这一目标,可以采取以下方法加以调控。

(1)降低相对湿度的措施

①保持舍内温度相对恒定,舍内昼夜温差过大会使舍内湿度升高。

②注意通风换气或撒吸潮剂，并减少用水和消毒次数。

③控制好猪群密度，舍内饲养密度过大或舍内空间偏小，容易形成高湿条件。

(2)增加相对湿度的方法　当舍内的空气相对湿度低于40%时，常需要增加湿度。加湿的主要方法有：①使用暗沟式排粪或者干清粪，定时用水冲刷或消毒。②喷雾加湿。

(三)通风与光照

1.通风

通过猪舍的门窗和进排风口或通风设备使舍内形成气流(主要是水平气流)。通风可以排出猪舍内的有害气体和多余的水汽与热量，为猪只提供一个舒适的生存、生产环境。通风换气有以下几种方式。

(1)自然通风　自然通风以热压或风压为动力。猪舍的自然通风可分为有窗式通风和排气管式。

①有窗式自然通风。一种是风压通风，是指利用两侧墙上的窗户进行的通风(图1-20)。在外界风力的作用下，空气从迎风面墙上的窗户进入猪舍，从相对一侧背风面墙上的窗户流出，形成"穿堂风"，但要避免直接吹向猪体。另一种是热压通风，当舍外较低温度的空气从猪舍下部进入后，在猪舍下部遇热变轻而上升，于是在舍内近屋顶、天棚处形成较高的压力区(正压区)，这时屋顶如有孔隙，空气就会逸出舍外(图1-21)。与此同时，猪舍下部空气由于不断变热上升，就形成了稀薄的空气空间(负压区)，猪舍外较冷的空气就会不断渗入舍内，如此周而复始，形成了热压作用的自然通风。热压通风适合冬冷夏热地区，宜设置可以避风的单侧天窗，排气口设在背风侧；在炎热地区可设置双侧通风天窗。

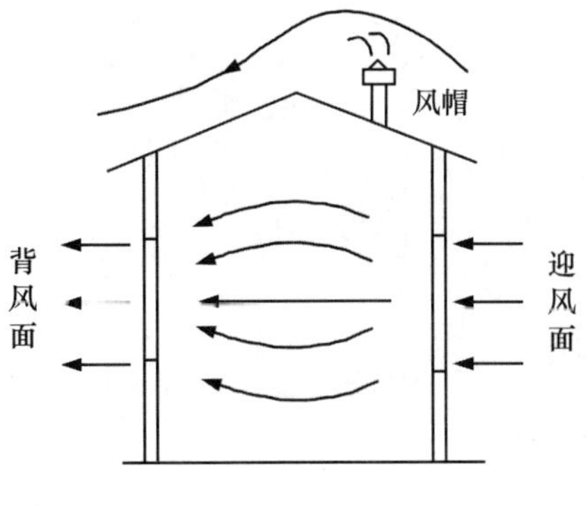

图1-20　风压作用下的自然通风

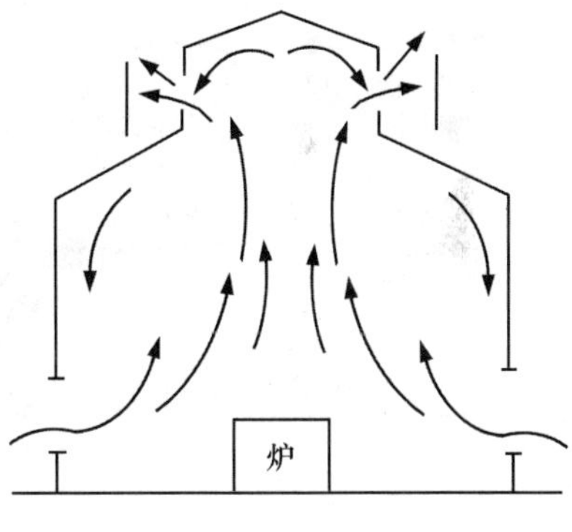

图1-21　热压作用下的自然通风

在进行自然通风时，冬季往往是风压和热压同时发生作用，而夏季舍内外温差小，在有风时风压作用大于热压作用，通风效果好，无风时自然通风效果差。在无管道自然通风系统中，在靠近地面的纵墙上设置地窗，可增加热压通风量，有风时在地面可形成"穿堂风"，有利于夏季防暑。地窗可设置在采光窗之下，按采光面积的50%～70%设计成卧式保温窗。如果设置地窗仍不能满足夏季通风要求，可在屋顶设置天窗或通风屋脊，以增加热压通风。

②排气管式自然通风。在寒冷地区为了使屋顶具有良好的保温性能，冬季一般不采用天窗进行通风换气，而是采用在屋顶上设置排气管道。冬季舍内温度高于舍外，在温差形成的热压作用下，舍内空气通过排气管排出舍外，舍外的新鲜空气经进气口进入猪舍。由于舍外空气

的密度大，进入猪舍后向下运动达到猪的活动区域，为了防止冷空气直接吹向猪体，进气口处要设有向上的气流导向板，使冷空气缓慢地流向猪的活动区。

根据进气口的位置不同，排气管式自然通风可分为两种形式：一种是进气口在纵墙的上部，另一种是在下部。在寒冷地区，进气口要设在纵墙的上部，只在南侧设置，使舍外冷空气在经过舍内上部空气的预热后再流向猪的活动区，同时避免贼风进入猪舍；冬季温暖地区，进气口设在下部，而且南北两纵墙上都要设进气口，以利于舍外新鲜空气迅速进入猪舍。

（2）机械通风　机械通风是指以风机为动力迫使空气流动的通风方式。机械通风可分为负压通风、正压通风和联合通风 3 种形式。

①负压通风（图 1-22）。也称排气式通风，利用风机强行把舍内空气排到舍外，使舍内压力相对小于舍外。而新鲜空气通过进气口或进气管流入舍内，从而完成舍内外的气体交换。现在多采用纵向通风，将风机安装在猪舍一端山墙（或靠近山墙的纵墙）上，另一端山墙（或靠近山墙的纵墙）上开设进气口。当猪舍长度大于 70 m 时，在两端山墙（或靠近山墙的纵墙）上安装风机，在纵墙中间开进气口。纵向通风进入猪舍的气流沿一个方向直线流动，舍内气流分布均匀且速度较大，消除了通风死角，保持了舍内的空气新鲜。

图 1-22　猪舍负压通风风机

负压通风的优点是设备投资少，管理费用低，进气分布均匀；缺点是对进入猪舍的空气难以进行处理，也不便于猪舍与外界环境的卫生隔离。

②正压通风。也称进气式通风，利用风机将新鲜空气送入猪舍，使舍内空气压力大于舍外，舍内为正压区，迫使舍内污浊空气经排气口流到舍外，从而达到舍内外空气交换的目的。根据风机的安装位置，可分为侧壁送风、屋顶送风两种形式。侧壁送风又可分成两侧壁送风和一侧壁送风两种形式（图 1-23、图 1-24）。前者是在两侧纵墙上都安装风机，排气口开在中间屋脊上，适用于大跨度猪舍。后者是在一侧纵墙上安装风机，另一纵墙上开设排气口，适用于 10 m 内小跨度的猪舍。

屋顶送风风机安装在屋顶，排气口设在两纵墙上，使舍内污浊气体经两侧壁风口排出。这种通风方式，适用于多风、气候极冷或极热地区（图 1-25）。

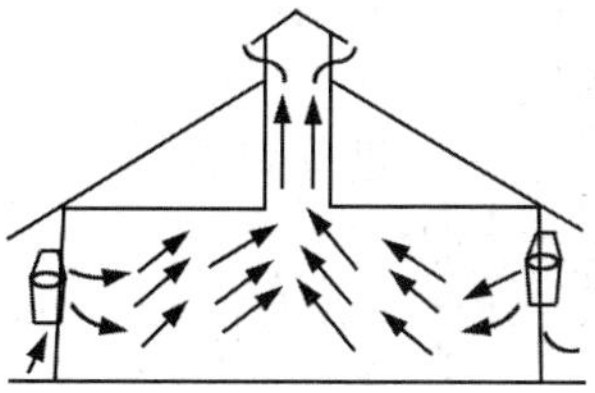

图 1-23 两侧壁送风

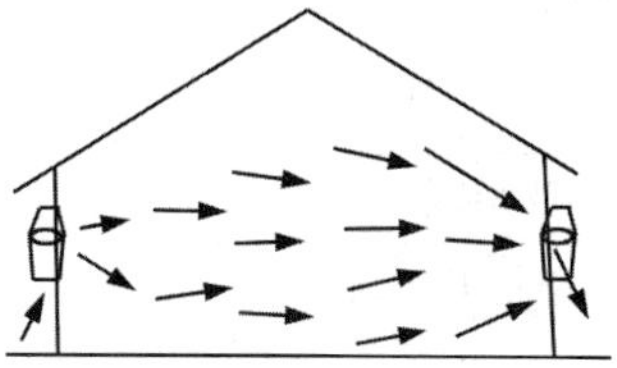

图 1-24 一侧壁送风

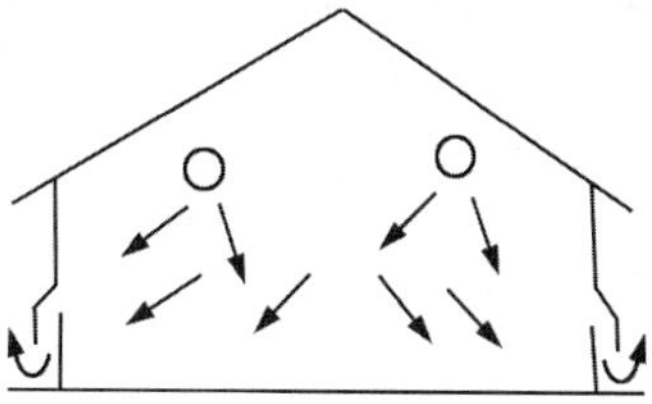

图 1-25 屋顶送风

正压通风的优点在于可对进入的空气进行预处理，从而可有效地保证猪舍内适宜的温湿状况和清洁的空气环境，在严寒、炎热地区均适用。但其系统比较复杂，投资和管理费用大。

③联合通风。是一种同时采用机械送风和机械排风的通风方式，可保持舍内空气相对压力为零，因此也被称为零压通风。它有利于风机发挥最大功率，但由于风机数量增加，使得投资和运行维护费用增加。联合通风通常在通风条件较差、单靠机械排风或机械送风不能满足要求的情况下使用。适用于大型封闭式猪舍。

2.光照

光照是指物体或生物机体接受自然或人工光源光辐射(包括红外线、紫外线和可见光)的情况和过程，通常所说的光照一般是指可见光的光照。以太阳作为光源时称为自然光照，以各种灯具(日光灯或白炽灯)作为光源时称为人工光照。在养猪生产中，非封闭式猪舍一般采用自然光照，为方便夜间管理，须设计工作照明灯，可将灯具沿饲喂道布置。封闭式猪舍必须采用人工光照，以满足猪的生理需求和生产操作。

猪对光照不敏感，一般来说，光照度 150～200 lx，种猪光照时间 10～14 h 为宜；育肥猪光照可降低为 40～50 lx，光照时间 8～10 h 为宜。光照不足(过弱、时间太短)对猪的生长发育和性机能活动不利；光照过强、时间过长，会使猪活动增加，能量消耗增加，日增重降低，脂肪沉积相对减少。对于育肥猪，给予弱而短的光照能提高日增重和饲料利用率，但会降低瘦肉率。封闭式猪舍种猪对光照有一定的要求。必须使用日光灯，并且日光灯要安装在种猪的眼睛上方，功率为 16 W。

(四)环境消毒与舍外环境控制

1.环境消毒

消毒是预防和控制疫病发生、传播的重要手段，对于高度集约化生产的工厂化养猪来讲，消毒对预防疫病的发生和蔓延具有非常重要的意义。猪场舍内的消毒有带猪消毒和空舍消毒两种。

(1)带猪消毒 带猪消毒多采用化学消毒法，根据疾病流行情况，灵活选择消毒剂类型，一般多选用无刺激性的消毒剂(如 0.3%～1%的菌毒敌、0.2%～0.3%的过氧乙酸等)进行喷雾消毒。每隔两周左右进行一次，如果周边地区有疫情，可酌情增加消毒次数。

(2)空舍消毒 可以使用浓度为 2%～3%的氢氧化钠溶液进行喷洒消毒，6 h 后清水冲刷，通风干燥后方可使用。对于封闭式猪舍，可以熏蒸消毒。具体方法是，每立方米空间使用 38%～40%甲醛溶液 42 mL，倒入适当容器内，再加入高锰酸钾 21 g，在 21 ℃环境条件下封闭熏蒸 21 h，然后打开门窗通风后方可进猪，同时注意消毒人员安全。有条件的猪场还可使用消毒效果更好的火焰消毒法。目前常用的消毒剂见表1-7。

表1-7　猪场常用环境消毒剂的种类及使用方法

消毒剂名称	使用浓度	消毒对象	使用时的注意事项及其特点
氢氧化钠	2%～3%	空舍、车船、用具等	对病毒的消毒效果很好，但对皮肤有腐蚀作用，建筑物内消毒后数小时并用水冲洗后，才能进入
漂白粉	0.5%～20%，随消毒对象不同而不同	饮水、污水、猪舍、用具、车船、土壤、排泄物等	含氯量应在25%以上，新鲜配制，用其澄清液。对金属用具和衣物有腐蚀作用，猪舍、车船消毒后应彻底通风
生石灰	10%～20%，乳剂	墙壁、地面环境	必须新鲜配制，用1%～2%氢氧化钠和5%～10%石灰乳混合消毒效果更好
来苏儿	3%～5%	猪舍、笼具、剖检器械	常用喷洒、冲洗和浸泡，用于含大量蛋白质的分泌物或排泄物消毒时，效果不明显
克辽林	2%～55	猪舍、用具、土壤及环境	常用喷洒、冲洗，用于含大量蛋白质的分泌物或排泄物消毒时，效果不明显
福尔马林	40%	猪舍、仓库、车间、皮毛等	每立方米空间用福尔马林30 mL，加高锰酸钾15 g，密闭消毒12～24 h后通风
过氧乙酸	0.2%～0.55%	猪舍、体表、用具、地面	配制时应先盛好水，再加入高浓度的药液，消毒后，用清水冲洗；可用于浸泡、喷雾和熏蒸消毒
新洁尔灭	0.1%	猪舍、食槽、用具、体表	杀菌力强，低毒，刺激性和腐蚀性小，忌与肥皂和碱类混合

2.舍外环境控制

为了提高养猪生产水平，保证猪群健康，必须注意舍外防疫设施，舍外定期消毒，空气滤过净化，噪声控制，建立绿化林带等。

(1)防疫设施及消毒

①化尸池。越深越好，一般采用水井式，直径1～2 m；或正方形2 m×2 m、3 m×3 m，水泥平台封口。最好采用焚炉或微生物降解烘干炉。

②建环场防疫沟。根据猪场防疫要求，猪场围墙外必须建立防疫沟，减少小动物和人员进入猪场，防疫沟宽度要求3 m以上，深度超过1.5 m，沟内存留经过处理后的水体。

③建储粪池。水泥地面3 m×10 m，设遮雨棚。猪舍到集粪间采用水泥路，一个年出栏万头的猪场，每天产生鲜粪14～15 t。污水日产量因清粪方式不同而有所不同，一般为35～50 t。各猪舍内鲜粪应及时运出，减少冲水排污，同时减少有害气体产生。猪场应该建2个储粪池，轮流使用。每个储粪池应该储存6个月的粪污排放量，并且预留出当地6个月的总降雨量。

④建消毒通道。大门与消毒池同宽，宽度根据进出车辆的宽度确定，一般为4 m；长度要使车辆轮子在池内药液中滚过一周，通常池长为6 m，深0.2 m。门卫室在大门一侧，室内走廊6 m(安装感应式喷雾消毒设备)，墙面防水。

⑤定期消毒。舍外环境用浓度为2%～3%的氢氧化钠溶液进行喷洒消毒，20 d左右进行一次，消毒时要防止腐蚀，避免人员和动物的烧伤。

(2)绿化环境　在猪场场区周围和猪舍间植树种草，既可防风降尘，改变猪舍周围小气候，净化空气，有利防疫，又可增加经济收入，美化环境，一举多得。数据显示，场区绿化后，冬季可使风速降低75%～80%，夏季可使气温降低10%～20%，还可使场区有毒有害气体减少25%，臭气减少50%，尘埃减少35%～66%，空气中细菌数减少22%～80%，对噪声也有一定阻碍作用。北方多在场区种植阔叶树，这样夏天遮阳面积大，冬天落叶后又不影响采光。有的利用简易舍塑料大棚的固定支架种植葡萄、丝瓜、葫芦等遮阳；也有的猪场在场区空闲地及沟旁种植一些果树、花木。在南方及水面较多的地方，可在水面放养绿萍、水葫芦等水生植物。总之，各地应因地制宜地绿化、美化猪场。只要以落实“可持续发展”战略为目的，在猪场规划、建设及发展过程中综合治理，就一定会有效地防止和减轻养猪对环境的污染。

(3)控制噪声　在建场时应选好场址，尽量避开外界的干扰。场内的规划合理，使运输车辆不能靠近猪舍，车辆进入场区要适当减速，不乱鸣喇叭。设备的维修、饲料加工和生活设施等场所，也要远离猪舍，并且有一定的隔离带，隔离带采取种植树木进行隔离。此外，养殖场的周围要大量植树，有效降低外界的噪声对猪群的影响。

二、养殖场污物处理

(一)污物种类与对环境的污染

猪场对环境的污染包括粉尘、噪声和粪污，但主要是粪污处理利用不当对大气、水源和土壤造成的污染。猪场的粪污包括粪尿、垫草、其他废弃物和饲养管理、消毒、生活产生的污水，其中主要污染物是有机物。据统计，一个1 000头基础母猪自繁自养猪场每天产生粪便大约为30 m^3，冲洗粪便、栏床和饮水漏失以及尿液等产生的液体量约为50 m^3。如果不进行无害化处理将对人、其他动物和环境造成不良后果。

1.猪场对大气的污染

猪场粪、尿中含有大量的有机质，在滞留的过程中会腐败分解，产生硫化氢、氨、胺、丙醇、苯酸、挥发性有机酸、吲哚、粪臭素、乙酸、乙醛等恶臭物质；猪场排出的粉尘和微生物也是大气的污染来源。这些有害物质随风向周围扩散，危害猪群和人的健康，使猪的生产力下降，发病率和死亡率升高，人的身心健康受到影响，工作效率降低，还会传播人畜共患病。

2.猪场对水源的污染

猪场的固体粪污、污水不经处理或处理不当，任意排放，都会污染水质，不但使水体富营养化、变黑发臭，而且携带的病原微生物、寄生虫、残留的药物、添加剂、消毒药等也随之流入水中，当流入的量超过了水体的自净能力时，就会发生污染，这种水体很难再恢复，对人和其他生物构成极大的威胁。

3.猪场对土壤的污染

猪场的粪污不经无害化处理直接进入土壤，当污染物(有机质、病原微生物、寄生虫、残留的抗生素、重金属、消毒药等)的量超过了土壤的自净能力时，就会发生污染，导致土壤孔隙堵塞，造成土壤透气性、透水性下降，形成板结，严重影响土壤质量，甚至引起地下水的污染。

(二)污物处理方法

猪场污物的合理处理和利用，既可以防止环境污染，又能变废为宝。粪、尿和污水常用的处理方法有物理处理法和生物处理法。物理处理法是指利用固液分离、沉淀、过滤等方法除去污物中的有害物质；生物处理法是利用微生物的代谢作用分解污物中的有机物而达到净化的目的。无论利用哪种处理方法，最有效的方法是源头治理，即农牧结合、现代养猪与传统养猪结合和适度规模的原则。

1.干清粪

粪便与尿和污水在猪舍内就应实行分离。干粪由机械或人工收集、移出，尿及污水从专门通道流出，粪便堆积发酵腐熟或生产加工成有机肥料，污水经沉淀池沉淀后，达标后排放。

2.生态化综合处理技术

目前，规模化猪场环保压力越来越大，如何解决养猪生产与环境保护的矛盾，政府有关部门及相关行业进行了一系列的研究、探讨和实践，通过实际生产证明目前应用较多、效果较好的是生态化综合处理利用技术(图1-26)。

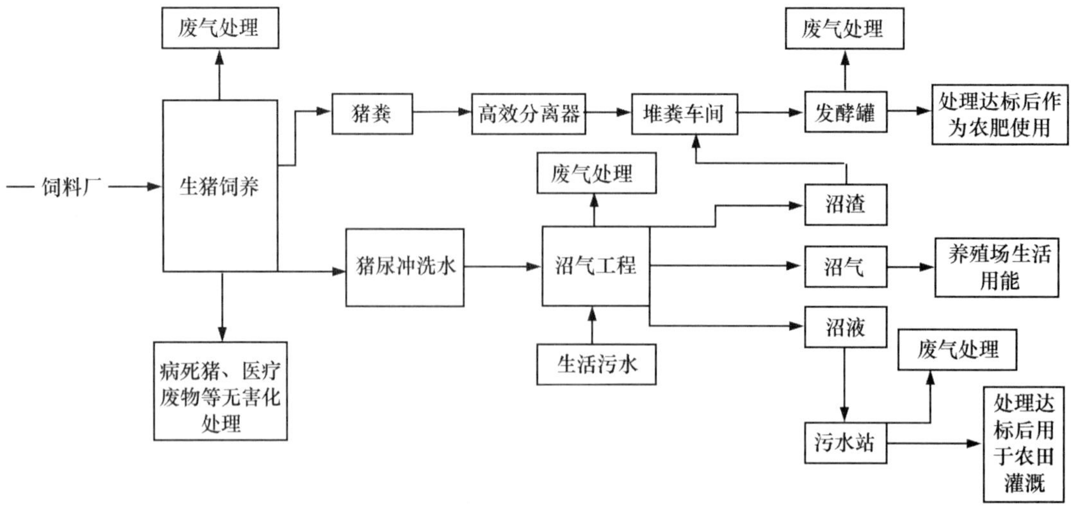

图1-26 生态化综合处理利用技术模式图

(1)堆肥发酵　堆肥发酵要求猪粪的含水率为40%～60%，碳氮比为(20～30)∶1(可通过添加农作物秸秆、稻壳等物料调节)，发酵温度控制在55～65 ℃，持续发酵时间不得少于5 d。成品堆肥外观为茶褐色或黑褐色、无恶臭、质地松散，具有泥土气味。有条件的企业可将其继续生产成商品肥料出售。

(2)污水厌氧处理

①减少污水处理量。通过建设多个过滤设施，多环节减少猪粪、杂物等进入处理环节，设置“三分离一净化”模式，即建设“雨污分离、干湿分离、固液分离、生态净化”处理系统，减少污水处理量。

②三级沉淀净化。污水由泵吸入第一池，粪便在池内发酵分解，相对密度不同粪液分为两层，初步发酵的粪液溢流至第二池；流入第二池的粪液进一步发酵分解，再溢流至第三池；粪液

在第三池中进一步发酵分解。污水经过几次处理后，得到净化。

③厌氧发酵。选择先进的厌氧反应器设备进行发酵生产，产生沼气，作为能源利用（图 1-27）。

图 1-27　厌氧发酵罐

(3)污水好氧综合处理——人工湿地建设　人工湿地建设是生态型污水处理技术的核心工程，其建设要求如下。

①建设标准。人工湿地污水处理单元的长宽比建议采用 1∶1。一般年出栏 10 000 头生猪的猪场，需要建设湿地 2 个，单个面积为 $26\ m\times25\ m=650\ m^2$，过长或过大，均易造成死区，导致水位难以调节，不利于植物的栽培。湿地底部平整，设坡，坡度采用(1～2)∶1比例。湿地结构由湿地防渗膜、湿地填料、湿地植物、给配水系统及导膜管构成。湿地床层自下而上各填料的分布为：夯实黏土、防水膜、土壤、不同粒径和功能的砾石、表层种植土。深度不同的湿地床，填料的厚度构成也不同。

②植物选择。湿地植物可直接吸收氮、磷等，通过根系输氧促进根区的氧化还原反应与好氧微生物活动，降低污水中氮、磷、重金属等物质的含量，达到净化的目的。所以，要求湿地植物具有根系发达和良好的耐污、抗冻、抗病虫害的生态适应能力，并能产生一定的经济效益。选择过程中要根据各地的气候特点以及“优先利用本地物种，慎重选择外来物种”的原则灵活掌握，如中部地区四季分明，可选择芦苇、香蒲、菖蒲、美人蕉、黄花鸢尾等。当然，除建设上述标准湿地以外，不同规模的猪场，还可以利用当地的林地、果园、农田等方式处理污水，也能达到化污为肥、变废为宝、转害为利、回归自然的效果。

3.控制和减少饲料中污染物的排出

为了减少粪尿对环境的污染，一些国家采用了许多方法，如提高蛋白质和氨基酸的利用率，从而降低猪饲料中蛋白质含量，达到间接减少氮排出量的目的。近年来有试验结果表明，日粮中蛋白质每降低 1%，氮的排出量就减少 8.4%左右。假如日粮中粗蛋白质从 18%降到 15%，则可使氮排出量减少 25%。因此，可在饲料中添加氨基酸，减少蛋白质供给量，同时减少氮的排出量。在饲料中添加植酸酶，可提高植酸磷的利用率，从而减少磷的排出量。研究与实践证明，这些都是降低氮和磷的排出量，减轻氮、磷污染的有效措施。

除了氨、磷这些潜在的污染源外，一些微量元素如铜、砷制剂等超量添加，也会引起母猪中毒、腹泻、流产、死胎。不但造成经济损失，还容易在猪的产品中富集，给人的健康带来直接或间接的危害。所以，应严格执行有关法律法规，有的添加剂应禁止添加或限制使用，严格执行宰前休药规定。

职业技能测试题

一、选择题

1. 目前规模化养猪场使用最多的饮水器是(　　)。

A. 乳头式饮水器　　B. 鸭嘴式饮水器

C. 自流式饮水器　　D. 杯式饮水器

2. 在猪舍中，毒性最强的恶臭气体是(　　)。

A. NH_3　　B. H_2S　　C. CO_2　　D. CO

3. 在猪舍中，对猪的生产性能影响最大的气候因子是(　　)。

A. 气压　　B. 温度　　C. 湿度　　D. 气流

4. 在养猪场常用高床全漏缝地板饲养的栏舍是(　　)。

A. 保育栏　B. 种母猪妊娠栏　C. 肥育栏　D. 配种栏

5. 目前一般采用网上(全漏缝)高床结构的猪栏是(　　)。

A. 公猪栏　　B. 育成栏　　C. 育肥栏　　D. 保育栏

6. 养猪场内为防止有害气体的滞留，常以测定(　　)含量作为鉴定舍内空气污染程度的标准。

A. NH_3　　B. H_2S　　C. NO　　D. CO_2

7. 养猪场应该建设在远离居民区及城市的地方，不能建在河流和居民区的(　　)。

A. 下游、下风　　B. 上游、上风　　C. 下游、上风　　D. 上游、下风

8. 猪场的规划设计较合理的是其管理区应设在生产区的(　　)。

A. 上风向上地势　　B. 上风向下地势

C. 下风向上地势　　D. 下风向下地势

二、简答题

1. 建设猪场时应如何选择场址？场区内的布局如何规划？
2. 影响猪舍环境的主要因素有哪些？
3. 如何有效控制猪场废弃物对环境的污染？
4. 简述两点或三点式生产工艺及其优缺点。
5. 影响猪的环境因素有哪些？生产中各应控制在什么范围内？应如何进行控制？

项目二
猪种资源及选择利用

项目导读

种猪是高产、优质、高效养猪的基础，应充分利用我国丰富的种猪资源，采取科学有效的选育方法，培育出适合多种市场需求的种猪，尽快建立并完善良种繁育体系，以适应市场经济和现代养猪业发展的良种产业化需求。

养猪生产，品种是基础，品种的好坏直接关系到猪的生长快慢、饲料报酬高低、生产成本多少，同时影响肉的品质与市场竞争力，品种更是保证猪群有较高生产水平不可忽视的环节。猪种的选择首先要识别品种，在此基础上，进行选种和引种。每个品种猪都有各自独特的外貌特征，根据外貌特征对猪的经济类型和品种名称进行准确识别，并依据生产经营方向和当地的实际条件对理想品种做出正确的选择。

学习目标

素质目标：

1. 使学生具有奉献社会、爱岗敬业、诚实守信、服务群众、爱护动物的职业道德。
2. 树立学生热爱畜牧业，促进我国畜牧业健康、可持续发展的志向。

知识目标：

1. 掌握我国主要地方猪种、引进的主要品种以及新培育的主要猪品种的产地与分布、外貌特征、生产性能等。
2. 掌握现代化规模猪场品种选择与开展杂交组合应注意的问题。

技能目标：

1. 能根据猪的体型外貌识别猪的品种。
2. 能根据气候条件和本场实际情况制订引种方案。
3. 能依据个体的体型外貌准确选择理想的猪只。
4. 掌握不同生长时期的选种方法。

思维导图

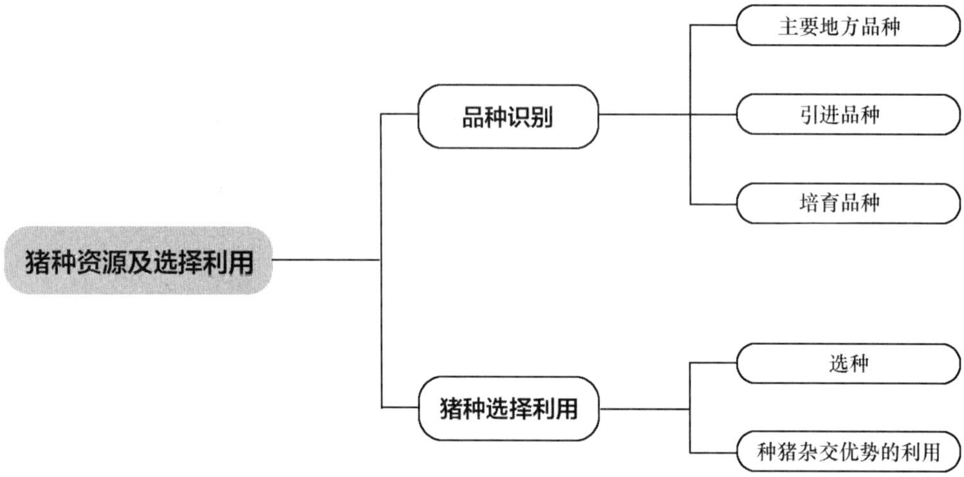

任务一　品种识别

一、主要地方品种

我国地域辽阔，地方猪种很多。它们具有性早熟、产仔多、耐粗饲、肉质好等优点，是世界上其他猪种不能比拟的。

1. 太湖猪

（1）产地与分布　太湖猪产于长江下游太湖流域，主要分布在上海市、江苏省和浙江省。太湖猪分若干地方类群，即二花脸猪、枫泾猪、梅山猪、嘉兴黑猪、米猪、沙乌头猪、头猪等，1974年这些地方类群归并统称为太湖猪。太湖猪是全世界猪品种中繁殖力最高、产仔数最多的品种，且肉质好。

（2）外貌特征　太湖猪的体型中等，头大额宽，额部皱褶多且深，耳大、软而下垂，形似大蒲扇，背腰微凹，胸较深，腹大下垂，臀部较高而倾斜。全身被毛黑色或青灰色，毛稀疏或丛密，腹部皮肤多呈紫红色，也有鼻吻白色或尾尖白色的。梅山猪的四肢末端为白色，乳头多为8～9对（图2-1）。

（3）生长发育与生产性能　太湖猪性成熟早，繁殖力强，是全世界已知猪品种中产仔数最多的一个猪种。根据对多个产区主要育种场统计，母猪头胎平均产仔12.14头，二胎14.88头，三胎及以上15.83头。最高纪录（二花脸猪）一胎产42头仔猪，其中活仔数40头（28头公猪，12头母猪），初生窝重29.6 kg。在一般饲养条件下，梅山猪在体重25～90 kg阶段日增重439 g，每千克增重消耗消化能45.38 MJ。75 kg肥育猪屠宰率69.4%，胴体瘦肉率40%～50%。

太湖猪公猪

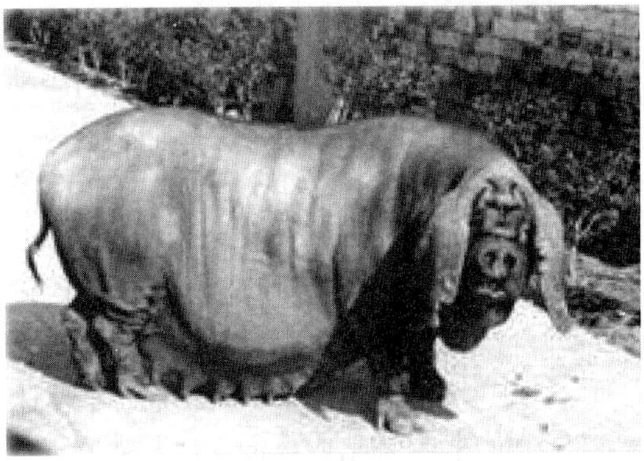

太湖猪母猪

图 2-1　太湖猪

（4）杂交利用　据报道，杜洛克猪×（长白猪×太湖猪）或杜洛克猪×（大约克夏×太湖猪）三元杂交杂种后代日增重分别为 628 g 和 623 g，胴体瘦肉率分别为 58.07%和 58.83%，比纯种太湖猪高出 14%左右，每头猪多长瘦肉 12～14 kg，是目前比较理想的杂交组合。

由于太湖猪的繁殖力高，自 20 世纪 70 年代以来国内外许多地方都引入太湖猪与当地品种进行杂交，对改良当地品种繁殖性能取得了良好效果。

2. 荣昌猪

（1）产地与分布　荣昌猪产于重庆市荣昌区和四川省隆昌市，后又分布到泸县、内江、重庆市大部分地区。

（2）外貌特征　荣昌猪体型较大，两眼周围及头部有大小不等的黑斑，其余全身被毛有白色，也有极少数在尾根及体躯出现黑斑或全身被毛纯白。荣昌猪头部大小适中，面微凹，耳中等大、下垂，额部有横行皱纹，还有毛旋。体躯较长，发育匀称，背部微凹，腹大而深，臀部稍倾斜。四肢细致、结实。乳头 6～7 对（图 2-2）。

荣昌猪公猪

荣昌猪母猪

图 2-2　荣昌猪

（3）生长发育与生产性能　荣昌猪性成熟早，公猪 4 月龄性成熟，6～8 月龄或体重 60 kg 以上可开始配种。母猪初情期为 71～113 d，6～8 月龄或体重 50～60 kg 配种较为适宜。荣昌猪初产母猪平均产仔数为 8.56 头，经产母猪平均产仔数为 11.7 头。

荣昌猪在较高营养水平条件下，体重 15～90 kg 阶段，日增重 623 g，每千克增重消耗混合料 3.3 kg、青饲料 3.88 kg，折合消化能 50 MJ。以 7～8 月龄体重达 80 kg 左右为屠宰适期，屠宰率 68.9%，瘦肉率 46.8%。荣昌猪鬃毛洁白、刚韧，每头猪能产鬃 200～300 g，净毛率达 90%，在国际市场享有盛誉。

荣昌猪适应性强，其推广遍及全国 20 多个省(自治区、直辖市)。尽管这些地区的海拔高度、气候条件、饲料种类和饲养管理水平等差异较大，但荣昌猪均能正常生长、繁殖。

(4)杂交利用　据四川省试验，用长白猪、大约克夏猪、巴克夏猪做父本与荣昌猪做母本杂交，均有一定的杂种优势，其中以长白猪×荣昌猪组合最好，日增重提高 14%～18%，料肉比下降 8%～14%，瘦肉率提高 5%～7%，产仔数增加 8.18%，初生重提高 26.28%，断乳窝重提高 25.7%。杜洛克猪×(长白猪×荣昌猪)三元杂交后代日增重 575 g，料肉比 3.09∶1，瘦肉率 58.8%。

3.金华猪

(1)产地与分布　金华猪产于浙江省金华地区的义乌、东阳和金华三个县。现已推广到浙江全省大部分地区。金华猪具有皮薄、骨细和肉质品质好的特点，用其后腿制作的金华火腿质佳味香、外形美观，在国内外享有盛誉。

(2)外貌特征　金华猪体型中等偏小，毛色除头颈和臀尾为黑色外，其余均为白色，故有“两头乌”之称。在黑白交界处有黑皮白毛的“晕带”。耳中等大、下垂，额上有皱纹，颈粗短，背微凹，腹大、微下垂，臀较倾斜，四肢较短，蹄坚实，皮薄毛稀。乳头多为 7～8 对(图 2-3)。

金华猪按头型可分为“寿字头”和“老鼠头”两种。“寿字头”型猪分布于金华和义乌等地，个体较大，生长较快，头短，额部有粗深皱纹，背稍宽，四肢较粗壮。“老鼠头”型猪分布在东阳等地，个体较小，头长，额部皱纹较浅或无皱纹，背较窄，四肢高而细。

金华猪公猪

金华猪母猪

图 2-3　金华猪

(3)生长发育与生产性能　金华猪具有性成熟早、性情温驯、产仔多等优良特性。在农村饲养条件下，三胎以上母猪平均窝产仔数为 11.92 头，据金华种猪场 157 窝统计数据显示，平均窝产仔数为 14.25 头。

金华猪在每千克配合饲料含消化能 12.56 MJ、粗蛋白质 14%和精、青饲料比例 1∶1的营养条件下，在体重 17～76 kg 阶段，平均饲养期 127 d，日增重 464 g，每千克增重消耗消化能 51.41 MJ，可消化粗蛋白质 425 g，75 kg 体重屠宰，屠宰率 72.55%，瘦肉率 43.36%。

(4)杂交利用　以金华猪作母本进行三元杂交能明显地提高肥育猪增重速度，降低饲料消耗。长白猪×（苏联大白猪×金华猪）、大约克夏猪×（苏联大白猪×金华猪）三元杂种猪的日增重分别可达 614 g 和 698 g，瘦肉率比纯种金华猪提高 5%～9%。

4. 内江猪

(1)产地与分布　主要产于四川省内江市，分布于长江流域中游，曾经广泛推广到全国各地。

(2)外貌特征　全身被毛黑色，鬃毛粗长，皮厚，体格较大，体躯宽深，头大短宽，额面有深皱褶，耳中等大、下垂，背宽微凹，腹部较大，臀部宽稍后倾，四肢粗短。乳头多为 6～7 对(图 2-4)。

内江猪公猪

内江猪母猪

图 2-4　内江猪

(3)生长发育与生产性能　内江猪对外界刺激反应较迟钝，忍受力强，在极端不良的环境和饲养条件下，具有较强的抗逆性。性早熟，母猪 120 日龄性成熟。经产母猪窝产仔数一般在 10 头以上。体重从 20 kg 增至 90 kg 需要 190 d，饲料转化率 4.12。90 kg 体重屠宰率 71.45%，胴体瘦肉率 41.10%。

(4)杂交利用　以内江猪为父本，与民猪、八眉猪、乌金猪、藏猪等地方品种以及北京黑猪、新金猪等培育品种杂交，其杂种一代在日增重与每千克增重耗料均有一定的优势。内江猪具有适应性强和杂交配合力好等特点，但存在屠宰率较低、皮较厚等缺点。用长白、大白、杜洛克、汉普夏等瘦肉型优良种公猪与内江猪进行二元和三元杂交，可获得较好的效果。

5. 东北民猪

(1)产地与分布　东北民猪是东北地区的一个古老的地方猪种，有大(大民猪)、中(二民猪)、小(荷包猪) 3 种类型。广泛分布于东北三省、河北省、内蒙古自治区。目前中型民猪主要分布在黑龙江省和吉林省部分地区，辽宁省部分地区尚有少量小型民猪。

(2)外貌特征　全身被毛黑色，头中等大，颜面长直、头纹纵行、耳大下垂，背腰稍凹，后躯斜窄，四肢粗壮，体质强健，鬃长毛密，皮厚。有效乳头 7 对以上(图 2-5)。

(3)生长发育与生产性能　东北民猪具有产仔多、肉质好、抗寒、耐粗饲的特点。性成熟早，发情明显，经产母猪平均产仔高达 14 头左右。经过选育和改进饲粮结构后饲养的东北民猪，233 日龄体重可达 90 kg，胴体瘦肉率为 48.5%，饲料转化率为 4.18。

(4)杂交利用　以民猪为母本分别与大白猪、长白猪、杜洛克猪等进行经济杂交，杂交效果

东北民猪公猪

东北民猪母猪

图 2-5 东北民猪

良好。杜洛克×民猪，其一代杂种猪 195 日龄体重达 90 kg，饲料转化率为 3.61，胴体瘦肉率为 56.19%；长白猪×民猪，杂种一代饲养 207 日龄体重可达 90 kg，饲料转化率为 3.82，胴体瘦肉率 53.47%；汉普夏×民猪，其杂种猪 199 日龄体重可达 90 kg，饲料转化率为 3.68，胴体瘦肉率为 56.65%。

6. 两广小花猪

(1)产地与分布　分布于广东省和广西壮族自治区的浔江、西江流域的南部，陆川猪、福绵猪、公馆猪和广东小耳花猪等地方类群统称为两广小花猪，其中陆川猪居多。

(2)外貌特征　体形较小，具有头短、颈短、身短、耳短、脚短和尾短的特点，故有“六短猪”之称，额较宽，有“Y”形或棱形皱纹，中有白斑三角星，耳小向外平伸，背腰宽而凹下，腹大多拖地，体长与胸围几乎相等，被毛稀疏，毛色均为黑白花，黑白交界处有 4～5 cm 宽的晕带。乳头 6～7 对(图 2-6)。

陆川猪公猪

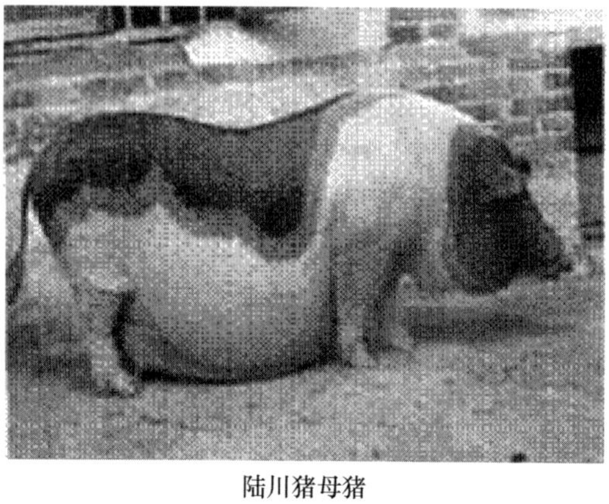
陆川猪母猪

图 2-6 陆川猪

(3)生长发育与生产性能　两广小花猪早熟易肥，皮薄肉嫩。性成熟较早，经产母猪母性强，平均每胎产仔 12.48 头。成年公猪平均体重 130.96 kg，成年母猪平均体重 112.12 kg。屠宰时屠宰率为 67.59%～70.14%，胴体瘦肉率为 37.2%。育肥期平均日增重 328 g。

(4)杂交利用　用国外瘦肉型猪做父本与两广小花猪母猪杂交，杂种猪在日增重和饲料转化率等方面都有一定的优势，尤其是与长白猪、大白猪的配合力较好。

7. 藏猪

(1)产地与分布　藏猪是世界上少有的高原型猪种。主产于青藏高原，包括云南迪庆藏猪、四川阿坝及甘孜藏猪、甘肃的合作猪以及分布于西藏自治区山南、林芝、昌都等地的藏猪类群。

(2)外貌特征　藏猪被毛多为黑色，部分猪具有不完全的“六白”特征，少数猪为棕色，也有仔猪被毛具有棕黄色纵行条纹。鬃毛长而密，被毛下密生绒毛。体小，嘴筒长、直，呈锥形，额面窄，额皱纹少。耳小直立、转动灵活。胸较窄，体躯较短，背腰平直或微弓，后躯略高于前躯，臀倾斜，四肢结实紧凑、直立，蹄质坚实，乳头多为 5 对(图 2-7)。

藏猪公猪

藏猪母猪

图 2-7　藏猪

(3)生长发育与生产性能　生长极其缓慢，繁殖力低。性成熟晚，每年产仔一窝，产仔数一般为 4～6 头。10 月龄体重达 25 kg。对高寒的气候条件、终年放牧等粗放的饲养管理条件有很强的适应能力。

二、引进品种

1. 长白猪

(1)产地与分布　长白猪原名兰德瑞斯猪，产于丹麦，是著名的瘦肉型猪品种之一，目前世界上养猪业较发达的国家均有饲养。我国从 1964 年开始先后从瑞典、荷兰、丹麦、美国、日本、英国引入，现分布于全国各地。该猪因体形特别长、毛色全白，故称长白猪。

(2)育成经过　丹麦在 1887 年开始长白猪的培育工作，从英国引进大约克夏猪与当地土种白猪进行杂交改良，把脂肪型猪改良为瘦肉型猪，选育成当时世界上最优秀的瘦肉型种猪。

(3)特征与特性　长白猪全身被毛白色且浓密柔软，富于光泽，皮肤较薄，耳大、长，向前倾，覆盖面部。头狭长，嘴直而较长，面部无凹陷，头小肩轻，胸部窄，后躯宽，前部低，后部高，整体呈楔形(从体侧观察，头与前躯小，后躯大而发达)，体躯较长，肋骨 16～17 对(比其他猪种多 1～2 块胸柱)，背腰稍呈弓形，腹线平直而不松弛，腿臀丰满，蹄质坚实。乳头 6～7 对(图 2-8)。

长白猪性成熟较晚，6 月龄开始出现性行为，8 月龄体重达 100 kg 以上开始配种。初产母猪产仔数10～11头,经产母猪产仔数11～12头,仔猪初生重平均为1.4 kg,28 d断乳体重7 kg,35 d断乳体重8 kg。

长白猪公猪

长白猪母猪

图2-8 长白猪

(4)优缺点　长白猪具有生长快、饲料利用率高、瘦肉率高等特点。母猪产仔较多,乳汁较足,断乳窝重较高。但体质较弱,抗逆性差,易发生繁殖障碍及裂蹄。在饲养条件较好的地区,以长白猪作为杂交改良第一父本,与地方猪种和培育猪种杂交,效果较好。

2.大约克夏猪

(1)产地与分布　大约克夏猪又称大白猪,原产于英国北部的约克郡及邻近地区。由于大白猪繁殖能力强,饲料转化率和屠宰率较高,世界各地曾先后引入并用来杂交改良当地猪种,都取得了一定的效果。现在许多品种或多或少都含有其血统。例如苏联大白猪就是从英国引进,并经过几十年的本土驯化选育而成的,被列为苏联国家品种。又如长白猪就是丹麦从英国引进的约克夏猪并与当地土种白猪进行杂交改良,选育成的优秀的瘦肉型猪种。

我国最早引进大约克夏猪是在20世纪30年代,限于当时社会条件,没有成功。新中国成立后,1957年和1967—1973年,我国先后从澳大利亚和英国引进几百头大约克夏猪,主要分布在华中、华东、华南等地区,以后被引种到全国各地。

(2)育成经过　原有的猪种体形粗大,毛白色,皮肤具有黑色或浅蓝色的斑点。引入我国广东的猪和莱斯特猪杂交育成优良的白色猪。到1852年正式确定为新品种,称约克夏猪。约克夏猪有大、中、小3种类型,现在以大约克夏猪较为普遍,在英国及加拿大等国饲养较多,被欧洲誉为“全能品种”;小型约克夏猪又称为英国小白猪,是典型的脂肪型品种,几乎绝迹;中型约克夏猪是兼用型品种,在我国华东、华中地区农户饲养较多,我国规模化猪场多饲养大约克夏猪。

(3)特征与特性　大约克夏猪是瘦肉型猪的代表品种。体格大,毛色全白,少数额角皮肤上有暗斑,头长面宽呈中等凹陷,耳薄而大并向上直立;体躯长,胸部宽深,肋骨扩张,背腰多微弓,腹部充实且紧,后躯宽长,臀部丰满。体形匀称,呈长方形;四肢粗壮且较高,但后腿欠结实。乳头7对。大约克夏猪引入我国后,经长期本土化,体形无明显变化,仅在饲养条件较差的地区,体重变小和腹围增大。

大约克夏猪性成熟晚。母猪初情期在6月龄左右，繁殖力强，据湖北、湖南、辽宁、四川、浙江、上海等省、市国有农场统计，初产母猪平均产仔数10头左右，经产母猪平均产仔数12.15头。产活仔数10头，湖北省统计最高产活仔数11.30头(图2-9)。

约克夏公猪

约克夏母猪

图2-9　约克夏猪

(4)优缺点　大约克夏猪具有生长快、较耐粗饲、饲料利用率高、瘦肉率高、肉色好、杂种优势显著、产仔较多、适应性强等优点，但有蹄质欠结实、后备母猪发情不明显的缺点。

3.杜洛克猪

(1)产地与分布　杜洛克猪产于美国东北部，分布最广，数量最多，在美国的猪品种中其日增重和料肉比排名第一。育成后被引进世界各地繁殖饲养，分布较广，我国1949年前已有引入(脂肪型)。新中国成立后第一次引入是在1972年，美国总统尼克松访华时送给我国纯种杜洛克猪一对，饲养在河南省息县外贸饲养场。广东省在1978年从美国引入部分纯种杜洛克猪，以后相继从日本、匈牙利、美国和加拿大等国引入，在我国各地均有饲养。

(2)育成经过　杜洛克猪是19世纪60年代在美国东北部，由美国纽约红毛杜洛克猪、新泽西州的泽西红毛猪以及康涅狄格州的红毛巴克夏猪育成的。原来是脂肪型猪，后来为适应市场需求，改良为瘦肉型猪。这个猪种于1880年建立了品种标准，原称为杜洛克泽西猪，现简称杜洛克猪。

(3)特征与特性　杜洛克猪全身被毛为棕红色，变异范围由金黄色到深红砖色，深浅不一，故有金毛猪之称。头小清秀，耳中等大小，耳根稍立，中部下垂，略向前倾，嘴略短，颜面稍凹，体型中等，体高而腰身较长，体躯深广，肌肉丰满平滑；胸宽而深，背呈弓形，腹线平直，后躯肌肉发达，四肢粗壮结实，蹄壳呈黑色，大腿丰满。乳头7对，从英国引进的杜洛克猪，有个别出现卷毛。

杜洛克猪成年体重，公猪350 kg左右，母猪300 kg左右。初产母猪产仔数9头，经产母猪产仔数10～12头(图2-10)。

(4)优缺点　杜洛克猪具有生长快、瘦肉率高、饲料利用率高、耐寒、适应性强、性情温驯、母性好、体质结实、杂种优势显著等优点；缺点是繁殖力偏低，特别是繁殖机能和泌乳性能易受不良环境的影响，常发生繁殖性障碍，肥育猪的肉质也较差。

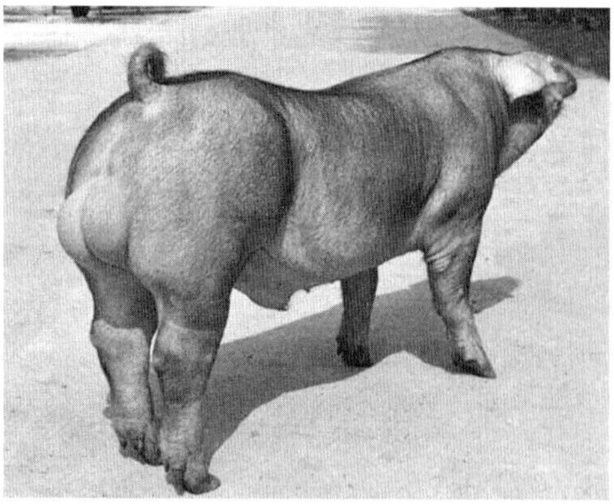

杜洛克公猪

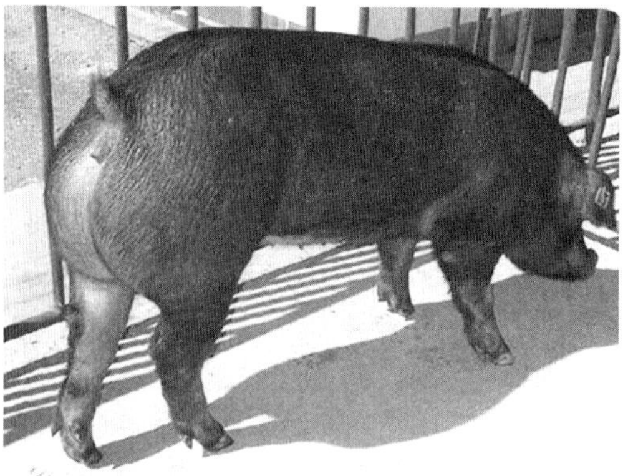

杜洛克母猪

图 2-10　杜洛克猪

4.皮特兰猪

(1)产地与分布　原产于比利时,是近年来欧洲比较流行的一个瘦肉型猪种。我国从 20 世纪 80 年代开始引进,分布和饲养量还不是很大。

(2)外貌特征　体形中等,体躯呈方形。被毛灰白,夹有形状大小各异的黑色斑块,耳中等大、略前倾,背腰宽大、平直,体躯短。肌肉特别发达,腿臀丰满,呈双肌臀,体质强健(图 2-11)。

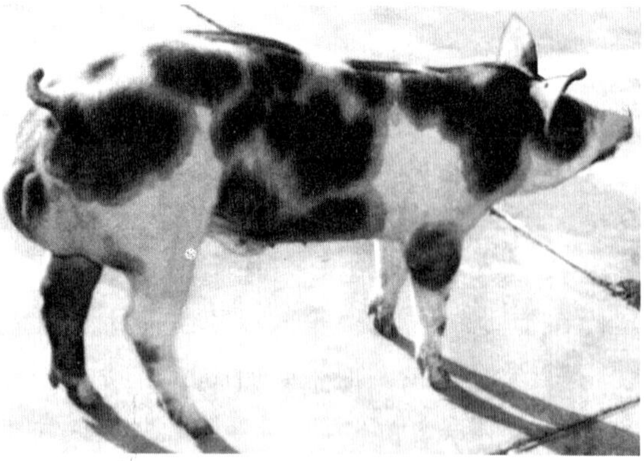

皮特兰公猪

皮特兰母猪

图 2-11　皮特兰猪

(3)生产性能　母猪初情期一般在 190 日龄,经产仔猪平均产仔数 9 头左右,护仔能力强,母性好。在 60 kg 以前生长较快,60 kg 以后生长速度显著减慢。160 日龄体重达 100 kg,平均日增重 830 g 左右,饲料转化率 2.5%左右。90 kg 体重屠宰率 74%以上,瘦肉率可达 73%左右。

(4)杂交利用　在经济杂交中作为终端父本,可显著提高后代腿臀围和胴体瘦肉率。

(5)评价　皮特兰猪具有背膘薄、胴体瘦肉率极高的特点。但产仔数少、生长相对缓慢、肉质欠佳、肌纤维较粗,且氟烷阳性基因频率很高,易发生 PSE 肉(白肌肉)。1991 年以后,比利时、德国和法国已培育出抗应激皮特兰新品系。

5.汉普夏猪

（1）产地与分布　原产于美国肯塔基州，是世界上著名的瘦肉型猪种之一，广泛分布于世界各地。

（2）外貌特征　体形大，全身主要为黑色，肩部到前肢有一条白带环绕，故称“银带猪”。头中等大小，嘴较长而直，耳中等大且直立，体躯较长，背腰呈弓形，后躯臀部肌肉发达。乳头6对以上（图2-12）。

汉普夏公猪

汉普夏母猪

图2-12　汉普夏猪

（3）生产性能　性成熟晚，母猪一般6～7月龄开始发情，繁殖性能不高，经产母猪产仔数9～10头，母性好。成年公猪体重315～410 kg，成年母猪体重250～340 kg。150日龄左右体重达100 kg，平均日增重815 g左右，饲料转化率2.3%左右。91 kg体重屠宰率74.1%，胴体瘦肉率65.3%。

（4）杂交利用　以汉普夏猪为父本与我国大多数培育品种和地方良种进行二元或三元杂交，效果良好，可明显提高杂种仔猪的初生重和商品肉猪的胴体瘦肉率。

（5）评价　汉普夏猪具有背膘薄、眼肌面积大、瘦肉率高、母性好、体质强健等优点，但繁殖力不高，生长性能一般，后代中出现肌肉颜色变浅的情况较其他猪种多见。

三、培育品种

1.哈尔滨白猪

（1）产地与分布　哈尔滨白猪简称哈白猪，产于黑龙江省南部和中部地区，以哈尔滨及其周围各县为中心产区，广泛分布于滨州、滨绥、滨北和牡佳等铁路沿线。

（2）血统来源　哈白猪是由不同类型约克夏猪与东北民猪杂交选育而成的。

（3）特征与特性　哈白猪体型较大，全身被毛白色，头中等大小，两耳直立，面部微凹。背腰平直，腹稍大但不下垂，腿臀丰满，四肢健壮，体质结实。乳头7对以上。

哈白猪成年体重，公猪220 kg左右，母猪176 kg左右。据对380窝初产母猪的统计平均产仔数9.4头，1 000窝经产母猪统计平均产仔11.3头。

哈白猪在每千克混合精料含消化能12.56 MJ、粗蛋白质16%的营养条件下，体重14.95～120.6 kg阶段，平均日增重587 g，每千克增重消耗配合饲料3.7 kg和青饲料0.6 kg。屠宰率

74%，背膘厚 5 cm，眼肌面积 30.81 cm^2，后腿比例 26.45%，90 kg 体重屠宰胴体瘦肉率 45%以上。

(4)杂交利用　哈白猪与民猪、三江白猪和东北花猪进行正反杂交，其杂种在肥育期的日增重和饲料利用率均呈现出较强的杂种优势。用长白猪公猪与哈白猪母猪杂交，杂种猪日增重平均 623 g，料肉比 3.6∶1，杂种猪 90 kg 时屠宰胴体瘦肉率达 50%以上。

2. 北京黑猪

(1)产地与分布　北京黑猪产于北京市双桥农场和北郊农场。主要分布在北京市朝阳区、海淀区、昌平区、顺义区、通州区等京郊各区，并推广至河北、河南、山西等省。

(2)血统来源　北京黑猪是在本地黑猪引入巴克夏、苏联大白猪、高加索猪进行杂交后选育而成的。

(3)特征与特性　北京黑猪全身被毛黑色，体质结实，结构匀称。头大小适中，两耳向前上方直立或平伸，面部微凹，额较宽，颈肩结合良好，背腰较平直且宽，腿臀较丰满，四肢健壮。乳头多为 7 对。

北京黑猪成年体重，公猪 262 kg 左右，母猪 236 kg 左右。初产母猪平均窝产仔数 10 头，经产母猪平均窝产仔数 11.52 头。据测定，20～90 kg 体重阶段，平均日增重为 609 g，每千克增重消耗混合料 3.70 kg。屠宰率为 72.4%，胴体瘦肉率 51.5%。

(4)杂交利用　长白猪×北京黑猪一代杂种猪体重 20～90 kg 阶段，日增重 650～700 g，每千克增重消耗配合饲料 3.2～3.6 kg，胴体瘦肉率 55%左右。杜洛克猪×(长白猪×北京黑猪)和大约克夏猪×(长白猪×北京黑猪)三元杂交后代，日增重 600～700 g，每千克增重消耗配合饲料 3.2～3.5 kg。体重 90 kg 时屠宰胴体瘦肉率 58%以上。

知识拓展

猪的经济类型

一、猪的经济类型划分

猪的经济类型即生产类型，是人们根据猪胴体中脂肪的比例以及胴体用途进行划分的。目前国际上常用的分类方法是分为 3 种类型，即脂肪型、瘦肉型和兼用型。3 种经济类型猪在体形、胴体组成和饲料利用方面各具特点。

1. 脂肪型猪

该种类型猪的特点是胴体脂肪多，一般脂肪占胴体比例的 55%～60%，瘦肉占 40%左右，整个外形呈方砖型，体躯短而宽深，头重颈粗，下颌重，肋骨圆拱，胸深腰粗，背腰短宽，背腹线较凹，臀部丰满，四肢细短而结实，胸围接近或大于体长 2～5 cm；背膘厚 5 cm 以上。皮薄毛稀，体质细致，性情温顺，耐粗饲，抗暑热，产仔数较低。这一类型猪能有效地利用饲料中碳水化合物转化为体脂肪，但利用饲料蛋白质转化瘦肉的能力较差，单位增重消耗的饲料较多。我国绝大多数品种属于脂肪型。

2. 瘦肉型猪

与脂肪型相反，该型猪瘦肉比例占胴体的 55%～65%，脂肪占 30%左右。体躯长浅，皮薄毛稀，体质细致，性情温顺，耐粗饲，抗暑热；产仔数较低。这一类型猪能有效地利用饲料中碳水化合物转化为体脂肪，但利用饲料蛋白质转化瘦肉的能力较差，单位增重消耗的饲料较多。我国绝大多数品种属于脂肪型。

体长比胸围长15 cm以上，膘厚3 cm以下，整个身体呈流线型。前躯轻后躯重，头颈小，背腰特长，背线与腹线平直。腿臀发达，后躯丰满，四肢高长，粗壮结实，皮薄毛稀，习性活泼，生长发育快，但对饲料要求较高。如从外国引进的大约克夏猪、杜洛克猪、长白猪等，以及我国培育的三江白猪和湖北白猪等均属此类型。

3.兼用型猪

本型猪肉质品质优良，风味可口，产肉和产脂肪能力均较强，胴体瘦肉率45%～55%。膘厚3～5 cm。外形介于瘦肉型和脂肪型之间，体形中等，背腰宽阔，中躯短粗，后躯丰满，体质结实，性情温顺，适应性强。我国培育的大多数猪种属于这一类型，国外猪种以约克夏猪、苏白猪为典型代表。

二、中国地方猪种及种质特性

1.地方猪种

中国地方猪种，按照其体形外貌、生产性能、地理分布和饲养管理特点，以及当地的自然条件、农业生产情况、社会经济等因素，大致可划分为6个类型。

(1)华北型　分布最广，主要在淮河、秦岭以北，包括东北、华北、内蒙古、甘肃、宁夏地区以及陕西、湖北、安徽、江苏四省的北部地区和山东、四川、青海小部分地区。这些地区气候干燥、寒冷，饲养粗放，多采取放牧或放牧与舍饲相结合的方式。因而使猪体质健壮、体躯高大、四肢粗壮、背腰狭窄、嘴筒长，皮厚多皱褶，毛粗密，鬃毛发达，被毛绝大部分为全黑色，冬季密生绒毛，抗寒力强。繁殖性能强，产仔数一般每窝12头以上，母性强，泌乳性能好，仔猪育成率较高。生长速度较慢，如东北的民猪、西北的八眉猪、河北的黄淮海黑猪、江苏的淮猪、内蒙古自治区的河套大耳猪等。

(2)华南型　主要分布在南岭和珠江流域以南，包括云南省西南和南部边缘，广西壮族自治区和广东省偏南的大部分地区以及福建省东南部。这一区域位于亚热带，气候温暖、雨水充足，饲料丰富且多以青绿多汁饲料和富含糖分的精料为主，从而形成这类猪早熟易肥、皮薄肉嫩、体躯较短、背腰宽阔下陷，腹大下垂，臀较丰满，四肢开阔粗短，毛稀，多为黑白斑块，亦有全黑被毛；性成熟早，繁殖力低，一般每窝产仔6～12头，如两广小花猪、海南五指山猪、广西陆川猪、云贵高原的香猪、福建槐猪和台湾桃园猪等。

(3)华中型　主要分布在长江中下游和珠江之间的广大地区。这一地区属亚热带，是粮棉主产区，气候温暖，雨量充沛，自然条件良好，青绿多汁饲料丰富，富含蛋白质的精料较多，更有利于猪的生长发育。华中型猪体躯较华南型猪大，体型则与华南型猪相似。体质较疏松，骨骼细致；背较宽且背腰多下凹，腹大下垂，四肢较短；头较小，被毛稀疏，大多为黑白花猪，性成熟早，产仔数每窝10～12头，如华中两头乌猪、浙江金华猪、广东大花白猪、湖南宁乡猪、湖北监利猪、安徽皖南花猪、贵州关岭猪等。

(4)江海型　分布于华北型和华中型两大类型分布区之间，两者交界的地区较长，地处汉水和长江中下游沿岸和东南沿海，处于亚热带和暖温带的过渡地区。分布的猪种既有少量的华北型猪和华中型猪，又存在大量的和这两种类型不完全相似且介于二者之间的中间类型猪种，尤其是在交通方便的长江中下游和沿海地区最为突出。江海型猪种属过渡型，体型大小不一，毛色自北向南由全黑逐步向黑白花过渡，极少数猪种为全白色。外形特征也多介于南北之间。头大小适中，耳大下垂，骨骼粗壮，背腰较宽，腹部较大，皮厚而松，且多皱褶，江海型猪性成熟早，繁殖力高，每窝产仔13头以上，高则达15头以上。脂肪多，瘦肉少，如陕西的安康猪、太湖流域的太湖猪、浙江的虹桥猪、江苏的姜曲猪、湖北的阳新猪等。

(5)西南型　主要分布在四川盆地和云贵高原的大部分地区，以及湘鄂西部。由于西南地区的气候条件相似，饲料条件基本一致，因而大部分猪种体质外形与生产性能也基本相同。头大，腿较粗短，额部多有旋毛或纵行皱纹；毛色全黑和“六白”较多，也有黑白花和红毛猪。产仔不多，一般每窝8～10头，脂肪多，瘦肉少，如四川的内江猪、贵州的乌金猪、重庆的荣昌猪(我国唯一的红毛猪)、贵州的凉伞猪、云南的保山大耳猪等。

(6)高原型　主要分布在青藏高原。这一地区自然条件和社会经济条件特殊，因而高原型猪与国内其他地区的猪种有很大的差别。体型小，外貌似野猪，四肢发达粗短有力，蹄小结实，嘴尖长而直，耳小直立，背窄而微弓，腹紧，臀倾斜。被毛大多为全黑色，少数为不全的“六白”特征。皮厚，毛密长，并生有绒毛，鬃毛发达，富有弹性。繁殖力低，产仔数一般每窝5～6头，生长慢，10个月可达25 kg。肉质鲜美多汁。数量和品种都较少，主要有青藏高原藏猪、甘肃的合作猪、云南的迪庆藏猪等。

2.地方猪种的种质特性

中国地方猪种有很多优良的种质特性，有些特性是中国猪种特有的，其中最突出的是繁殖力高，肉质好，抗逆性强。

(1)性成熟早，繁殖力高　中国地方猪种性成熟早，一般母猪初情期为3～4月龄，4～5月龄就可配种妊娠。中国地方猪种产仔数多，如太湖猪初产13.48头，经产猪16.65头。外国繁殖力高的品种如长白猪、大约克夏猪产仔数也只有10～11头。中国地方猪种与外国猪种比较，还具有乳头数多、发情明显、受胎率高、产后疾患少、护仔能力强、仔猪育成率高等优良繁殖特性。

(2)肉质好　中国地方猪种虽然脂肪多，瘦肉少，但是肉质显著优于外国猪种。国外一些高度培育的瘦肉型品种和品系，PSE肉(白肌肉)发生率很高，给养猪生产造成了巨大的经济损失。而中国地方猪种肉质优良，主要表现在肌肉嫩而多汁，肌纤维细，肌束内纤维数量较多，系水力强，pH高，肉色纹理好，香味浓郁，产生PSE肉(白肌肉)和DFD肉(黑肌肉)的情况极少。更突出的是肌肉大理石花纹分布适中，肌纤维间脂肪含量高，烹调时产生特殊的香味。

(3)适应性强　中国地方猪种比任何外国猪种都能更好地适应当地的饲养管理和环境条件，在长期的自然选择和人工选择过程中，形成了对外界不良环境的良好适应能力。地方猪种具有良好的抗寒能力、耐热能力、抗病能力、对低营养的耐受能力、对粗纤维饲料的适应能力以及对高海拔生活环境的适应能力。

(4)生长缓慢，饲料转化率低　我国地方猪种的另一个特点是生长速度较慢，育肥期平均日增重大多在300～600 g，饲料利用率低，即使在全价饲料条件下，其性能水平仍低于国外培育品种。

(5)贮脂能力强，瘦肉率低　我国地方猪种贮脂能力强，表现在背膘厚，一般可达4～5 cm，花板油比例大，为胴体重的2%～3%。胴体瘦肉率低，只有40%左右。瘦肉率、眼肌面积和后腿比例均不及国外培育猪种。

任务二　猪种选择利用

一、选种

选种是按照预定的生产和育种目标，根据系谱、生长发育、体型外貌和生产性能等情况，从猪群中选择优良个体作为种猪的过程。不同饲养阶段，选种的方法不同，需要依据生产经营方向和当地的实际条件对理想猪品种做出正确的选择。良种是提高养猪效益的首要因素，种猪质量的好坏是关系养猪成败的关键环节。猪场为保持高效的生产能力，每年都会选留或引入一定数量的后备猪，约占种猪群的25%～30%，以替代老弱病残及繁殖性能降低的种猪。种猪群只有保持以青壮年优秀种猪为主的结构比例，才能提高生猪生产水平和经济效益。

在猪育种中，可以从不同的角度对选种方法进行分类。体质外貌是人们进行选种的直观依据。因为体质外貌是品种特征、生长发育的外在表现，又和生产性能有一定的关系，所以把体质外貌作为选种不可忽视的依据之一。

选种是繁育工作的第一步，只有选择优秀的种猪，才能保证繁殖计划的顺利进行和完成。种猪应具有品种应有的外形特征、优秀的生产性能、高繁殖力，同时早熟性好、健康、适应性强、遗传性稳定。

1.生长发育

猪的生长发育与生产性能和体质外形密切相关，特别是与生产性能关系极大。一般来说，生长发育快的猪，肥育期日增重多，饲料报酬高。对个体生长发育的评定一般是定期称取猪只的体重和测量体尺。测定时期一般在断奶、6月龄和24月龄(成年)3个时期进行。断奶时只测体重，后两个时期加测体尺。测定项目包括。

(1)体重　指测定时称取猪的活重。在早饲前空腹称重，单位kg。

(2)体长　从两耳根连线的中点，沿背线至尾根的长度，单位cm。测量时要求猪下颌、颈部和胸部呈一条直线，用软尺测量。

(3)体高　从鬐甲最高点至地面的垂直距离，单位cm。用测杖或硬尺测量。

(4)胸围　表示猪胸部的发育状况，即用软尺沿肩胛后角绕胸一周的周径。测量时，皮尺要紧贴体表，勿过松或过紧，以将被毛压贴于体表为度。

(5)腿臀围　从左侧膝关节前缘，经肛门绕至右侧膝关节前缘的距离，用皮尺量取。腿臀围反映了猪后腿和臀部的发育状况，它与胴体后腿比例有关，在瘦肉型猪的选育中颇受重视。

2.外貌评定

(1)种公猪

①整体评定。在观看猪的整体时，需将猪赶至一个平坦、干净且光线良好的场地上，与被选猪保持一定的距离，对猪的整体结构、健康状态、生殖器官、品种特征等进行感官鉴定。

总体要求：猪体质结实，结构匀称，各部结合良好。头部清秀，毛色、耳型符合品种要求，眼睛有神，反应灵敏，具有本品种的典型雄性特征。体躯长，背腰平直或呈弓形，肋骨开张良好，腹部容积大而充实，腹底成直线，大腿丰满，臀部发育良好，尾根附着要高。四肢端正，骨骼结实，着地稳健，步态轻快。被毛短、稀而富有光泽，皮薄而富有弹性。阴囊和睾丸发育良好。

②关键部位评定。头具有本品种的典型特征；种公猪头颈粗壮短厚，雄性特征明显。头中等大小，额部稍宽，嘴鼻长短适中，上下腭吻合良好，光滑整洁，口角较深，无肥腮，颈长中等，皮肤以细薄为好。肩宽而平坦，肩胛骨角度适中，肌肉附着良好，肩背结合良好；胸宽且深，发育良好。前胸肌肉丰满，鬐甲平宽无凹陷。背腰平直宽广，不能有凹背或凸背。腹部大而不下垂，肷窝明显，种公猪切忌草肚垂腹。臀部宽广，肌肉结实，载肉量多。四肢高而端正，肢势正确，肢蹄结实，系部有力，无内外八字，无卧系、蹄裂现象。

种公猪生殖器官发育良好，睾丸左右对称，大小匀称，轮廓明显，没有单睾、隐睾或疝，包皮适中，包皮无积尿。

③评分。经过上述鉴定后，依据猪品种的外貌评定标准，对供测猪进行外貌评分，并将鉴定结果做好记录。记录评分表见表 2-1。

④定级。根据评定结果，参照表 2-2 确定等级。

表 2-1 猪外貌鉴定评分表

猪号______ 品种______ 年龄______ 性别______
体重______ 体长______ 体高______ 胸围______
腿臀围______ 营养状况______ 等级______

序号	鉴定项目	评语	标准评分	实际得分
1	一般外貌		25	
2	头颈		5	
3	前躯		15	
4	中躯		20	
5	后躯		20	
6	乳房、生殖器		5	
7	肢蹄		10	
	合计		100	

表 2-2 猪外貌鉴定等级表

性别 \ 等级	特等	一等	二等	三等
公猪	≥90	≥85	≥80	≥70
母猪	≥90	≥80	≥70	≥60

鉴定地点______ 鉴定员______ 鉴定日期______

(2)种母猪

①整体评定。种母猪评定时，评定人员与被评定个体间保持一定距离，从正面、侧面和后面进行系统观测和评定，再根据观测所得到的总体印象进行综合分析并评定优劣。评定时种母猪个体具有本品种的典型特征，其外貌与毛色符合本品种要求，体质结实，身体匀称，眼亮有神，腹宽大不下垂，骨骼结实，四肢结构合理、强健有力、蹄系结实。皮肤柔软、强韧、均匀光滑、富有弹性。乳房和乳头是母猪的重要特征表现，要求具有该品种应有的乳头数，且排列整齐；外生殖器发育正常。

②关键部位评定。头颈结合良好，与整个体躯的比例匀称。头具有本品种的典型特征：额部稍宽，嘴鼻长短适中，上下腭吻合良好，口角较深，腮、颈长中等。头形轻小的母猪多数母性良好，故宜选择头颈清秀的个体留作种用。

肩部宽平、肩胛角度适中、丰满，与颈结合良好，平滑而不露痕迹。鬐甲平宽无凹陷。胸部宽、深和开阔。胸部发达，内脏器官发育好，相关机能旺盛，食欲较强。背部要宽、平、直且长。背部窄、突起以及凹背都不好。腰部宜宽、平、直且强壮，长度适中，肌肉充实。胸侧要宽平、强壮、长而深，外观平整。肋骨开张而圆弓，外形无皱纹。母猪腹部大小适中、结实而有弹性，不下垂、不卷缩，切忌背腰单薄和乳房拖地。臀和大腿是最主要的产肉部位，总体要求宽广而丰满。后躯宽阔的母猪骨盆腔发达，便于保胎多产，减少难产。尾巴长短因品种不同而要求不同，一般不宜过飞节，超过飞节是晚熟的特征。

四肢正直，长短适中、左右距离大、无内外八字等不正常肢势，行走时前后两肢在一条直线上，不宜左右摆动。

种母猪有效乳头数不少于 6 对，无假乳头、瞎乳头、副乳头或凹乳头。乳头分布均匀，前后间隔稍远，左右间隔要宽，最后一对乳头要分开，以免哺乳时过于拥挤。乳头总体对称呈平行排列。阴户充盈，发育良好，外阴过小预示生殖器发育不好和内分泌功能不强，容易造成繁殖障碍。

③评分、定级。参考公猪的评分、定级表，对母猪外貌进行评分、定级。

3. 生产性能测定

生产性能是猪只最重要的经济性状，包括繁殖性状、肥育性状、胴体性状。

(1)繁殖性状

①产仔数。总产仔数是指包括死胎、木乃伊胎和畸形胎在内的出生时仔猪的总头数。产活仔猪数则是指出生时存活的仔猪数，包括衰弱即将死亡的仔猪在内。产仔数的遗传力较低，平均在 0.1 左右，主要受环境条件的影响。母猪的年龄、胎次、营养状况、排卵数、卵子成活率、配种时间和配种方法、公猪的精液品质和管理方法等因素都直接影响产仔数。

②初生重。仔猪的初生重包括初生个体重和初生窝重两个方面。仔猪初生个体重在出生后 12 h 以内，未吃初乳前测定，只测出生时存活仔猪的体重。全窝仔猪总重量为初生窝重(不包括死胎在内)。仔猪初生重的遗传力为 0.1 左右，初生窝重的遗传力为 0.24～0.42。

③泌乳力。母猪泌乳力的高低直接影响哺乳仔猪的生长发育状况，属于重要的繁殖性状之一。现在常用仔猪 20 日龄的全窝重量来代表，包括寄养过来的仔猪在内，但寄养出去的仔猪体重不得计入。泌乳力的遗传力较低，为 0.1 左右。

④断奶性状。断奶性状包括断奶个体重、断奶窝重、断奶头数等。断奶个体重是指断奶时仔猪的个体重量。断奶窝重是指断奶时全窝仔猪的总重量，包括寄养仔猪在内。断奶个体重的遗传力低于断奶窝重的遗传力。在实践中一般把断奶窝重作为选择性状，它与初生产仔数、仔猪初生重、断奶仔猪数、断奶成活率、哺乳期增重和断奶个体重等性状都呈显著正相关，是评定母猪繁殖性状的一个重要指标。

(2)肥育性状

①平均日增重。平均日增重通常是指整个育肥期间猪(种猪为断奶或测定开始到 180 日龄)平均每天体重的增长量，也可用达到一定目标体重(100 kg)的日龄来表示。目前多用 20～90 kg 或 25～90 kg 期间平均每天的增重来表示。品种类型、营养水平和管理方法直接影响日

增重。日增重与单位增重所消耗的饲料量无论是在表型相关上，还是在遗传相关上均呈强负相关。也就是说，日增重越高，则每单位所消耗的饲料量越少。因此在选种实践中，对日增重性状的选择，必将带来饲料利用率的改进。

②饲料利用率。一般是指生长育肥期内育肥猪每增加 1 kg 活重的饲料消耗量，即消耗饲料(kg)/增长活重(kg)之比值，亦称料重比。饲料利用率属中等遗传力，为 0.3～0.48。由于饲料采食量决定了生长速度，故生长快的猪通常饲料利用率高。

③采食量。猪的采食量是度量食欲的性状。在不限食条件下，猪的平均日采食饲料量称为饲料采食能力或随意采食量，是近年来猪育种方案中日益受到重视的性状。

采食量＝肥育期饲料消耗量÷肥育天数

采食量难以准确测量，但通过控制采食量控制脂肪沉积是生产中常用的手段之一。

(3)胴体性状　猪的胴体性状主要有屠宰率、胴体瘦肉率、背膘厚、眼肌面积、胴体长等，这些性状受猪的品种、年龄和发育阶段影响。所以研究这些性状的遗传和对这些性状的选择，都必须在相对稳定的环境条件下，针对相同的生长肥育阶段来进行此项工作。

①屠宰率

a. 宰前重。育肥猪达到适宜屠宰体重后，经 24 h 的停食(不停水)休息，称得的空腹活重为宰前重。

b. 胴体重。育肥猪经放血、去毛、切除头(寰枕关节处)、蹄(前肢腕关节，后肢飞节以下)和尾后，开膛除去内脏(保留肾脏和板油)的躯体重量为胴体重。

c. 屠宰率。是指胴体重占宰前重的百分率。屠宰率高的说明产肉量高，一般屠宰率应不低于 70%，高的可达 80%。

屠宰率＝(胴体重÷宰前重)×100%

②胴体瘦肉率。胴体瘦肉率是指将左半胴体进行组织剥离，分为骨骼、皮肤、肌肉和脂肪 4 种组织。瘦肉量和脂肪量占 4 种组织总量的百分率即是胴体瘦肉率和脂肪率。公式如下：

胴体瘦肉率＝瘦肉量÷(瘦肉量＋脂肪量＋皮重＋骨重)×100%

胴体脂肪率＝脂肪量÷(瘦肉量＋脂肪量＋皮重＋骨重)×100%

③背膘厚。采用屠体测定时，一般在第六和第七胸椎接合处测定垂直于背部的皮下脂肪层厚度，不包括皮厚。平均背膘厚共测定 3 个点：肩部最厚处；胸腰椎联合处；腰荐椎结合处；最后以 3 个部位平均值表示。而活体测定是用超声波测膘仪(A 超或 B 超)进行活体测量，一般在距离背中线 4～6 cm 处，取肩胛骨后缘、最后肋骨和髋结节(腰角)前缘 3 点的平均值，如果只测一点，以最后肋骨处最容易准确触摸，测值最准确。背膘厚度的遗传力较高，为 0.4～0.7。

④眼肌面积。眼肌面积即胴体胸腰椎结合处背最长肌横截面面积。于最后肋骨处垂直切断背最长肌(简称眼肌)，用硫酸纸描下眼肌断面，用求积仪求值；也可用游标卡尺度量眼肌的最大高度和宽度，按下列公式计算：

眼肌面积(cm^2)＝眼肌高度(cm)×眼肌宽度(cm)×0.7

优良品种的眼肌面积可达 34～36 cm^2。眼肌面积的遗传力为 0.4～0.7，增加眼肌面积将同时增加胴体的瘦肉率，降低背膘厚和提高饲料利用率。眼肌是胴体中最有价值的部位，因此它是评定胴体产肉能力的重要指标。

⑤胴体长。胴体长分胴体斜长和胴体直长两种。从耻骨联合前缘中心点至第一肋骨与胸骨接合处中心点的长度（在吊挂时测量）称为胴体斜长；从耻骨联合前缘中心点至第一颈椎底部前缘的长度，称为胴体直长。胴体长与瘦肉率呈正相关，所以该性状是反映胴体品质的重要指标之一。

4.选择

种猪生产以生产种猪或二元繁殖母猪以及公猪的精液为主要产品，其中核心工作是通过遗传育种的手段，生产优质的种猪资源。种猪的遗传改良是提高种猪质量的核心技术，种猪的现场选择是种猪改良的重要手段。现代种猪场的育种工作已经是一项日常工作，已融入现代养猪场生产工艺流程中。种猪选育工作是养猪生产环节中的一项日常工作。

种猪的现场选择主要技术指标包括：品种特征、体型结构、外生殖器结构、乳头结构、肢蹄结构。

（1）品种特征　种猪生产主要是进行纯种生产，所以选种首先要求选择的种猪品种特征明显，现在国内种猪生产的主流品种是大白猪、长白猪和杜洛克猪三大品种，每个品种都有其品种特征，选种时必须根据各个品种的特点进行选择。

（2）体型结构　种猪的体型结构总的要求是各大部位匀称，相互之间的连接平滑，体长且深。不同用途的种猪，体型外貌的要求略有不同。例如对于父系种公猪，除了种猪的总体要求以外，还特别要求体格健壮结实，对于母系种猪，则更加要求种猪个体体型适当、结构合理，具有较强的协调性。

（3）外生殖器结构　种猪生殖器官与种猪的繁殖性能密切相关，种猪生殖器官也是可遗传的性状，所以外生殖器的形状、大小对于种猪的选择非常重要。种公猪要求睾丸大，并且两侧对称。母猪的选择要求外阴大小适中，防止幼儿外阴、上翘外阴，这些外阴表现往往预示母猪的繁殖性能比较低，会出现一些繁殖障碍。

（4）乳头结构　种猪的腹线（即乳房和乳头）对种猪来说十分重要，它与种猪的繁殖性能，尤其是种猪的哺乳能力和泌乳性能密切相关。腹线的评价根据乳头的数日、位置、形状以及有无缺陷等几个方面进行。种猪的有效乳头数量一般要求在 6～7 对，结构要求大小适中，并均匀排列于腹线的两侧，乳头之间的空间距离均匀且充足。防止瞎乳头、小乳头、反转乳头等异常的乳头。

在实际育种工作中，对母系种猪，腹线的评价需要更加严格，因为具有良好的腹线，种猪的泌乳性能会更好，即母猪能够提供更多、更好的哺乳和断乳仔猪，从而提高母猪的断奶生产力。对于父系种猪，常规的腹线评定就能满足现场选种的要求。

（5）肢蹄结构　种猪的肢蹄结构总体要求是四肢呈自然姿态，表现为行走的姿态自然，防止卧系、屈腿等不良的四肢结构。在实际育种工作中，肢蹄结构的评价比较复杂，分前后肢、系与蹄等部分分别进行评价。理想型的前肢应该是从肩部到蹄部呈直线型，膝盖处有一定的角度，应该防止“O”形或“X”形等有缺陷的肢型。系部应该自然并有一定的曲线，防止系部过度直立，形成蹄尖走路，同时也防止系部过卧，形成卧系。理想的蹄部应该是蹄趾均匀、形状正常、位置合理且两蹄间无过大的裂隙。防止蹄趾不均、两蹄间裂隙过大或蹄部过长等缺陷。

5.选择程序

种猪选择过程，请参考本教材项目三和项目四中种公猪和种母猪的选育。

二、种猪杂交优势的利用

(一)猪的选育与经济杂交

目前，大多是通过不同的猪品种间进行经济杂交，从而获得杂种优势，并得到符合消费者需求的商品猪。常用的经济杂交有两品种杂交和多品种杂交。

1.杂交和杂种优势的概念

(1)杂交　杂交是指不同品种、品系或类群间的相互交配。杂交所生的后代称为杂种。通过杂交可以利用杂种优势，在短时间内生产高性能的商品育肥猪。杂交对提高猪的生产性能以及养猪的经济效益有着十分重要的作用，已成为现代化养猪生产的重要手段。

(2)杂种优势　杂交所产生的杂种后代，往往在生活力、长势和生产性能等方面表现出一定程度上优于其亲本的纯繁群体，即杂种后代性状的表型均值超过亲本均值，这种现象称为杂种优势。

杂种优势的利用在畜牧业上取得了巨大的发展，特别是在肉用畜牧业中，已经广泛利用杂种优势并开展了普遍而深入的研究。

2.杂交亲本的选择

在猪的杂交组合中，究竟采用哪些品种或专门化品系作为杂交亲本，而且亲本猪种生产性能有何突出特性，是一个很重要的问题。如果杂交亲本猪种运用得不好，对杂交效果会有一定的不良影响。选择杂交亲本品种除了要考虑猪的经济类型(脂肪型、兼用型和瘦肉型)、血缘关系和地理位置外，还要考虑市场对商品猪的要求及经济成本。亲本品种包括母本和父本，对母本和父本的要求是不同的。

(1)父本猪种的选择　父本品种的遗传性生产水平要高于母本品种，在经济类型、体型外貌、地区和起源方面与母本品种有较大差异，杂交后杂种优势更明显。父本选择时要突出其品种的纯度，要求其生长速度和饲料报酬的性能要高；胴体性状要突出膘薄、瘦肉率高、产肉量大、眼肌面积及大腿比例。父本品种也应对当地气候环境条件有较好的适应性，如果公猪对当地环境条件不适应，即使在良好的饲养条件下，也很难得到满意的杂交效果。父本猪群的类型应与对杂种猪群的要求一致。如要求生产瘦肉型猪时，就应选择瘦肉型猪做父本。

(2)母本猪种的选择　应选择对当地条件有最大适应性和数量多的当地猪种或当地改良品种做母本品种。这是因为母畜的需要量大，种畜来源问题很重要，而适应性强才便于饲养管理、容易推广。选择母本品种时需要突出繁殖力高的性状特点，包括产仔数、产活仔数、仔猪初生重、仔猪成活率、仔猪断奶窝重、泌乳力和护仔性等性状都比较良好。根据以上原则，我国的地方猪种和培育猪种都可作为杂交母本来用。引入的现代良种瘦肉型猪种大多可作为父本。

现在无论是大规模内向型猪场或是外向型猪场，都不用我国各种地方猪种作为杂交母本，而是采用引入的大白猪或长白猪作为母本猪种；父本猪种基本上都采用现代的杜洛克、汉普夏或皮特兰作为杂交父本猪种。这一重大变化，是由于提高生产水平、降低饲料报酬和商品猪在市场有较强的竞争力所致。

3.杂交方式的选择

在杂种优势的利用中，商品猪的整个生产过程可能涉及不同数量的种群、不同数量的层次以及不同的种群组织方法。杂种优势利用中猪常用的一些杂交方式如下。

(1)二元杂交　二元杂交亦即两个种群杂交一次，一代杂种无论是公是母，都不作为种用继续繁殖，而是全部用作商品肥育猪，如图 2-13 所示。

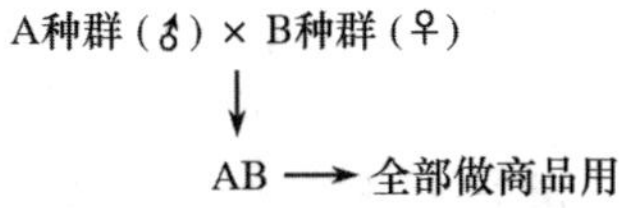

图 2-13　二元杂交示意图

(2)三元杂交　由 3 个种群参加的杂交称为三元杂交。先用两个种群杂交，所生杂种母猪再与第三个种群的公猪杂交，所生的三元杂种用作商品肥育猪(图 2-14)。

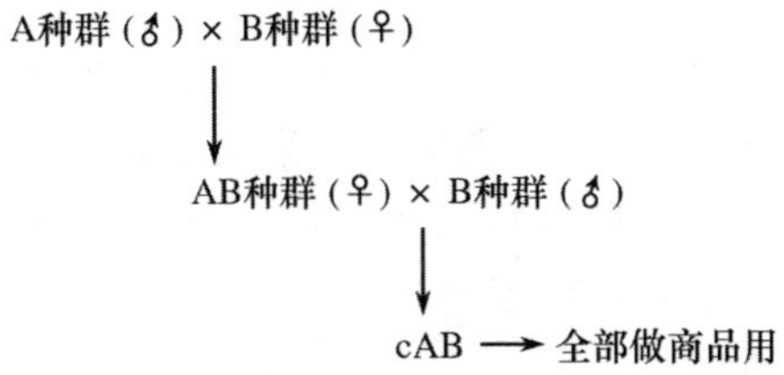

图 2-14　三元杂交示意图

三元杂交所采用的猪种，第一次杂交的母本猪种可采用地方猪种或地方培育猪，两个父本品种采用引入的优良瘦肉猪种；为了提高经济效益和增强在市场上的竞争力，可把母本猪种换为引入的瘦肉型优良猪种，即 3 个猪种全都采用现代引入优良猪种进行的三元杂交，效果将会更好。目前我国现代规模化养猪场都已采用引入猪种的三元杂交方式。三元杂交，从方式上看，要比二元杂交稍复杂了一步，但从杂交效果上看，却比二元杂交效果更好。三元杂交的最大优点是充分利用了杂交一代母猪的杂种优势，特别是繁殖性能的优势，同时还充分发挥了第二父本猪种(c)在平均日增重、饲料报酬高和产瘦肉量多等方面的作用。并且遗传基础也较广泛，可以利用 3 个品种(系)遗传基础。一般三元杂交方法在繁殖性能上的杂种优势率较二元杂交方法高出一倍以上。但三元杂交也有其缺点：需要饲养 3 个纯种(系)，制种较复杂且时间较长，一般需要二次配合力测定确定生产二元杂种母本和三元杂种育肥猪的最佳组合，不能利用父本杂种优势。

三元杂交在现代化养猪业中具有重要作用。目前我国绝大多数规模化猪场，普遍采用杜、长、大(采用杜洛克公猪配长白与约克夏或约克夏与长白的杂种母猪，来生产商品育肥猪)的三元杂交方式，并已获得良好的经济效益。

(3)轮回杂交　所谓轮回杂交，就是在二元或三元杂交中，逐代选留优秀的杂种母猪做母本，再用原亲本猪轮流作为父本，继续与杂交一代母猪群进行杂交，这样的杂交方式称为轮回杂交。这种杂交方式存在较多缺点，即各代轮回杂交所生产的杂种猪群，不论是在生产性能上或体型外貌上，都发生参差不齐的情况，而且轮回的代数越多，杂种猪的杂种优势就越下降。因此不能盲目采用轮回杂交方式。

(4)配套杂交　配套杂交又称四品种(品系)杂交，是采用四个品种或品系，先两品种或两品系进行二元杂交，产生两种杂种，然后两种杂种间再进行杂交，产生四元杂种商品肥育猪，称配套系杂交(图 2-15)。

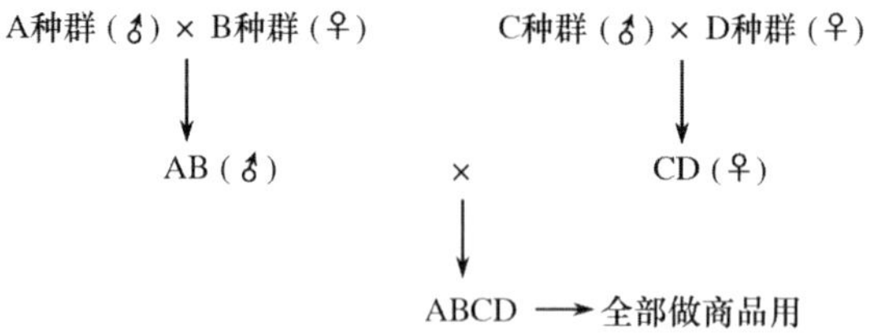

图 2-15　四元杂交示意图

这种杂交方式的优点是：①遗传基础更丰富，可能有更多的显性优良基因互补和更多的互作类型，从而期待有较大的杂种优势，还有可能发现和培育出新品系。②可以同时利用杂种公、母猪的优势，获得较强的杂种优势。③由于大量利用杂种繁殖，就可以少养纯种猪，从而降低饲养成本。

从理论上来说，四元杂交的效果应该比二元或三元杂交的效果好，因为四元杂交可以利用四个品种(系)的遗传互补以及个体、母本和父本的最大杂种优势。但由于猪场规模的限制，特别是由于人工授精技术和水平的不断提高以及广泛应用，使杂种父本的父本杂种优势不能充分表现出来。另外多饲养一个品种(系)的费用是昂贵的，且制种和组织工作更复杂，因此目前国际上更趋向于应用三元杂交。

目前国外推行的“杂优猪”，大多数是由多个专门化品系杂交产生的。如美国的“迪卡”配套系、英国的“PIC”配套系等。1991 年我国农业部决定从美国迪卡公司为北京养猪育种中心引入 360 头迪卡配套系种猪，其中原种猪有 A、B、C、E、F 五个专门化品系，其实质是由当代世界优秀的杜洛克、汉普夏、大白、长白等种猪组成。在此模式中，A、B、C、E、F 五个专门化品系为曾祖代(GGP)；A、B、C 及 E 和 F 正反交产生的 D 系为祖代(GP)；A 公猪和 B 母猪生产的 AB 公猪，C 公猪和 D 母猪生产的 CD 母猪为父母代(PS)；最后 AB 公猪与 CD 母猪生产 AB-CD 商品猪上市，如图 2-16 所示。

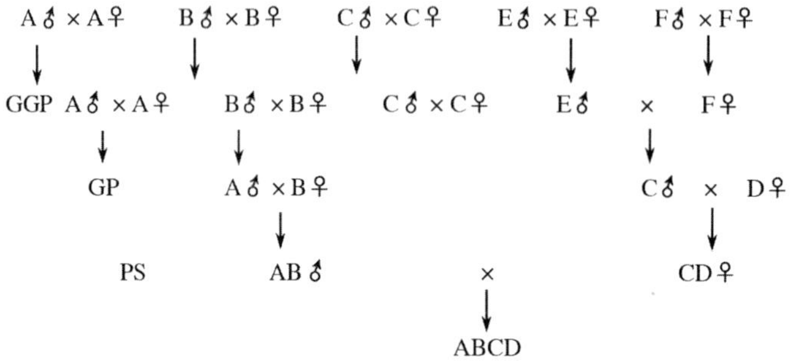

图 2-16　“迪卡”配套系种猪繁育体系模式

4. 提高杂种优势

影响杂种优势的因素有许多，其中最主要的影响因素是杂交用亲本品种群的性能及其相互配合情况。要提高杂种优势，必须考虑以下几项条件。

(1)选择适宜的杂交亲本　亲本应当是高产、优良、血统纯正的品种，无论是父本还是母本，在一定范围内，亲本越纯则其经济杂交效果就越好，能使杂种表现出较高的杂种优势。亲本遗传基础（基因型）差异越大，血缘关系越远，其杂交后代杂种优势表现就越明显。

例如瘦肉型×脂肪型、南方品种×北方品种、白毛猪×黑毛等杂种优势都明显。母本选择与父本品种选择要求应有不同。一般选择日增重大、瘦肉率高、生长快、饲料报酬高、繁殖性能好的品种作为第一父本，而第二父本或终端父本的选择则重点考虑其生长速度和胴体品质。对母本则着重产仔数多、泌乳力高、母性好的品种做母本，一般来说，引进品种具备体型好、体重大、生长快、饲料报酬高等特点，本地猪则具备繁殖率高、母性强、耐粗饲、抗寒耐热等特点，前者宜做父本，后者宜做母本。

(2)做好配合力测定（即杂交组合试验）　配合力测定是指不同品种和品系间配合效果的试验。生产实践和科学研究证明，一个品种（品系）在某一组合中的表现理想，而在另一组合中表现则不一定理想。因此不是任意两品种（或品系）的杂交都能获得杂种优势。配合力表现的程度受多方面因素影响：不同组合（品系）相互配合的效果不同；同一组合里不同个体间配合的效果也不一样；不同组合在相同环境里表现不同；同一组合在不同环境里表现也不同。所以我们必须仔细进行配合力测定工作，找出适于本地区的优秀杂交组合，以便快速和优质生产出杂交猪。

(3)选择适宜的杂交方法　杂交方法直接影响杂交效果。杂交时是采用两品种的简单杂交或三品种杂交，或轮回杂交，或品系间杂交，必须要根据当地市场需要和自然经济条件、猪群的情况、技术水平、饲养管理水平和杂交组合测定效果来决定。此外，还要合理安排试验群和对照群，即应有两亲本纯种繁殖群作为对照，这样才能衡量杂种优势的效果，只有对纯种作出可靠的评价，才能肯定杂交效果如何。

(4)创造适宜的饲养管理条件　在进行猪的经济杂交时，不能只考虑品种组合、品种的遗传性生产水平和杂交优势率，更应重视饲养管理条件，因为性状的表现是遗传基因与环境共同作用的结果。在环境条件中，营养对杂交优势的影响较大，饲料营养水平是获得遗传性生产水平和杂种优势的物质基础，只有当供给的饲料营养水平达到亲本遗传性生产水平所需的营养水平时，亲本的遗传潜力和杂种优势才能充分表现出来。有一些组合在高营养水平表现较好，在中等营养水平表现较差；另一些组合在中等营养水平表现较好，在高水平营养表现也没有提高。

饲养方法对杂种优势也有影响。实验表明：在限量饲喂的条件下，对杂交一代的饲料利用率有好处；而在不限量条件下对日增重有利。此外，环境温度对最终优势的表现也有影响。

知识拓展

引种管理技术

工作目标：学会并掌握引种技术。

引种流程：

一、供种单位选择

1.资质。

2.建场时间。

3. 供种能力。
4. 种猪健康状况。
5. 技术水平。
6. 售后服务。

二、确定引种计划

品种、体重、数量、时间、人员、引种批次。

三、引种方法

1. 公猪选择

生产性能要求。在养猪生产上要选择生长速度快、饲料利用率高、背膘薄的品种或品系作为配种公猪，从而提高后代的生长速度和胴体品质。

体质外形要求。身体结实强壮、四肢端正、腹线平直、睾丸大并且对称、乳头6对以上，并且排列整齐，无瞎乳头。不要选择有运动障碍、站立不稳、直腿、弓背的公猪，以免影响配种。

2. 母猪选择

生产性能要求。进行纯种繁殖的猪场，应选择相同品种但无亲缘关系的公、母猪相互交配；生产杂种母猪的猪场，应选择经过配合力测定或经多年生产实践证明杂交效果较好的杂交组合所需要的品种，与公猪进行配套生产；生产商品肉猪的猪场，根据生产需要，选择二元或三元杂种母猪进行生产。

体质外形要求。母猪食欲旺盛，能够正常发情，体质结实健康，四肢端正，活动良好。背腰平直或略弓，胸肋开张良好。乳头6对以上，并且排列整齐，无瞎乳头、内凹乳头、外翻乳头等畸形。阴户大小适中无上翘。

3. 索要种猪档案和技术资料。

职业技能测试题

1. 全世界猪品种中繁殖力最高产仔数最多的品种是(　　)。
A. 太湖猪　B. 荣昌猪　C. 金华猪　D. 藏猪
2. 净毛率达90%的猪种是(　　)。
A. 太湖猪　B. 荣昌猪　C. 金华猪　D. 藏猪
3. 原产于丹麦的猪种是(　　)。
A. 长白猪　B. 大白猪　C. 杜洛克猪　D. 皮特兰猪
4. 全身被毛红棕色的猪种是(　　)。
A. 长白猪　B. 大白猪　C. 杜洛克猪　D. 皮特兰猪
5. 被毛灰白，夹有形状大小各异黑色斑块的猪种是(　　)。
A. 长白猪　B. 大白猪　C. 杜洛克猪　D. 皮特兰猪

项目三
标准化公猪饲养

项目导读

在生产中,公猪的质量直接影响繁殖的效率和后代的质量,因此,公猪的饲养管理对整个猪生产过程起着至关重要的作用。

本模块分为两个子任务进行学习:后备公猪的饲养管理和种公猪的饲养管理。后备公猪是指将要进入种公猪群体的公猪,我们将深入研究如何进行科学的喂养和管理,以确保它们在进入种群时处于最佳的健康和生殖状态。种公猪则是决定猪群遗传质量的关键,我们将学习如何通过合理的饲养,提高它们的繁殖性能,延长它们的使用寿命。

希望这个模块能帮助你更深入地了解公猪在猪生产中的重要地位,以及如何通过科学的饲养和管理,提高公猪的生产性能,从而提高整个猪群的生产效率和经济效益。

学习目标

素质目标:

1. 培养对公猪饲养全过程的热爱,理解其在农业经济中的地位。
2. 提高对公猪饲养工作责任心的认识,了解精细的饲养管理对动物福利和生产效率的影响。
3. 理解如何在公猪饲养中实施可持续和环保的做法,以及其对环境、动物福利和人类社会的重要性。

知识目标:

1. 掌握后备公猪和种公猪的饲养管理基础知识,包括适当的饲料类型、饲养环境、健康管理等。
2. 了解公猪的生理需求和行为特性,以便更好地理解饲养管理中的具体要求。
3. 学习公猪的繁殖管理知识,包括公猪的繁殖周期、种猪的选育、繁殖效率的评估等。

能力目标:

1. 能够实施公猪的日常饲养管理,包括饲料投喂、环境管理、健康观察等。

2. 能够对公猪进行基本的健康检查和繁殖评估，包括身体状况的观察、繁殖器官的检查等。

3. 能够在实际饲养中应用所学知识，解决饲养过程中出现的问题，如营养不良、繁殖问题等。

思维导图

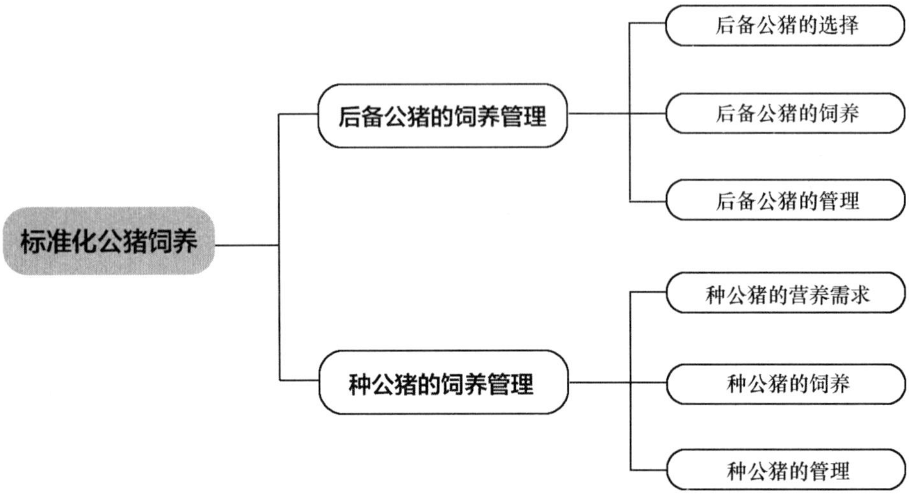

任务一　后备公猪的饲养管理

一、后备公猪的选择

（一）公猪的重要性

“母猪好，好一窝；公猪好，好一坡。”公猪在规模化种猪场中的重要性不言而喻。为了使种猪群拥有较高的品质及生产水平，保障经济效益，规模化猪场每年都会培育一定数量的后备公猪，更新年老、生产性能差的种公猪，维持种猪群正常的结构比例。优良种公猪的合理利用能有效改善猪群缺点，强化优点。因此后备公猪的科学选育及利用对种猪优良性能的充分发挥及猪场效益具有重要意义。

例如，1 头 3 000 元的公猪，30～100 kg 阶段日增重表型值只有 800 g/d，另外 1 头 10 000 元的公猪，相同阶段的日增重表型值是 1 200 g/d，此差距是 400 g/d。按公猪占 50%的影响以及 30%的遗传表达能力计算，二者造成的差距是 60 g/d。从体重 30 kg 到 100 kg 需要 87.5 d 计算，表型值高的公猪产生的后代能在相同的饲养时间内多 5.25 kg。对于一个 10 万头的猪场，将多生产 52.5 t 活重的猪。其投入产出比基本上是 1∶10。因此，对良好基因型的公猪进行投资，效益是非常可观的。

(二)后备公猪的需求点和引进地点

1.后备公猪的需求点

一方面是一些新手加入养猪大军,引进后备公猪是开始养猪必不可少的步骤;另一方面已经在生产场的正常的公猪更新和扩大规模,也需要引进后备公猪来补充和增加存栏公猪头数。通常规模化猪场种公猪年更新率为30%～35%,中小型养猪场根据种猪规模及效益适当调整,更新率多为25%～30%。

2.引种的地点

要选择能够提供健康无病、性能优良种猪的正规大型种猪场或公司引进公猪,并要求具有《种畜禽生产经营许可证》和《动物防疫合格证》以及《种猪健康证明》,而且不能是正在发病的疫区,最后要侧面了解引种猪场的口碑和售后服务等,做到心中有数(表3-1)。

表3-1　引种猪场的评估事项

资质水平	种猪场要求具备种猪生产资质,要有《种畜禽生产经营许可证》和《动物防疫合格证》
生物安全	猪场位置是否合理,防疫程序是否严密,人员、车辆、饲料、环境消毒是否严格
猪群健康	最近几年猪场是否发生重大疫情
种猪性能	选购品种的繁殖性能、生产性能、适应性与市场反馈是否良好
供种能力	猪群的规模、生产成绩及目前能够提供的种猪数量是否达到一定规模
售后服务	种猪场是否具备良好的技术服务团队进行售后服务

3.挑选的要点

后备公猪的选择应依据猪场定位及品种需求,从体貌特征、生殖器官发育、父母及同胞(半同胞)性能指标、种猪血统及系谱档案记录完整与否等方面开展。

(1)挑选前要了解的几点

①要选择良好的品种,从遗传的角度出发,要从血源来源比较清楚,品种特征明显,本身及后代无明显的遗传病,繁殖性能、后代或同胞育肥性能好的下一代中选择。

②选择体重在50～60 kg的种公猪。

③选择的后备公猪本身应在同窝猪中,表现为个体比较大、健壮且结实、眼光有神、活泼好动,并拥有良好的睾丸。

(2)现场挑选

①体型外貌符合品种特征及种用要求。中国地方猪与国外引进品种在体型外貌上略有差异,尤其中国地方猪品种因地域特点及人工选择的结果,体型特点明显,后备猪选育时需兼顾品种特征,综合性能特点进行。

选留的后备种公猪应具有以下特点:第一,应具备明显的品种特征,健康活泼,双眼有神,步态矫健,反应灵敏,性欲旺盛,无遗传缺陷及其他疾病。第二,前躯发育良好,背腰宽且平直,臀部丰满而不斜尻,腹部不下垂,四肢健壮有力、无内外八字和蹄裂现象,尾根粗壮,毛色光亮。第三,后备公猪要求生殖器官发育良好,雄性特征明显,两侧睾丸明显外露、左右对称、大小均匀、轮廓明显、略下垂,无单睾、隐睾、附睾炎;包皮适中,无积尿或少积尿现象;有效乳头7对以上，饱满、左右对称、分布均匀(图 3-1)。

优秀的后备公猪性成熟后，有明显的求偶、交配欲望及爬跨行为，喜拱、推、磨牙、口吐泡沫、嗅，并时常发出特有的求偶声音。

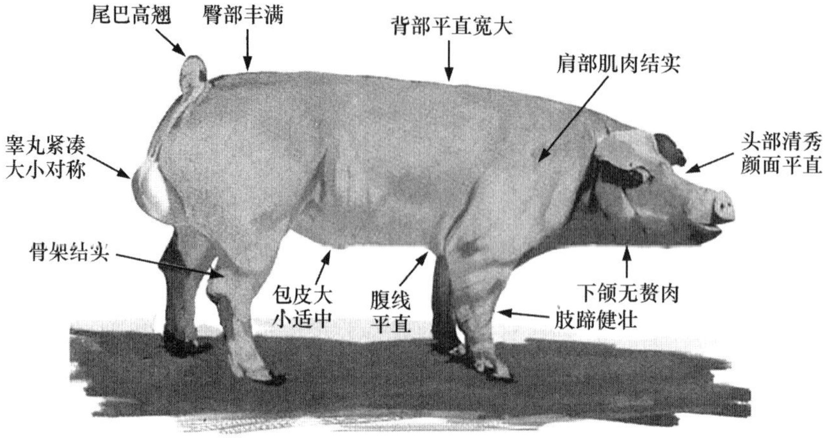

图 3-1 后备公猪体型外貌选择标准

②父母、同胞或半同胞性能指标优异。早期选择，尤其断奶时初选，应参考待选小公猪父母的性能指标，包括窝产仔数，仔猪初生重，有无畸形、死胎等；后期复选可参照同胞或半同胞生长速度、饲料转化率等指标，结合体型外貌在生长过程中的变化，综合选择(表 3-2)。

表 3-2 生产性能测定信息

本身测定值		EBV 指数				100 kg 日龄	背膘厚	眼肌面积	日增重	料肉比	瘦肉率	外貌指数	总产仔数
		父系	母系	繁殖	自定								
育种值	本身												
	父亲												
	母亲												
	祖父												
	祖母												
	外祖父												
	外祖母												

③系谱档案记录完整，血统符合种群要求。为防止种猪群出现近亲交配，生产性能退化，选留的后备公猪务必要求系谱档案清晰、完整，保证配种有据可依。

(三)繁育场后备公猪的选留

二维码 3-1 后备公猪的选育技术

繁育场应在仔猪断奶、60 日龄、4 月龄和 6 月龄进行阶段性选择，逐步选留优秀的后备公猪。从仔猪到生产公猪，需要层层选拔，因为公猪需求量小，每头公猪后代量大，就需要高强度的选择。最终剩下的后备公猪在 5%左右。

1. 出生后初选

小猪出生后即可进行初选，及早初选能够尽早将不需要选留的公猪进行阉割处理，减小猪只的应激。初选的原则：①系谱清晰，父母生产性能优异；②无遗传缺陷；③耳缺清晰；④尽量选同窝中体重大的；⑤每窝不要留太多(表 3-3)。

表 3-3　出生后选育标准

选育指标	选育标准
生理缺陷	无明显生理缺陷，肢蹄发育良好
毛色	同窝仔猪毛色纯正，无杂色毛，无卷毛
出生重	选择出生窝重大的且个体大的仔猪：杜洛克猪、大白猪初生重大于 1.2 kg，长白猪初生重大于 1.1 kg
乳头	乳头排列整齐，均匀分布，无瞎乳头和副乳头。杜洛克猪要求 6 对以上，大白猪、长白猪要求 7 对以上
生殖器官	公猪睾丸发育是否正常，新生仔猪阴户红肿是否存在阴阳猪或者阴户睾丸不正常的猪

2. 断奶二选

在后备猪断奶后，再次进行二选。参考母猪的哺乳率和断奶窝重，在同窝中淘汰生长发育不好的猪；保留生长发育良好，体格健壮，群体均匀的小公猪。

3. 4 月龄三选

后备猪 4 月龄的时候，进行第三次选留。这次选留要注意后备公猪的体型外貌和雄性特征，选留符合品种特征和具有优秀种用公猪特征的后备猪。具体要求如下。

头型：要求清秀，无腮肉或小腮肉。

耳型：要求符合本品种特征外貌。

腰肩：要求腰肩平直、腰肩结合良好，过渡平稳。

后躯：要求丰满、肌块明显。

四肢：要求健壮、直立、行走自如、步态轻盈。

蹄：两蹄齐整，无卧系。

乳头：杜洛克猪要求 6 对以上，长白猪、大白猪要求 7 对以上，无副乳头、瞎乳头和内翻乳头。要求生殖器官发育良好，睾丸大小适中、一致对称，包皮小，无积尿。

4. 6 月龄后选留

此时，后备公猪已经性成熟，体重在 100 kg 左右。参考其生长性能进行选留，包括达 100 kg 体重日龄、日增重、背膘厚、眼肌面积等。按照育种方向来确定不同测定性状的选育占比，计算育种值，为后备公猪选留提供重要数据依据。同时淘汰生长发育不达标，生殖器官发育不良和有疾病或检疫不合格的公猪。综合考虑育种指数和体型外貌来进行后备公猪的最终选留。

5. 配种前选择

选留的后备公猪在配种前需采血检测，观察其性欲、爬跨能力和精液品质等，淘汰不符合生物安全标准和种猪育种需要的个体，使生长性能好、体型好、性欲旺盛、精液品质好的公猪最终进入育种群。

二、后备公猪的饲养

(一)后备公猪的营养需要特点

饲养后备种公猪既要防止生长过快过肥,又要防止生长过慢发育不良,要根据其生长发育规律,通过控制生长发育不同阶段的营养水平,改变其生长曲线,加速或抑制猪体某些部位和器官的生长发育。幼龄公猪的生长发育具有阶段性,一般6~8月龄以前发育较快,以后逐渐减慢。因此,幼龄公猪的营养需要因其生长发育阶段不同而异。幼龄公猪的特点是生长发育快(主要是长骨骼和肌肉),为了使其充分发育而又不过肥,在满足能量的前提下,特别要注意充分满足其对矿物质、蛋白质和维生素的需要,绝不能采取育肥猪或成年猪的饲养方法。体重35 kg以前,每千克饲粮宜含消化能12.55 MJ、粗蛋白质16%;体重35~60 kg时,每千克饲粮的消化能则应为12.34 MJ、粗蛋白质14%;6月龄以后,体重60~90 kg时,开始大量沉积体脂肪,应适当降低饲粮的能量水平,以免其过肥,失去种用价值,每千克饲粮含消化能应为12.2 MJ、粗蛋白质13%。

(二)后备公猪的饲养

1.饲喂全价日粮

应按相应的饲养标准配制营养全价的饲粮,注意能量和蛋白质的比例,特别是矿物质、维生素和必需氨基酸的补充。此外,还应注意饲料原料的多样化(至少5种以上)与稳定性。

注意:应控制后备公猪的饲粮体积,防止形成垂腹而影响公猪的配种能力。

2.限量饲喂

宜采用定时定量的限量饲喂方法,以控制体重快速增长,避免因长得过肥而失去种用价值。每天可固定时间饲喂3次或4次。一般来说,育成阶段的日喂量占体重的2.5%~3.0%,体重70~80 kg的后备猪的饲料日喂量占体重的2.0%~2.5%。以湿拌料或干粉料饲喂均可,每天需供给充足的清洁饮水。为促进幼龄公猪的生长发育,有条件的猪场可饲喂一些优质的青饲料和粗饲料(如苜蓿),但应以精饲料为主。

注意:幼龄公猪饲粮中的青粗比例,应低于后备母猪,以免形成草腹大肚,影响配种。

三、后备公猪的管理

(一)管理目标

(1)做好防疫保健。

(2)加强诱情,掌握好初配时机。

(3)后备公猪利用率80%以上。

(二)进猪前的准备

(1)后备猪应放在隔离舍。将隔离舍用高压冲洗机彻底冲洗干净,包括料槽、水管、窗户、天花板、地面、墙壁,然后将所有的猪栏、水管、料槽等检修一遍,最后进行彻底消毒,并充分干燥。

(2)后备猪在挑选、驱赶时要尽量减少各种应激,以防造成伤亡损失。

(3)准备好饲料、工具、易耗品、电解多维。

(4)冬季进猪前要打开暖气供暖,进猪时预热至适宜的温度。

(三)接猪

分群后若有打斗应及时拦阻,做好定位调教。接完猪清点数量,建立饲养日志,对照耳号给每头猪建卡,制订限饲计划、疫苗接种计划、药物保健计划表。

(四)后备公猪的日常管理

1.隔离

(1)引进猪的有效隔离期为 6 周,即引入后备猪至少在隔离舍饲养 42 d。若能周转开,最好在隔离舍饲养到配种前 1 个月,即公猪 8 月龄。转入生产线前,最好与本场公猪混养 2 周以上。

(2)后备公猪单栏饲养,圈舍不够时可 2～3 头一栏,配种前 1 个月必须单栏饲养。

(3)隔离期间饲养管理

①严格执行生物安全制度。

②第一周加电解多维饮水。

③喂料量:当天 0.5 kg,第二天 1 kg,第三天 1.5 kg。

④进猪的第一周在饲料中加阿莫西林、强力霉素等,再加中兽药保健。

⑤隔离期间要求有单独的饲养员,专用的工具。

⑥注意观察猪群的健康情况,对不健康的猪只进行治疗。

⑦第四周驱虫。

2.适当运动

为使公猪保持强健的体魄和旺盛的性欲,后备公猪需保持适度运动。有条件的养殖场可适当放牧,在增加运动的同时,公猪能采食青草、野菜等青绿饲料,提高食欲,强化营养蓄积;不方便放牧的养殖场可配备简易运动场或运动跑道,冬日午后或夏日早晚驱赶公猪适度运动;完全封闭的养殖场可降低后备公猪栏内饲养密度,保证公猪有充足的自由活动空间,或人为强迫走动。

3.及时调教

后备公猪培育到一定年龄,会出现拱、推、磨牙、口吐泡沫、嗅等发情行为,并间歇性发出连贯、有节奏的低哼声,释放独特的体味或分泌物,甚至有爬跨射精现象,表明公猪性成熟。通常中国地方猪性成熟早,后备猪 2～3 月龄即出现性成熟表现,而国外引进品种及培育猪种略晚,4～5 月龄才达到性成熟。此时公猪虽有发情表现,但生殖器官尚未完全发育成熟,不宜配种,要根据公猪情况进行配种前调教。具体操作可参照知识拓展——公猪的调教。

二维码 3-2　后备公猪调教

(1)调教频率　为使公猪保持良好的性欲,防止其产生厌烦感，单次调教时间不宜过长。一般公猪调教每天2次，每次15～20 min，能取得较好的效果。

(2)调教方法 ①现场观摩法：利用公猪的模仿能力及好奇心，1头种公猪配种或爬跨采精台时，将待调教公猪关在隔壁栏观摩学习。②发情母猪引诱法：用处于发情高峰期、性情温顺且体重接近的经产母猪引诱、刺激后备公猪，每周1～2次，每次10～15 min，促进公猪发情、爬跨。③尿液、精液诱情法：在假台畜上涂抹发情母猪的尿液或公猪精液，利用公猪发达的嗅觉，刺激其产生性兴奋，诱导爬跨假台畜射精。后备公猪的前期调教直接影响公猪配种效果、使用频率及寿命。配种或采精员调教公猪时应有科学的技巧和良好的耐性，避免对公猪造成不良应激。

知识拓展

公猪的调教

①后备公猪7～9月龄，体重达120 kg，体况良好即可开始调教采精；初配体重应达到130 kg以上。

②先调教性欲旺盛的公猪，将后备公猪放在采精配合能力较强的老公猪附近隔栏观摩、学习爬跨及人工采精。

二维码3-3 公猪采精

③清洗公猪的腹部及包皮部，挤出包皮积尿，按摩公猪的包皮部。

④诱导爬跨：用发情母猪的尿或阴道分泌物涂在假母猪上，也可以用其他公猪的尿或口水涂在假母猪上，目的都是诱发公猪的爬跨欲。

⑤上述方法都不奏效时，可赶来一头发情母猪，让公猪空爬几次，在公猪性兴奋时赶走发情母猪。

⑥公猪爬上假母猪后即可进行采精。

⑦调教成功的公猪在1周内每隔1天采1次，巩固其记忆，以形成条件反射；对于难以调教的公猪，可实行多次短暂训练，每周4～5次，每次至多15～20 min；如果公猪表现厌烦、受挫或失去兴趣，应该立即停止调教训练。

注意：在公猪性兴奋时，采精员要注意自己的安全，不要背对公猪，采精栏必须设有安全角，备有隔离防护板；无论哪种调教方法，公猪爬跨后一定要进行采精，不然公猪很容易对爬跨母猪台失去兴趣；对正在接受人工采精的公猪不能推、更不能打，让其自由发挥；用公猪查情时，需要将正在爬跨的公猪从母猪背上拉下来，这时要小心，不要推其肩、头部以防遭到攻击；严禁粗暴对待公猪。

⑧药物刺激。当公猪性欲不强或自然状态下调教有困难时，可在定位栏对公猪注射律胎素0.75 mL，然后将公猪放在赶猪道或热身栏内热身约10 min，让律胎素发挥作用，最后将公猪赶至采精栏调教，让其充分爬跨假母猪进行采精。

⑨1人式训练法。将注射了律胎素的公猪赶到采精栏里；如果是可调试假猪台，则将之调整到与公猪肩膀相同的高度；先让公猪适应一下采精栏的环境，与此同时，给下一头准备采精的公猪注射律胎素，然后将其放入赶猪道或热身栏；如果公猪对假猪台不感兴趣，在假猪台旁边用手刺激它。用“学公猪哼哼叫”或“对着公猪脸吹气”的方法，引诱公猪至假猪台边使它对

假猪台产生兴趣，但是这种方法只对某些猪有用，对易激动的猪无效；如果训练栏很宽大，可以使用便携式假母猪台训练公猪。当公猪闻嗅时，移动便携式假母猪台，产生动感，引诱公猪爬跨。如果它不愿意爬跨，不要强迫它；不断刺激公猪，并引起它对假猪台的兴趣，等公猪爬上假猪台后开始采精，直到其结束射精为止。将采完精的公猪赶回定位栏，让下一头注射过律胎素的公猪进入采精栏。每次都要事先注射律胎素，以保持整个流程的顺畅。

⑩清洗消毒。采精前清除猪体各部位的污物，尤其是公猪腹部及包皮周围要用肥皂水清洗，再用清水洗净，然后用干毛巾或一次性优质的卫生纸反复擦干包皮及其周围部位，以备采精。如果包皮周围阴毛太长，需要剪短。

⑪诱导爬跨。调教成功、经常用于采精的种公猪一般会自动爬跨假母猪，对于新调教的或个别性格差异不愿爬跨假母猪的种公猪要诱导其爬跨。

方法：一是人为地慢慢将公猪赶到假母猪台后躯部；二是用嘴向种公猪脸部吹气、或用手轻轻引导公猪头部闻嗅爬跨假母猪台；三是在假母猪台上一定要长期保持有发情母猪的尿液或阴道分泌物，使其有足够的生物信息能刺激公猪爬跨假母猪台的兴趣。

注意：不管采取哪种方法，动作一定要轻柔，注意善待种公猪，预防人、猪安全事故的发生。

⑫诱导射精。公猪爬上假母猪台后，采精员蹲在假母猪台的左后侧，用温暖清洁的手（戴上薄膜手套）挤出包皮积尿，按摩公猪的包皮部；当公猪伸出阴茎时采精员手心向下握住阴茎前端螺旋部的第一和第二褶，让龟头露出拳外0.5 cm左右，趁公猪前冲时顺势将阴茎拉出包皮外，在公猪继续前冲时让阴茎自然充分伸展，顺势将阴茎的“S”形弯曲牵引直（不必强拉）后，阴茎将达到强直、“锁定”状态，用手指轻轻按摩龟头前端，手有节奏地捏动（收缩），刺激公猪开始射精；射精过程中不要松手，保持一定压力，否则压力减轻将导致射精中断；公猪每次射精时间较长，一般为5～10 min；公猪射精完毕后，应顺势将阴茎送入包皮内，避免损伤；公猪射精完毕后，应迅速将集精瓶送精液实验室处理。

⑬精液收集。当公猪开始射精后，去除前部分被污染的带胶质的精液，收集浓度高的精液，直至公猪射精完毕时停止收集，但不能松手，直至公猪射精完全停止才能松手，注意在收集精液过程中防止包皮部液体等进入集精杯。

⑭记录与送检。当采精完毕后，用记号笔在采精袋上记录被采精公猪耳牌号、采精时间，尽快将采得的精液送到精液实验室进行检测。

⑮赶回公猪。当公猪完全射精完毕后，会自动从假母猪上下来，此时应及时驱赶公猪回自己的栏位。对采精公猪饲喂两个鸡蛋以补充营养。

⑯采精频率。9～10月龄公猪每周采精1次，10～12月龄公猪每周采精1～2次，12月龄以上公猪每周采精2～3次。健康公猪休息时间不得超过2周，以免发生配种障碍。若公猪患病，需痊愈2周后方可使用。采精频率每头公猪最好相对固定。

4.定期称重

后备公猪最好每月称重1次，6月龄加测体尺，并统计其饲料消耗量。掌握后备猪生长发育状况，适时调整饲粮营养水平和饲喂量，使个体达到良好的发育要求。瘦肉型后备公猪体重标准如表3-4所示。

表 3-4 瘦肉型后备公猪体重标准 kg

品种	3 月龄	4 月龄	5 月龄	6 月龄
长白猪	36	55	75	100
大约克夏猪	30	51	76	104
汉普夏猪	38	56	75	97
杜洛克猪	32	41	69	93

资料来源:《中国猪品种志》《商品瘦肉猪实验研究汇编》。

5.健康管理

(1)后备猪按免疫程序免疫 两种疫苗免疫间隔 1 周,免疫期间及免疫后 2 周饲料中禁止添加抗生素。最后一次疫苗免疫后间隔 2 周,逐头采血进行抗体检测,对抗体不合格的要补免,一头也不能漏免,务必保证每头猪配种前抗体水平合格。

(2)按计划消毒 每天更换脚踏消毒盆溶液以保持有效浓度。

6.环境控制

后备猪舍应保持栏舍阴凉、通风、干燥,做到无灰尘、无蛛网、无杂物。舍内适宜温度 17～18 ℃,临界高温 27 ℃,临界低温 10 ℃,适宜湿度 60%～80%。每天清扫栏舍,对走道、墙壁、门窗、天花板、栏杆等每天清洁一次。

7.巡查

每天上午上班后和下午下班前进行巡查,看排气扇、风机、料线运行情况是否正常,看供电、电器设备、灯具、门窗是否完好,看温湿度是否适宜,看猪只采食、饮水、粪便、呼吸、精神、行走是否正常,如有异常及时处理。

技能操作

一、繁殖性状性能测定

目的要求:学会种猪的繁殖性状测定项目和测定方法。

实训内容:

1.母猪产仔数的统计。

2.仔猪初生重、初生窝重的测定。

3.断乳窝重的测定。

实训条件:产仔 12 h 以内母猪若干头、即将断乳母猪若干头、电子秤、小塑料栏、记录表格、计算器等。

实训方法:

1.产仔数的统计。包括总产仔数和活产仔数的统计记录。

2.初生重的测定。称量初生仔猪的个体重和初生窝重。

3.断乳窝重的测定。断乳时称量全窝仔猪的总重量(包括寄、并过来的仔猪)。

实训报告:根据所测定每头母猪的繁殖成绩,比较繁殖性能的高低。

考核标准：

考核项目	分值比例	考核要点	等级分值					备注
			A	B	C	D	E	
态度	10	端正						考核项目和考核标准可根据具体情况进行调整
总产仔数	15	概念正确，测量准确						
产活仔数	15	概念正确，测量准确						
初生重	15	概念正确，测量准确						
初生窝重	15	概念正确，测量准确						
断奶窝重	15	概念正确，测量准确						
实训报告	15	填写标准，内容翔实，字迹工整，记录准确						

二、生长性状性能测定

目的要求：了解测定的意义，学会猪生长性能的测定方法。

实训内容：

1. 测定猪的生长速度。
2. 测定饲料转化率。
3. 测定采食量。

实训条件：计量器具、称猪栏、饲喂器具、饲料、体重95～100 kg待测猪若干头、记录本等。

实训方法：

1. 生长速度测定。常用平均日增重来表示。
2. 饲料转化率。即耗料量与增长活重之比值。
3. 采食量。在不限饲条件下，猪的平均日采食饲料量称为饲料采食能力或随意采食量。

实训报告：记录测定结果并进行分析。

考核标准：

考核项目	分值比例	考核要点	等级分值					备注
			A	B	C	D	E	
态度	20	端正						考核项目和考核标准可根据具体情况进行调整
生长速度	20	概念正确，测量准确						
饲料转化率	20	概念正确，测量准确						
采食量	20	概念正确，测量准确						
实训报告	20	填写标准，内容翔实，字迹工整，记录准确						

三、胴体性状的测定方法

目的要求：了解测定的项目，学会胴体性状的测定方法。

实训内容：测定育肥猪的屠宰率、胴体瘦肉率、胴体长度、背膘、眼肌面积和腿臀比例。

实训条件：达到屠宰日龄的育肥猪1头、猪活体测膘仪(A超或B超)、求积仪、钢卷尺、游标卡尺、电子秤、桶、剔骨刀10把、方盘10个、吊钩2把、拉钩3把、硫酸纸、2B铅笔、记录表格、保定绳、结扎绳等。

实训方法：

1.活体背膘测定

体重达95～100 kg时，采用超声波扫描仪(B超)在胸腰结合处距离背中线4～6 cm处测得；在猪的倒数第3、第4胸椎间距背中线4～6 cm处测得活体背膘。

2.屠宰

待测猪达到规定体重(90～100 kg)后，空腹24 h(不停水)，宰前进行称重。

(1)宰前体重　停食后24 h，称得的空腹体重为宰前体重。

(2)放血、烫毛和煺毛　放血方法是在腭后部凹陷处刺入，割断颈动脉放血。不吹气煺毛，屠体在68～75 ℃热水中浸烫3～5 min后煺毛。

(3)开膛　自肛门起沿腹中线至咽喉左右平分剖开体腔，清除内脏(肾和板油保留)。

(4)劈半　沿脊柱切开背部皮肤和脂肪，再用砍刀或锯将脊椎骨分成左右两半，注意保持左半胴体的完整。

(5)去除头、蹄和尾　头在耳后缘和顶部第一自然皱褶处切下。前蹄自腕关节，后蹄自跗关节切下。尾在荐尾关节处切下。

3.胴体测定

(1)胴体重　猪屠宰后去掉头、蹄、尾、内脏(肾和板油保留)，左右两半胴体的重量之和即为胴体重。

(2)屠宰率　胴体重占宰前体重的百分比。

(3)胴体长度　从耻骨联合前缘到第一肋骨与胸骨接合处前缘的长度，称为胴体斜长；从耻骨联合前缘到第一颈椎底部前缘的长度，称为胴体直长。

(4)背膘及皮厚　在第6、第7胸椎连接处背部测得皮下脂肪厚度、皮厚。也可用三点测膘法，即在肩部最厚处、胸与腰椎结合处和腰与荐椎结合处测量脂肪厚度，计算平均值。

(5)眼肌面积　指胸、腰椎结合处背最长肌横截面的面积。可用求积仪测出眼肌面积，若无求积仪可用下面公式估算：

$$眼肌面积(cm^2)=眼肌高(cm)\times眼肌宽(cm)\times0.7$$

(6)腿臀比例　沿腰椎与荐椎结合处垂直切下的后腿重量占该半胴体重量的百分比为腿臀比例。

(7)胴体瘦肉率　将左半片胴体的骨、皮、肉和脂肪进行剥离称重，瘦肉重量所占的百分比为胴体瘦肉率。

4.注意事项

(1)煺毛水温不宜过高，以免影响煺毛效果。

(2)测量前要校正测量用具。

(3)作业损耗控制在2%。

实训报告：记录测定结果并进行计算和分析。

考核标准：

考核项目	分值比例	考核要点	等级分值					备注
			A	B	C	D	E	
态度	10	端正						考核项目和考核标准可根据具体情况进行调整
活体测定背膘	10	概念正确，测量准确						
屠宰率	10	概念正确，测量准确						
胴体长度	10	概念正确，测量准确						
背膘厚度	10	概念正确，测量准确						
皮厚	10	概念正确，测量准确						
眼肌面积	10	概念正确，测量准确						
腿臀比例	10	概念正确，测量准确						
胴体瘦肉率	10	概念正确，测量准确						
实训报告	10	填写标准，内容翔实，字迹工整，记录准确						

知识拓展

后备公猪的选择

操作步骤1：确定后备公猪的性状和特性。要选择优质的后备公猪，首先要关注其性状和特性。例如，公猪应该有良好的繁殖能力，强壮的体质，优秀的生长性能，以及适应本地环境的能力。这些因素可以通过观察公猪的外形，询问其父母的性状，以及查看其成长记录等方式进行判断。

操作步骤2：对后备公猪进行健康检查。健康是选择后备公猪的重要因素。应该对公猪进行全面的健康检查，包括疾病历史、体温、心跳等，确保它没有任何健康问题。同时也要确认公猪是否已经接种了所有必要的疫苗。

操作步骤3：考察后备公猪的品种和血统。选择后备公猪时，也要考虑其品种和血统。优秀的品种和血统可以保证公猪的性能和生产效率。可以通过查看公猪的血统记录，或者询问其父母的品种信息来进行判断。

后备公猪的饲养

操作步骤1：确定合适的饲养环境。后备公猪的饲养环境应该干净、通风，并且有足够的空间。公猪舍应该有防止极端天气影响的设备，如加热设备或冷却设备。此外，也应该有足够的饲料和水源。

操作步骤2：提供合适的饲料。公猪的饲料应该富含必要的营养物质，如蛋白质、脂肪、维生素和矿物质。同时也要根据公猪的年龄、体重、健康状况等因素调整饲料的数量和种类。

操作步骤3:定期监测公猪的健康状况。饲养公猪时,应该定期对其进行健康检查,包括体重、生长速度、食欲等。如果发现任何异常,应该立即采取措施处理。

后备公猪的管理

1.制订合理的饲养计划

管理后备公猪时,要制订合理的饲养计划,包括饲料种类和数量、喂食时间、兽医护理、健康检查等。这些计划应根据公猪的年龄、体重、健康状况等因素定期调整。

2.进行定期的兽医护理

后备公猪应定期接受兽医护理,包括疫苗接种、驱虫,以及其他必要的医疗程序。这样可以确保公猪的健康,提高其生产效率。

3.进行定期的记录和评估

应定期记录公猪的生长进度,健康状况,饲料消耗等数据,并进行分析评估。这些信息可以帮助决定是否需要调整饲养和管理策略,以提高公猪的生产效率。

优质后备公猪的遗传评估与筛选

选育出优质的后备公猪对猪企业来说至关重要。遗传评估与筛选是挑选优质后备公猪的关键工作,通过对公猪的生长性能、肉质性状、繁殖性能等方面进行全面评价,筛选出具有较高遗传潜力的猪只。现代遗传评估方法主要包括基因组选择(GS)、BLUP动物模型、SNP标记辅助选择等技术手段,可以提高选育工作的准确性和效率。此外,公猪基因编辑技术的发展为优质猪只筛选提供了新思路。通过基因编辑技术,可以改善公猪的抗病能力和肉质,减少肉猪的饲料消耗,增加养殖效益。

1.定制化的饲料配方

饲养后备公猪需要考虑猪的营养需求、环境条件、行为需求等。科学家们正在研究如何通过饲料配方来满足后备公猪的特定营养需求。这些定制化的饲料配方不仅考虑了猪的年龄、体重和生理状态,而且还包括了猪的基因特性。例如一些猪的基因特性可能会影响它们对某些营养物质的需求或吸收。通过基因测试,我们可以了解猪的这些基因特性,并据此调整饲料配方,使其更好地满足猪的营养需求。

2.智能化养猪设施在后备公猪管理中的作用

随着设备制造业和物联网技术的发展,智能化养猪逐渐成为养猪行业的新趋势。智能化养猪设施在后备公猪管理中具有以下几个方面的作用:①实时监测环境参数如温度、湿度、气体浓度等,确保公猪舒适度;②对后备公猪的生长发育进行实时监测与分析,为公猪管理提供数据支持;③集成饲料投喂、循环饮水、排污处理等设施,全程自动化管理养殖环节;④疾病预警系统,精确控制养殖区环境风险;⑤通过无线传感器和物联网技术的应用,可以对后备公猪养殖各阶段实现远程实时监控。智能化养猪设施在后备公猪管理过程中具有巨大的潜力,有利于提高养殖效益、降低养殖成本,为全产业链赋能。

任务二　种公猪的饲养管理

一、种公猪的营养需求

种公猪是指已经参与配种繁殖仔猪的公猪。为了保证公猪具有健壮结实的体质和旺盛的性欲，且精液品质优良，合理的营养水平是关键。种公猪和其他种公畜比较，具有射精量大、总精子数多、交配时间长等特点。公猪一次射精量平均为 250 mL，高者可达 500 mL 以上，总精子数 250 亿个，比其他家畜都多。精液中水分占 97%，粗蛋白质占 1.2%～2%，粗脂肪占 0.2%，灰分等占 0.9%。另外，公猪是多次射精的家畜，每次交配的时间较长，平均为 10 min 左右，有些甚至长达 15 min 以上，比其他家畜都长，这就需要消耗较多的体力。为了保持公猪的种用体况（不肥不瘦）和产生量多质优的精液，就要全面满足公猪对能量、蛋白质、矿物质和维生素的需求。

（一）能量

种公猪能量需要是维持需要、配种活动、精液生成及生长需要的总和。种公猪每天能量需要量与其年龄、体重、配种频率、配种时活动量的大小及其所处的环境温度有关。一般瘦肉型品种，成年公猪（体重 150～180 kg）在非配种期消化能的需要量是每头 25.1～31.3 MJ/d，配种期的消化能需要量是每头 32.4～38.9 MJ/d。青年公猪由于自身尚未完成生长发育，还需要一定营养物质供自身继续生长发育，应参照其标准上限值。北方冬季圈舍温度不到 15 ℃时，应在原标准基础上增加 10%～20%；南方夏季天气炎热，公猪食欲降低，按正常饲养标准营养浓度进行饲粮配合时，公猪很难全部采食所需营养，可以通过增加各种营养物质浓度的方法使公猪尽量将所需营养摄取到，满足公猪生产生长需要。舍温较最适温度每下降 1 ℃，每天能量摄入量应增加 3%左右。非配种期能量需要为维持需要的 1.2 倍，配种期的能量需要则为维持需要的 1.5 倍；为了保持种公猪良好的体况从而保证良好的繁殖性能，其饲粮能量水平应适宜，不能长期饲喂高能量饲粮。否则，公猪体内沉积脂肪过多而肥胖，性欲减弱，精液品质下降；相反，如果能量水平过低，可使公猪体内脂肪、蛋白质耗损，形成氮、碳代谢的负平衡，公猪变得过瘦，则射精量少，精液品质差，同样影响配种受胎率。一般以每千克饲粮含消化能 12.55 MJ 为宜。

（二）蛋白质

猪精液干物质的 60%以上为蛋白质。因此，蛋白质对增加精液量、提高精液品质和延长精子存活时间，有着直接的影响。公猪饲粮中蛋白质数量和质量、氨基酸水平直接影响公猪的性成熟、身体素质和精液品质。对于成年公猪来说，蛋白质水平一般以 14%左右为宜，不要过高或过低。过低会影响其精液中精子的密度和品质，过高不仅增加饲料成本，浪费蛋白质资源，而且多余的蛋白质会转化成脂肪沉积在体内，使得公猪体况肥胖影响配种，同时也增加肝肾负担。在考虑蛋白质数量的同时，还应注重蛋白质质量，换句话说是考虑一些必需氨基酸的平衡；特别是玉米-豆粕型日粮，赖氨酸、蛋氨酸、色氨酸尤为重要。目前国外先进的做法是以计算氨基酸含量来平衡饲料中含氮物营养。美国 NRC(2012)建议，配种公猪日粮中赖氨酸水平为 0.51%，其他氨基酸可以参照美国 NRC(2012)标准酌情添加。有试验指出，用低蛋白质饲粮(标准定额的 67%～69%)饲喂种公猪，其射精量减少 10.3%，精子活力降低 22%～25%，畸形精子增加 60%～65%。公猪饲粮一般应含有 12%～14%的粗蛋白质。形成精液的必需氨基酸有赖氨酸、色氨酸、胱氨酸、组氨酸、蛋氨酸等，尤其是赖氨酸更为重要。饲粮中缺乏赖氨酸，可使精子活力降低；缺乏色氨酸可使公猪睾丸萎缩，出现死精症；缺乏苏氨酸和异亮氨酸时，公猪食欲减退，体重减轻，配种能力下降。因此，给公猪的饲粮，不但要注意蛋白质的含量，更应注意蛋白质的质量。如配种旺季公猪的饲粮中，应加喂鱼粉、血粉、鸡蛋等动物性蛋白质，会有效改善公猪精液品质。

(三)矿物质

矿物质对公猪精液品质同样具有很大影响，钙、磷不足，会影响公猪正常代谢，使性腺发生病变，精子活力降低，出现死精、发育不全或活力不强的精子。公猪饲粮中含有 0.66%～0.75% 的钙、0.53%～0.6%的总磷(有效磷 0.33%～0.35%)即可满足需要。谷类及其副产品(麸皮、油饼等)中磷多钙少，饲喂这类饲料时，一般磷不会缺乏，主要是注意钙的补充。饲粮中的钙、磷比例以(1～1.2)∶1为宜。食盐含量以 0.35%为宜。微量元素锌在公猪饲粮中应有足够的含量，以保证睾丸的正常发育。铁、铜、硒等也间接或直接地影响精液品质，饲粮中不可缺少，对有毒的微量元素在补加时应注意中毒剂量。

(四)维生素

维生素对公猪精液品质也有很大影响，特别是维生素 A、维生素 D、维生素 E 等。当日粮中维生素 A 缺乏时，公猪睾丸易肿胀、萎缩、性功能衰退，精液品质下降，长期缺乏会丧失繁殖能力。当维生素 D 缺乏时，影响公猪对钙、磷的吸收利用，间接影响精液品质。维生素 E 缺乏，则睾丸上皮变性，导致精子形成异常。经常保证新鲜青绿多汁饲料供应，一般不会引起维生素缺乏，每天能在户外晒 1～2 h 的太阳，可将皮内 7-脱氢胆固醇转化为维生素 D，即可满足其需要。其他维生素也在一定程度上直接或间接地影响公猪的健康和种用价值，如 B 族维生素缺乏，会出现食欲下降，皮肤粗糙，被毛无光泽等不良后果。因此，应根据饲养标准酌情添加。

美国 NRC(2012)提供的数据只是一般情况下最低必需量，在实际生产中可酌情增加。一般维生素添加量应是标准的 2～5 倍。

(五)水的需要

除了上述各种营养物质外，水也是公猪不可缺少的营养物质，如果公猪缺水将会导致食欲下降、体内离子平衡紊乱，其他各种营养物质不能很好地被消化吸收，甚至影响健康，发生疾病。因此，必须按照其日粮 2～4 倍量或者按照其体重的 10%左右提供充足、清洁、卫生、爽口的饮水。

二、种公猪的饲养

种公猪对猪场的重要性已显而易见。在人工授精的情况下，一头优秀的种公猪可完成

100～200 头母猪的配种任务。如果每头母猪年出栏商品猪数以 23 头计算的话，一头公猪每年会影响 2 300～4 600 头上市肥猪的生产性能，放大效应是(1∶2 300)～(1∶4 600)。如果种公猪精液的品质不好，会大幅增加繁殖母猪的非生产天数，降低产健仔数，严重影响猪场每头母猪年提供断奶仔猪数的水平。为了保证猪场的生产成绩和经营效益，养好种公猪是提升猪场效益的最低成本方案。

(一)总体要求

种公猪应该经常保持良好的种用体况，使其身体健康、精力充沛、性欲旺盛、能够产生数量多且品质好的精液。种用体况是指公猪不过肥也不过瘦，七八成膘。其判定方法是外观既看不到骨骼轮廓(髋骨、坐骨结节、脊柱、肩胛骨、肋骨等)，又不能过于肥胖，用手稍用力触摸其背部，以可以触摸到脊柱为宜；也可以在早晨喂饲前空腹时根据其腰角下方、膝褶斜前方凸凹状况来判定，一般七八成膘的公猪应该是扁平或略凸起，如果凸起太高，说明公猪过于肥胖；如果此部位凹陷，说明公猪过于消瘦，过肥过瘦均会影响种公猪使用。

养猪生产中常用猪活体测膘仪测定 P2 点背膘厚度，一般 P2 值为 16～20 mm(P2 值是指最后一根肋骨的前端距离背中线 6.5 cm 处测定值)。有些猪场由于饲养水平过高或者运动强度不够，造成公猪过于肥胖，一则影响睾丸产生精子功能，二则体重偏大行动不灵活，影响本交配种，最后过早淘汰。反之，公猪过于消瘦也会影响公猪精子产生，身体素质降低，最终导致性欲低下，不能参加本交配种，只能淘汰。

(二)饲粮配合

在公猪的饲粮配合过程中，要严格选择饲料的原料，严禁使用劣质饲料原料，如发霉变质、虫蛀、含杂质的玉米、麸子及豆粕。玉米的使用比例一般为 60%左右，蛋白质饲料主要有豆粕(饼)、鱼粉、水解羽毛粉等。一般豆粕(饼)在饲粮中的使用比例为 15%～20%，鱼粉视其蛋白质含量和品质而定，使用比例为 3%～8%。一般多使用蛋白质含量高、杂质少、应用效果好的进口鱼粉，添加比例为 3%～5%。质量较好的水解羽毛粉可以控制在 2%～3%。至于血粉、肉骨粉，其利用效果不理想，应当慎用。在配种期间不要给种公猪饲喂生鸡蛋，以免影响种公猪对饲料中生物素的吸收利用，同时也要注意感染沙门菌的风险。更不要使用生鱼粉、防止造成种公猪组胺中毒。与此同时，还要了解鱼粉含盐量，一般质量好的鱼粉含量为 1%～2%，劣质鱼粉可能达到 10%～20%，使用劣质鱼粉容易引发种公猪食盐中毒。对于棉籽粕、菜籽粕的使用，一是要在使用前做好去毒和减毒工作；二是要控制使用量，以免棉籽粕、菜籽粕使用不当造成种公猪中毒，或者影响种公猪的身体健康和种用性能。

在公猪饲粮配合过程中，可以使用氨基酸添加剂来平衡公猪的日粮，玉米-豆粕型日粮主要注意添加赖氨酸、蛋氨酸、苏氨酸和色氨酸，具体添加量参照美国 NRC(2012)标准酌情执行。这样会使公猪对各种氨基酸的利用更加科学合理，减少资源浪费。

钙、磷的添加最好使用磷酸氢钙(钙含量 21%～23%，磷含量 18%左右)和石粉(钙含量 35%～38%)，磷酸氢钙不但钙磷利用率高，而且还能防止同源动物传染病的发生。而骨粉钙磷往往含量不稳定，并且由于加工不当会造成利用率降低，特别是夏季容易发霉、氧化而产生异味，影响公猪的食欲和健康等。磷酸氢钙在配合饲料中使用比例为 1.5%～2%(石粉 1%左右)，在选购磷酸氢钙时，要选择低氟、低铅的，防止氟、铅含量过高造成蓄积性中毒，影响公猪身体健康。一般要求氟磷比小于1:100,铅含量低于50 mg/kg,其他矿物质饲料均应注意有毒有害物质的残留,以免影响公猪身体健康和种用性能。另外公猪日粮中食盐的含量应控制在0.3%～0.4%。维生素的补充多使用复合维生素添加剂,但要注意妥善保管,防止过期和降低生物学价值。

(三)饲喂技术

公猪的日粮应根据其年龄、体重、配种任务、舍内温度等灵活掌握喂量。正常情况下,体重150～180 kg的成年公猪,在舍内温度15～22 ℃时,配种期间成年公猪的日粮量为每头2.5～3.0 kg,非配种期间日粮量为每头2 kg左右。为了使种公猪顺利地完成季节配种任务,保证身体不受到损害,生产实践中多在季节配种来临前2～3周提前进入配种期饲养。

对于青年公猪,为了满足其生长发育需要,可增加日粮供给量10%～20%。种公猪每日应饲喂2～3次,其饲料类型多选用干粉料或生湿料。通过日粮也可以控制体重增长,特别是采用本交配种的猪场更应注意这一点,防止公猪体重过大,母猪支撑困难影响配种,从而造成公猪过早淘汰,增加种公猪更新成本。

种公猪饲养过程中,不要使用过多的青绿多汁饲料,以免降低公猪对能量、蛋白质等营养物质的实际摄入量,并容易形成"大肚子"而影响公猪身体健康和本交配种。稻壳粉和秸秆粉,不但本身不能被消化吸收反而会降低其他饲料中营养物质的消化吸收,在公猪日粮中使用时会造成营养缺乏,降低种用价值,应避免使用。

要保证公猪有充足、清洁、卫生和爽口的饮水,爽口的饮水要求冬天不过凉、夏季凉爽。水的味道应该是无异味的,饮水卫生标准要与人的相同。每头种公猪每天饮水量为10～12 L,其饮水方式通过饮水槽或自动饮水器供给,最好是选用自动饮水器饮水,鸭嘴式饮水器的高度为55～65 cm(种公猪肩高+5 cm),水流量至少为1 000 mL/min。使用水槽饮水时,要求水槽保持清洁,水槽24 h内保持水的深度在5 cm以上,便于公猪饮用,每日至少更换3～4次。

(四)饲喂计划推荐方案

饲喂计划推荐方案如表3-5所示。

表3-5 饲喂计划推荐方案

体重/kg	饲料选择	饲喂方式
≤25	同其他仔猪一样	自由采食
26～70	仔猪料	自由采食
71～100	种公猪专用饲料	2.3～2.8 kg/d,根据体况调节饲喂量
≥100	种公猪专用饲料	2.5～3.0 kg/d,根据体况调节饲喂量

(五)其他注意点

关于饲料的选择与饲喂管理,需要重点关注以下几点。

(1)在饲养过程中,种公猪饲料尽量不添加抗生素,无抗饲料是最优选择。

(2)在育成前阶段,尽量不给种公猪饲喂生长育肥猪料(中猪料或大猪料),因为这些饲料的矿物质含量不能满足后备公猪的沉积需求。

(3)种公猪不能过肥,但不代表种公猪不需要油脂。适量的不饱和脂肪酸对提高种公猪的性欲、精液质量和射精量都很重要。

(4)从体重 70 kg 开始,应给种公猪饲喂专业的种公猪饲料,只有这样才能使种公猪的体成熟和性成熟实现同步化。

(5)在配种期间,可适当给种公猪增加营养,如补充鲜鸡蛋。中草药可促进种公猪的性欲,改善精液的品质。

(6)如果种公猪的体况太肥,需要减少饲料,饲喂量可以降低到 1.5 kg/d,总体三分饿,七分饱。

(7)选择营养浓度适当的饲料。营养浓度过高,需减少饲喂量,但种公猪不易产生饱腹感;营养浓度过低,种公猪容易形成大肚子,影响体型,不利于交配时的爬跨。

三、种公猪的管理

(一)环境条件

公猪在 6 月龄左右、体重 100～120 kg 时即可以达到性成熟,这时应进行公、母猪分群饲养,防止乱交滥配,分群后的公猪多数实行单圈栏饲养,单圈栏饲养虽然浪费一定建筑面积,但是可以防止公猪间相互爬跨和争斗咬架,也便于根据实际情况随时调整饲粮和日粮。公猪单圈栏饲养每头所需要面积至少为 7.5 m^2,理想的面积为 9 m^2,以保证公猪有足够的运动空间;要求栏长 3 m,栏高 1.5 m;地面不要过于光滑,防止肢蹄损伤。公猪栏应设有饲养员逃避公猪攻击的安全柱,这个柱子也可以用于公猪摩擦,安全柱应距离拐角足够近,但不能卡住公猪。

公猪所居环境的适宜温度是 15～22 ℃,相对湿度 50%～80%,舍内空气新鲜,栏内清洁卫生。公猪在 35 ℃以上的高温环境下精液品质下降,并导致应激期过后 4～6 周较低的繁殖力,甚至终生不育。使用遭受热应激的公猪配种,母猪受胎率较低,产仔数较少。为了减少热应激对公猪带来的不良后果,应采取一些减少热应激的措施,具体办法有:避免在烈日下驱赶运动,猪舍和运动场有足够的遮光面积供公猪趴卧,天气炎热时向床面洒水或安装通风设施,注意饲料中矿物质和维生素的添加。

(二)合理使用

公猪虽然达到性成熟,但身体尚未成熟,此时不能参加配种,只有公猪身体基本成熟时才能参加配种,否则将会影响公猪身体健康和配种效果。公猪过早使用会导致未老先衰,并且会影响后代的质量;过晚使用会使公猪有效利用年限减少。瘦肉型品种或含瘦肉型品种血缘的公猪,开始参加配种的年龄为 8～9 月龄、体重 140 kg 左右。有些猪场公猪使用过早或者配种强度过大,导致公猪体质严重下降,出现消瘦、性欲减退情况,甚至不能参加本交配种,最后淘汰,增加了种猪更新成本。

公猪的配种能力和使用年限与公猪使用强度关系较大,如果公猪使用强度过大,将导致公猪体质衰退,降低配种成绩,造成公猪过早淘汰;但使用强度过小,公猪种用价值得不到充分利用,实际上是一种浪费。12 月龄以内的公猪每周配种 6～7 次;12 月龄以上的公猪每周配种 10 次。如果进行人工采精,12 月龄以内公猪每周采精 1～2 次;12 月龄以上的公猪每周采精 2～3 次,每次采精 300～400 mL。值得注意的是,避免青年公猪开始配种时与断乳后的发情母猪配种，以免降低公猪将来配种兴趣。种公猪使用年限一般为 3 年左右，国外利用年限平均为 2～2.5 年。

（三）公猪采精训练

实行人工授精的猪场，应在公猪使用前进行采精训练。具体做法是：使用金属或木制的与母猪体形相似、大小相近的台猪，固定在坚实的水泥地上，台猪的猪皮应进行防虫蛀、防腐和防霉处理。最初几次采精训练前，在台猪的后端应涂上发情母猪尿液或阴道黏液，便于引诱公猪爬跨。采精前先将公猪包皮内残留的尿液挤排出来，并用 0.1%～0.2%的高锰酸钾溶液或者 0.1%～0.2%的过氧乙酸溶液对包皮周围进行消毒；然后将发情母猪赶到台猪的侧面，让被训练公猪爬跨发情母猪，当公猪达到性欲高潮时，立即将母猪赶离采精室，再引导公猪爬跨台猪。当阴茎勃起伸出后，进行徒手采精或使用假阴道采精。另外也可以不借助假台猪进行采精，其方法是：用 0.1%～0.2%的高锰酸钾溶液或过氧乙酸溶液将包皮、睾丸及腹部皮肤擦洗消毒，先用一只手用力按摩睾丸 5～10 min，然后再用这只手隔着腹部皮肤握住阴茎稍用力前后撸动 5 min 左右，使阴茎勃起。阴茎勃起伸出后可用另一只手进行徒手或假阴道采精。注意不要损伤公猪阴茎，公猪射精完毕后，顺势将阴茎送回，防止阴茎接触地面造成擦伤或感染。

采精训练成功后应连续训练 5～6 d，以巩固其建立起来的条件反射。训练成功的公猪，一般不需要再进行本交配种。训练公猪采精时要有耐心，采精室要求卫生清洁，安静、光线要好、温度 15～22 ℃，要防止噪声和异味干扰。

（四）定期检查精液和称重

公猪在使用前 2 周左右应进行精液品质检查，防止因精液品质影响母猪受胎率和产仔数。尤其是实行人工授精的养殖场，精液品质检查应该作为规定项目进行，每月要进行 1～2 次精液品质检查。对于精子活力 0.7 以下、密度 1 亿个/mL 以下、畸形率 18%以上的精液不宜进行人工授精，限期调整饲养管理规程，如果调整无效应将种公猪淘汰。

青年公猪应定期进行体重称量，便于掌握其生长发育情况，使公猪在 16～18 月龄体重控制在 150～180 kg。通过定期精液品质检查和体重称量，可以更加灵活地调整公猪营养水平，有利于公猪的科学饲养和使用。

（五）运动

为了控制好公猪膘情、增强体质健康、提高精子活力，公猪应进行一定量的运动。运动形式有驱赶运动、自由运动和放牧运动 3 种。驱赶运动适于工厂化养猪场，在场区内沿场区工作道每天上、下午各运动 1 次，每次运动时间为 1～2 h，每次运动里程 2 km，具体时间要安排在一天内适于人猪出行的最佳时期，遇有雪、雨等恶劣天气应停止运动，还要注意防止冬季感冒和夏季中暑。如果不进行驱赶运动，应安排公猪自由运动，理想的户外运动场至少 7 m×7 m，保证公猪具有一定的运动面积。有放牧条件的可以进行放牧运动，公猪既得到了锻炼又可以采食一些青绿饲料，从而补充一部分营养物质，对于提高公猪精液品质，增强体质健康十分有益。缺乏运动容易造成公猪肥胖，体质衰退加快，配种性能降低，公猪过早淘汰的情况，这无形中也增加了种猪购入或培育成本。

(六)免疫驱虫和消毒

种公猪还应根据本地某些传染病的流行情况，科学地进行免疫接种，养猪技术发达国家的做法是定期对种公猪进行血清检测，随时淘汰阳性者。公猪每年至少进行2次驱虫，驱除体内外寄生虫，选用药物种类和剂量根据寄生虫种类而定，防止中毒。与此同时，定期带猪消毒，减少传染病的发生。一般选择使用0.1%～0.2%高锰酸钾溶液或者0.1%～0.2%过氧乙酸溶液擦洗消毒，也可以使用含氯或含碘的消毒药品，特别是周边有疫情时，要增加消毒次数。

(七)其他管理

如果公猪脾气很坏，应每隔6个月左右进行1次打牙。使用钢锯或建筑上用于剪钢筋的钢钳，在齿龈线处将獠牙剪断，防止公猪咬伤人和猪。每天应刷拭猪体，时间5～10 min，这样既有利于皮肤卫生和血液循环，又有利于"人猪亲和"，便于使用和管理。

当公猪间出现咬架现象时，应用木板隔开或用水冲公猪的眼部，然后将公猪驱赶分开。

有些公猪上、下颌持续有节奏地拍打和口吐白沫，这种行为称为闹喉。生产实践发现，发生闹喉的公猪往往性欲较强。公猪开始出现闹喉时采食受到影响，变得"小心翼翼"(身体紧张、肩部发硬)并影响发育。但这种情况并不影响它们的配种能力，与其他公猪或与群体隔离后能使公猪安静下来。把饲料移走，在栏内放1头妊娠母猪或阉猪将有助于它重新采食。

(八)种公猪的更新淘汰

种公猪一般使用2～3年，其更新淘汰率一般为35%～40%，因此猪场应该有计划地培育或外购一些生产性能高、体质强健的青年公猪，取代那些配种成绩较低(其配种成绩低是指本年度或某一段时间内与配母猪受胎率低于50%)，配种使用3年以上，或患有国家明令禁止的传染病或难以治愈和治疗意义不大的其他疾病的公猪(如口蹄疫、猪繁殖-呼吸障碍综合征、圆环病毒病和伪狂犬病等)。现代养猪生产对于公猪的后代不受市场欢迎，造成销售困难的，也应考虑淘汰公猪，以便获得较大经济效益。通过公猪的淘汰更新，既更新了血缘又能淘汰一些不符合种用要求的公猪。

技能操作

种公猪的饲养

操作步骤1：营养物质的计算和调配——种公猪的营养需求主要包括蛋白质、维生素、矿物质和能量。公猪的日粮应根据其生理状态和饲养目标来调配。饲养员需要熟悉各种饲料的营养含量，并根据猪只的实际需要来调配饲料。例如种公猪需要较高的蛋白质摄入量，以保持肌肉质量和精液质量，因此在选择饲料时，应选择蛋白质含量高的饲料。

操作步骤2：营养需求的监控和调整——饲养员应定期监测种公猪的体重和健康状况，以评估其营养需求是否得到满足。如果猪只出现体重下降、食欲不振、精液质量下降等问题，可能需要调整饲料配方或增加饲料供应。

操作步骤3:环境的设定和调控——种公猪的饲养环境应干燥、通风、光照适宜,并有足够的活动空间。饲养员需要定期清理猪舍,保持环境的清洁卫生。猪舍的温度和湿度也需要适当控制,以防猪只生病。

操作步骤4:饲养管理和健康检查——种公猪的饲养应按照时间表进行,每天应进行定时的喂食和清洁工作。饲养员还需要定期对猪只进行健康检查,注意观察其食欲、精神状态、体重变化等,如果发现猪只有任何不适,应及时就医。

种公猪的管理

操作步骤1:记录和追踪——有效的种公猪管理需要饲养员对每头猪只的生长状况、健康状况、繁殖情况等进行详细记录。这样饲养员可以追踪猪只的成长进度和健康状况,并根据需要调整饲养和管理策略。

操作步骤2:种公猪的调整和替换——饲养员应定期评估种公猪的繁殖性能,如果某头猪只的繁殖性能下降,例如精液质量下降或繁殖能力下降,那么应考虑调整其饲养策略,或者适时将其替换。替换新的种公猪时,应考虑其遗传性状、健康状况、营养状况等因素。

操作步骤3:生物安全和疾病预防——饲养种公猪的场所应遵循生物安全原则,包括定期消毒、限制外来人员和动物的进入、定期对猪只进行疾病检测等。同时,猪只应按照兽医的建议进行定期疫苗接种,以防疾病的发生。这样可以确保种公猪的健康和繁殖能力,为猪场的长期发展提供保障。

知识拓展

种公猪的相关知识

1.营养素新进展在种公猪饲养中的应用

近年来,养猪行业在营养物质研究方面不断取得新的突破,对种公猪的健康与发育产生了积极影响。例如微量元素在种公猪饲养中的重要性越发明显,其中硒、锌等微量元素已经被证明对繁殖能力具有显著作用。人工合成的氨基酸如赖氨酸等在种公猪饲料中的使用也大大提高了饲料品质,延长了种公猪的使用寿命。此外通过合理的营养搭配与最佳饲料配比,能够有效提高种公猪的繁殖力。

2.种公猪肠道微生物在营养及健康中的作用

肠道微生物对于种公猪的营养吸收和健康具有重要影响。一些益生菌如乳酸菌、枯草芽孢杆菌等已经在种公猪饲料中得到广泛应用,有效提升了种公猪的免疫能力,降低病害。此外,肠道菌群的微生态平衡也和种公猪的整体健康息息相关。通过调整饲养条件、添加益生菌和饲料搭配等方法,可以优化肠道菌群,提高种公猪的抗病能力。

3.减缓种公猪应激反应的新途径

应激是影响种公猪繁殖性能的重要因素。常见的应激如环境、饲养条件、管理等可引起内分泌系统紊乱,进而影响繁殖性能。近年来,一些抗应激营养品如硫酸镁、β-葡萄糖醇等的研究发现，提高种公猪抗应激能力具有显著效果。同时通过改善饲养环境、科学管理和调整饲料配比等方式，也可降低种公猪的应激反应。

4.种公猪生产环境的绿色化、环保与改良

目前饲养种公猪对环境的影响逐渐成为一个不容忽视的问题，如氨、硫化氢等有害气体和高浓度污水污染环境。因此，绿色饲养和环保成为养猪行业的发展趋势。研究表明，改善种公猪的饲养环境、使用环保饲料、生物降解等方法，对促进种猪饲养环境绿色化具有重要意义。同时，通过运用生物制剂、植物提取物等方法改良环境，提高空气质量，为种公猪良好的生产环境。

5.种公猪个体化饲养策略的研究与应用

种公猪个体差异对饲养效果具有较大影响。因此，近年来针对种公猪的个体化饲养策略得到研究者们的广泛关注。通过对种公猪个体差异的研究，结合营养需求、生理病状等因素，进行精细化管理，从而达到提高种公猪整体繁殖效率的目的。通过运用现代信息化手段，如智能饲养系统，对种公猪生长发育、营养需求等进行精确控制，更好地满足种公猪的个体需求。

职业技能测试题

1. 为了保证种公猪的营养，其蛋白质水平为（　　）。

A. 13％～14％　　B. 14％～15％　　C. 15％～16％　　D. 16％～17％

2. 瘦肉型品种后备公猪的初配月龄和初配体重为（　　）。

A. 9～10月龄，体重≥110 kg　　B. 8～9月龄，体重≥120 kg

C. 9～10月龄，体重>100 kg　　D. 8～9月龄，体重≥110 kg

3. 种公猪的合理管理应做到（　　）。

A. 单圈饲养、合群运动

B. 水浴、刷拭、打牙、修蹄、定期称重

C. 经常检查精液品质

D. 建立正常管理制度，防止公猪早废

E. 饲喂营养全价的日粮

4. 种公猪一般可利用（　　）年。

A. 1～2　　B. 2～3　　C. 3～4　　D. 5～6

5. 一个种猪场常采用相对固定的种猪精液进行人工配种，但在一段时间内，同一配种员采用同一公猪精液配种的片区，母猪空怀率普遍增多，产仔率低。检查公猪、母猪体况正常，试分析导致母猪怀孕产仔率低的原因（　　）。

A. 母猪发情鉴定不准　　B. 配种时间不当

C. 配种技术不熟练　　D. 精液品质差

6. 公猪的射精量为（　　）mL。

A. 150～500　　B. 50～100　　C. 20～30　　D. 4～10

7. 一般认为,公猪造精功能产生障碍的极限温度为(　　),极限湿度为(　　)。

A. 20 ℃;75%　　B. 25 ℃;80%　　C. 30 ℃;85%　　D. 35 ℃;90%

8. 下列哪种配种方法最好(　　)。

A. 壮年公猪×青年母猪　　B. 老年公猪×壮年母猪

C. 壮年公猪×老年母猪　　D. 壮年公猪×壮年母猪

9. 种公猪应保持良好的种用膘情,即中上等膘情(　　)成膘。

A. 四五　　B. 六七　　C. 七八　　D. 八九

项目四
标准化母猪饲养

项目导读

母猪作为猪场种猪的基础，它的繁殖力对于整个养猪业的发展起着至关重要的作用。母猪繁殖能力的强弱直接影响生猪的出栏量和质量，并且对于养猪场的经济效益、市场竞争力以及品牌形象等方面也有着至关重要的影响。母猪的繁殖力对于养猪场的经济效益有着直接的影响。繁殖能力强的母猪可以带来更高的生产效益，从而增加养猪场的收益。相反，繁殖能力弱的母猪会造成生产成本的增加，降低养猪场的经济效益。

学习目标

素质目标：

1. 使学生具有奉献社会、爱岗敬业、诚实守信、服务群众、爱护动物的职业道德。
2. 树立学生热爱畜牧业，促进我国畜牧业健康、可持续发展的志向。

知识目标：

1. 了解母猪发情时期的行为特点。
2. 掌握后备母猪的选育方法。
3. 了解妊娠母猪的饲养方法。

技能目标：

1. 掌握人工授精操作的技术要点。
2. 掌握母猪的妊娠检查方法。
3. 掌握妊娠母猪的接产流程及技术要点。

思维导图

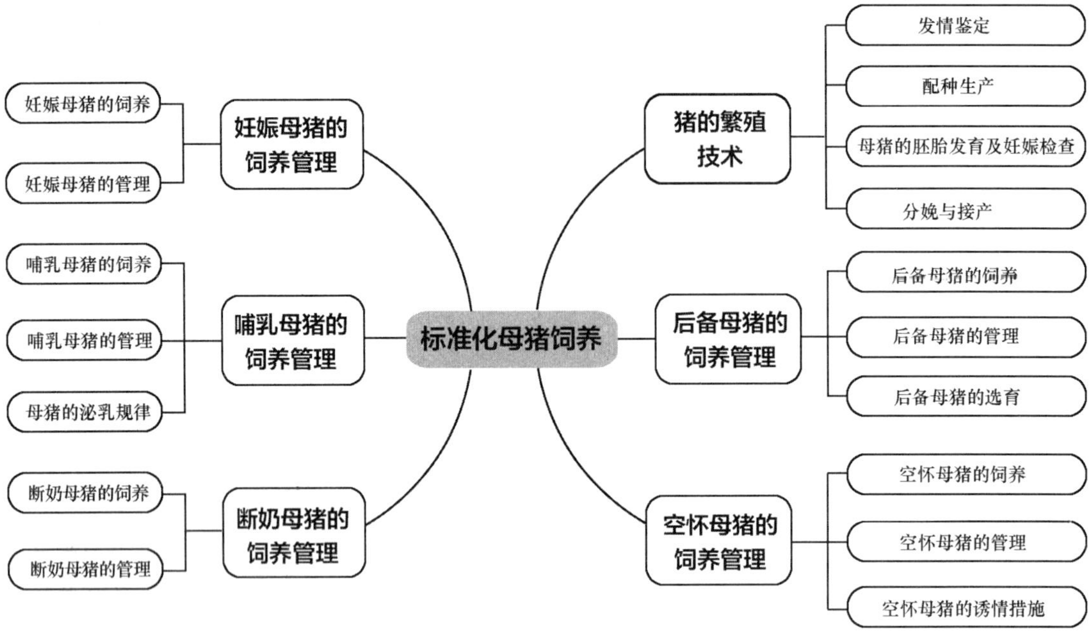

任务一　猪的繁殖技术

一、发情鉴定

(一)母猪发情周期与排卵规律

1.发情周期

达到性成熟而未妊娠的母猪,在正常情况下每隔一段时间就会出现一次发情,由一次发情开始到下一次发情开始的时间间隔称为发情周期。母猪最初的2～3次发情规律性较差。母猪发情周期一般为19～23 d,平均21 d。母猪发情周期分为发情前期、发情期、发情后期和间情期4个时期。发情周期是一个逐渐变化的生理过程,4个时期之间并无明确的界限。母猪在发情过程中会产生一系列形态和生理变化。主要归纳为4个方面。

(1)机体精神状态的变化,如兴奋或安静。

(2)母猪对公猪的性欲反应,如交配欲的有无及其表现程度。

(3)卵巢变化情况,如卵泡的发育、排卵和黄体形成等。

(4)母猪生殖道生理变化。

2.生理变化

现将母猪各个发情时期的生理变化情况详述如下。

①发情前期。卵巢卵泡准备发育时期。卵巢上前一个发情周期所产生的黄体逐渐萎缩,

新的卵泡开始生长；子宫腺体略有生长，但形态变化不大，生殖道轻微充血、肿胀，腺体活动逐渐增加，此时期母猪通常越来越躁动不安，食欲少或无，开始寻找公猪，但母猪此时无性欲表现。

二维码 4-1　母猪发情各阶段症状

②发情期。母猪具有性欲表现；母猪阴门肿胀程度逐渐增强，到发情盛期达到最高峰；整个子宫充血，肌层收缩加强，腺体分泌活动增加，阴门处有黏液流出；子宫颈变松弛；卵巢卵泡发育加快，此时母猪试图爬跨并嗅闻同栏其他母猪，但本身不接受爬跨，母猪尿中和阴道分泌物中有吸引和激发公猪的外激素。一般在此时期的末期开始排卵。

③发情后期。在这个时期，母猪由发情的性欲激动状态逐渐转入静止状态；子宫颈管道逐渐收缩，腺体分泌活动逐渐减少，黏液分泌量少而黏稠；子宫内膜逐渐变厚，表层上皮较厚，子宫腺体逐渐发育；卵泡破裂排卵后形成红体，最后形成黄体。

④间情期。此时期又称为休情期。母猪的性欲已完全停止，精神状态也完全恢复正常。间情期的早期，子宫内膜增厚，表层上皮呈高柱状，子宫腺体高度发育、大而弯曲且分支多，腺体活动旺盛；间情期的后期，增厚的子宫内膜回缩，呈矮柱状，分泌黏液量少，黏稠；卵巢黄体已发育完全，因此这个时期为黄体活动时期。

母猪在发情期配种，如果没有受孕，则间情期过一段时间之后，又进入发情前期；如已受孕，母猪不再发情，就不应该称为间情期。但是母猪产后发情却不遵循上述规律，母猪产后有3次发情，第1次发情是产后1周左右，此次发情绝大多数母猪不能配种受孕；第2次发情是产后27～32 d，此次既发情又排卵，但只有少数母猪(带仔少或地方猪种)可以配种受孕；第3次发情是仔猪断乳后1周左右，现在工厂化养猪场绝大多数母猪在此次发情期内完成配种。

3.排卵规律

母猪发情持续时间为40～70 h，排卵在后1/3时间内，初配母猪要晚4 h左右。其排卵的数量因品种、年龄、胎次、营养水平不同而异。一般初次发情母猪排卵数较少，以后逐渐增多。营养水平高可使排卵数增加。现代引进品种母猪在每个发情期内的排卵数一般为20枚左右，排卵持续时间为6 h左右，地方品种猪每次发情排卵为25枚左右，排卵持续时间为10～15 h。

(二)母猪发情鉴定

1.母猪发情行为表现

猪发情时的行为表现外部特征是：开始时，表现不安，有时鸣叫，阴部微充血肿胀，食欲稍减退，这是发情开始的表现。之后，阴门充血肿胀较厉害，微湿润，喜爬跨别的猪，同时也开始愿意接受别的猪爬跨。此后母猪的性欲逐渐趋向旺盛，阴门充血肿胀，渐渐趋向高峰，阴道湿润，慕雄性渐强，见其他母猪则频频爬跨其背上；或静站一处，此时若用公猪试情，则可见其很喜欢接近公猪，当公猪爬上其背时，则安静不动，如有人在旁，其臀部往往趋近人的身边，推之不去，此时正值发情盛期。过后性欲渐降，阴部充血肿胀逐渐消退，慕雄性也渐弱，阴门变成淡红色，微皱，少数有变成紫红色的，阴门较干，表情迟滞，喜欢静伏，这时便是配种适期。之后，性欲渐趋减退，阴门充血肿胀更加减退，呈淡红色，食欲逐渐恢复，对公猪爬跨渐感厌烦，如用公猪试情，则不接受，这是交配欲的停止时期。

二维码 4-2 后备母猪发情鉴定方法

总体来说母猪的发情表现有以下 4 点：①外阴红肿，外阴有黏液性分泌物，黏液有拉丝状；②对公猪诱情敏感，接受公猪或者其他母猪爬跨，站立不动；③压背静立不动，尾巴上翘；④发情母猪对声响敏感，多鸣叫，站立不安，频频排尿。

2. 母猪的发情鉴定方法

具体方法见技能操作——母猪的发情鉴定。

技能操作

母猪的发情鉴定

目的要求：学会判断母猪最佳配种时期。

实训内容：

(1)母猪发情行为观察。

(2)发情鉴定。

实训条件：在规模化猪场寻找一定数量处于不同发情时期的母猪，记录本、医用棉签、试情公猪。

实训方法：鉴定人员经过更衣清毒后，带着记录本进入母猪舍，在工作道上逐栏进行详细观察，也可以在该舍饲养员的指导下，重点寻找根据后备母猪年龄推算出来的将要发情的母猪或是断乳后 1 周左右的母猪。

1. 观察母猪的发情行为

发情母猪表现兴奋不安、有时哼叫、食欲减退。非发情母猪食后上午均喜欢趴卧睡觉，而发情的母猪却常站立于栏门处或爬跨其他母猪。将公猪赶入圈栏内，发情母猪会主动接近公猪。发情鉴定人员慢慢靠近疑似发情母猪臀后认真观察阴门颜色和状态变化。白色猪阴门表现潮红、水肿，有的有黏液流出。黑色猪或其他有色猪，只能看见水肿及黏液变化。

2. 发情鉴定方法

(1)阴门变化法　将疑似发情母猪赶到光线较好的地方或将舍内照明灯打开，仔细观察母猪阴门颜色、状态。白猪阴门由潮红变成浅红，由水肿变为微皱，阴门较干，此时可以实施配种，如果阴门水肿没有消失迹象或已完全消失，说明配种时期不到或已过。

(2)阴道黏液法　仔细观察疑似发情母猪阴道口的底端，当阴道口底端流出的黏液由稀薄变成黏稠时，用医用棉签蘸取黏液，其黏液不易与阴道口脱离，拖拉成黏液线时，说明此时是配种最佳时期，应进行配种。

(3)试情法　将疑似发情母猪赶到配种场或配种栏内，让试情公猪与疑似发情母猪接触，如果疑似发情母猪允许试情公猪的爬跨，说明此时可以进行本交配种，如不接受公猪的爬跨，说明此时不是配种佳期。

(4)静立反应检查法　将疑似发情母猪赶到静立反应检查栏内，检查人员站在疑似发情母猪的侧面或臀后，双手用力按压疑似发情母猪臀部，如果发情母猪站立不动，出现神情呆滞或两腿叉开或尾巴甩向一侧，出现接受配种迹象，说明此时最适合本交配种。国外发情鉴定人员的做法是，将公猪放在邻栏，发情鉴定人员侧坐或直接骑在疑似发情母猪背腰部，双手压在母猪的肩上，如果疑似发情母猪站立不动说明此时是最适合本交配种的时期。实践证明，公猪在场时，利用公猪的气味及叫声可增加发情鉴定的准确性。也可以用脚蹬其臀部，如果母猪后坐，则可以安排本交配种。生产实践中，多采取观察阴门颜色、状态变化、阴道黏液黏稠程度、静立反应检查结果等各项指标进行综合判断，如果有试情公猪或配种公猪可以直接用试情公猪或配种公猪进行试情，这样将增加可信程度。

实训报告：填写母猪发情鉴定表（表 4-1）。

表 4-1　母猪发情鉴定表

栋栏号	母猪品种	母猪耳号	所用方法				鉴定结果
			阴门变化	阴道黏液	试情法	静立反应	

考核标准：

考核项目	分值比例	考核要点	等级分值					备注
			A	B	C	D	E	
态度	10	端正						考核项目和考核标准可根据具体情况进行调整
填写母猪发情鉴定表	80	概念正确，测量准确						
实训报告	10	格式正确，内容充实，分析透彻，字迹工整，记录准确						

母猪的发情鉴定早晚两次，在喂料 30 min 以后进行，避免饥饿应激影响查情效果。通常采用“五点刺激法”查情：①用拳头冲压（注意不是用拳头击打）母猪一侧肋部；②用手提拉母猪一侧乳房；③用拳头冲压（注意不是用拳头击打）母猪外阴下 2～3 cm 处；④两手连续按压母猪背部（图 4-1）；⑤坐于母猪背上，观察母猪是否发情静立（图 4-2）。

二维码 4-3　母猪的查情

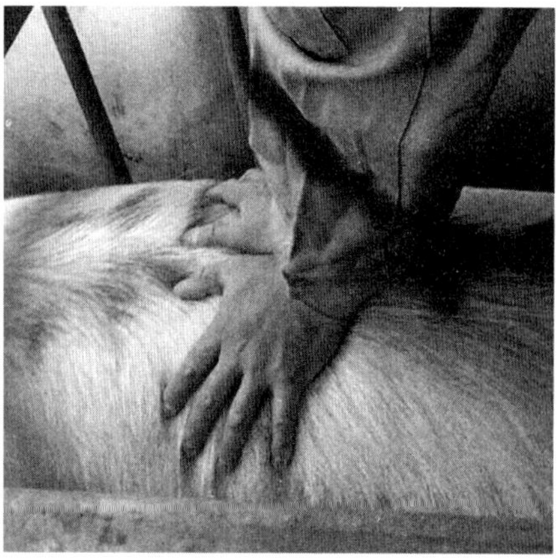

图 4-1 背部按压

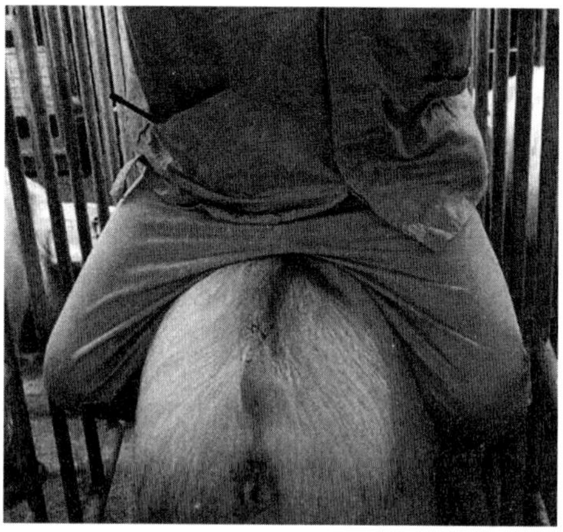

图 4-2 骑跨测试

知识拓展

后备母猪诱情

1.后备种母猪确定

后备种母猪通常是指体重 110 kg 至配种阶段的种母猪。该阶段种母猪的饲养目标是使后备母猪在 230～240 日龄时体重达到 135 kg，背膘厚介于 18～20 mm，各项育种指标高于同类群数量 2/3 以上。

2.挑选诱情、查情公猪

从公猪舍挑选诱情、查情公猪到后备舍对达到后备阶段的母猪实施诱情、查情工作。注意：公猪要经常更换，不能固定几头公猪进行诱情、查情，让母猪有能接触更多公猪的机会，提高诱情、查情准确率。

查情公猪最好是年龄较大，行动稳重，气味重；口腔泡沫丰富，善于利用叫声吸引发情母猪，并容易靠气味引起发情母猪反应；性情温和，有忍让性，不会攻击配种员；听从指挥，能够配合配种员按次序逐栏进行检查，既能发现发情母猪，又不会不愿离开这头发情母猪，而无法继续查情。

3.诱情、查情人员

诱情、查情至少需要 2 人以上才能有效实施。

4.方法

首先，用拦猪板将诱情、查情公猪赶至后备母猪栏舍与后备母猪有鼻对鼻或直接的接触机会；其次，原则上诱情、查情必须有公猪在场；再次，查情人员在母猪后部逐头检查，观察公猪、母猪性行为表现。

5.公猪诱情

后备母猪从 150～170 日龄开始与公猪身体接触，每天 2 次，每次 10～15 min；后备母猪越早与公猪接触，累积出现母猪发情作用也越早；但如果早于 140 日龄，则没有效果。

二、配种生产

1.配种时间

精子在母猪生殖道内保持受精能力时间为 10～20 h，卵子保持受精能力时间为 8～12 h。母猪发情持续时间一般为 40～70 h，但因品种、年龄、季节不同而异。瘦肉型品种发情持续时间较短，地方猪种发情持续时间较长，青年母猪比老龄母猪发情持续时间要长，春季比秋冬季节发情持续时间要短。具体的配种时间应根据发情鉴定结果来决定，一般大多在母猪发情后的第 2～3 天。老龄母猪要适当提前做发情鉴定，防止错过配种的最佳时期；青年母猪可在发情后第 3 天左右做发情鉴定。母猪发情后每天至少进行 2 次发情鉴定，以便及时配种。本交配种应安排在静立反射产生时；而人工授精的第 1 次输精应安排在静立反射（公猪在场）产生后 12～16 h，第 2 次输精安排在第 1 次输精后 12～14 h。配种时间坚持“老配早、少配晚、不老不少配中间”原则。后备母猪：发情静立即配；经产母猪：断奶 3 d 发情间隔 24 h 配种，断奶 5 d 发情间隔 12 h 配种，断奶 6 d 发情查到即配。

后备母猪初次发情，多在 4～5 月龄的时候，这时虽然发情了，却不能配种。因为，母猪第一次发情只是性成熟，身体并没有成熟，要达到体成熟的时候才能配种，也就是说后备母猪一般是在第 3 次发情，即后备母猪在 7～8 月龄的时候配种是最好的。后备母猪开配标准：①连续稳定发情 2～3 次；②体重 135 kg 以上；③7.5 月龄以上。

对返情母猪、断奶至发情间隔天数为 3 d 以上的母猪，上午发现，下午第 1 次配种，次日上午第 2 次配种。下午发现，当天下午或晚上第 1 次配种，次日上午或中午第 2 次配种。注意发现发情至第 1 次配种间隔 12 h。第 1 次配种与第 2 次配种间隔 12 h。

对经产母猪，断奶至发情间隔天数为 3 d 以内的，上午发现，下午或当晚第 1 次配种，次日上午第 2 次配种。下午发现，次日上午第 1 次配种，次日下午第 2 次配种。注意发现发情至第 1 次配种应间隔 12～24 h。第 1 次配种与第 2 次配种应间隔 12～18 h。

2.配种方式

配种在喂料 30 min 以后进行，这样母猪比较平静，不躁动。母猪配种前如果不进食，会因为饥饿应激而使配种很难进行。给发情母猪配种主要有 3 种方式：公母猪本交、常规人工授精法、深部输精法。目前规模化猪场广泛采用的配种方式有两种：常规人工授精法和深部输精法。

(1)公母猪本交　本交也称自然交配，可分为单次配种、重复配种、双重配种和多次配种 4 种方法。

①单次配种是指在母猪的一个发情期内只用 1 头种公猪交配 1 次。这种配种方法在适时配种的情况下，可以获得较高的受胎率。但是，生产中往往难以掌握最适宜的配种时间，影响受胎率和产仔数。所以，除非公猪数量不足，否则一般不宜采用此种配种方法。

②重复配种是指在母猪的一个发情期内，用同 1 头种公猪先后配种 2 次，即在第 1 次配种后间隔 8～12 h 再配种 1 次，提高母猪受胎率和产仔数。目前多数猪场采用此种配种方法。

③双重配种是指在母猪的一个发情期内，用不同品种的 2 头公猪或同一品种但血缘关系较远的 2 头公猪先后间隔 10～15 min 各与母猪配种 1 次。这种配种方法，不仅受胎率高，而且产仔多，所产仔猪生存力强。

④多次配种是指在母猪的一个发情期内隔一段时间，连续采取双重配种的方法或重复配种的方法配几次，这样可以提高母猪多胚胎、多产仔、产好仔的效果。以上配种方法应根据猪的不同生产用途选择应用。在瘦弱型猪种原种场为避免血统混杂，应采用单次配种和重复配种，而利用瘦弱型猪种作父本与地方猪种（或杂交母本猪种）进行二元或三元杂交，生产杂交商品瘦肉猪的商品猪场，除采用单次配种和重复配种的方法外，还可采用双重配种和多次配种的方法。

公母猪自然交配地点要离开公猪舍，以免引起其他公猪躁动。公母猪交配时，可以人工辅助，当公猪爬稳母猪后，迅速从侧面牵拉母猪的尾巴，避免造成伤害或体外射精。当公猪多次努力而阴茎不能顺利进入母猪阴道时，可用手握住公猪包皮引导阴茎插入母猪阴道。公母猪交配时，要保持环境安静，严禁大声吵闹或鞭打公猪。交配完后，用手轻压母猪的腰部，以免母猪拱腰精液外流。配种完毕还要及时登记配种公猪的耳号和日期，以便推测预产期和登记后代血统。

(2)人工授精　目前规模化猪场广泛采用的人工授精方法有两种：常规人工授精法、深部输精法。具体操作可参照技能操作——人工输精。

技能操作

人工授精

目的要求：学会猪的人工授精技术。

实训内容：

(1)采精准备。

(2)采精。

(3)精液处理和精液品质检查。

(4)精液稀释。

(5)输精。

实训条件：公猪1头，待配种母猪若干头、假母台猪1个、集精杯1～2个、医用纱布、低倍显微镜1台、显微镜保温箱1个、普通天平1台、500 mL量筒2个、水温计1支、200 mL烧杯5个、滤纸1盒、50 mL贮精瓶10个、输精管5根、50 mL注射器2支、玻璃搅拌棒2根、800～1 000 W电炉1台、消毒蒸锅1口、载玻片1盒、盖玻片1盒、染色缸、广口保温瓶1个、直刃剪1把、试管刷5把、可控保温箱1个、蒸馏水25 L、0.1%～0.2%高锰酸钾溶液、医用乳胶手套、一次性塑料手套、75%酒精、95%酒精、蓝墨水、龙胆紫、3%来苏儿、精制葡萄糖粉、柠檬酸钠、青霉素、链霉素、液状石蜡、洗衣粉、肥皂、面盆、毛巾、脱脂棉等。所有接触精液的器材均要求高压蒸汽消毒备用。

实训方法：人工授精是指用器械采取公畜的精液，再用器械把精液注入发情母畜生殖道内，以代替公母畜自然交配的一种配种方法。其优点是扩大了优良种畜利用率，降低种畜饲养成本，减少了因自然交配导致的疾病传播。

1.采精准备

(1)确定采精人员，按选配计划确定采精用种公猪　采精前要准备好采精栏、假母猪、消毒过的器械。采精栏在公猪舍内，其环境要求安静、平坦、避风、向阳、地面不易打滑；假母猪固定牢固，高矮、宽窄适宜；采精器具、材料由实验室在头一天洗净、高温消毒、37 ℃恒温箱预热备用；采精用的公猪应事先经过训练调教、习惯爬跨假母猪、与生产要求相匹配的公猪；采精员具备熟练的采精技术，采精前剪短磨光指甲、用清洁剂洗净双手才能采精。

(2)精杯的制备　先在保温杯(或采精杯)内衬 1 只一次性采精袋(对精子无毒害的塑料袋)，将袋口翻转套住保温杯(或采精杯)口，再在杯口覆采 1～2 层精滤纸，用橡皮筋固定，要松一些，使其能沉降 2 cm 左右，备用。使用采精袋时一定不要将手和采精袋内部接触。

(3)采精时间　采精时间安排在早上 9:00 前结束，并相对固定。

(4)确定公猪　查对当天需要配种的母猪，把符合配种要求的公猪耳号找出来，将公猪舍相应栏位的公猪赶至采精栏待采精。

2.采精

二维码 4-4　公猪采精

把经过采精训练成功的公猪赶到采精室假母台猪旁，采精者戴上医用乳胶手套，将公猪包皮内尿液挤出，并将包皮及假母台猪后部用 0.1%～0.2%高锰酸钾溶液擦洗消毒。待公猪爬上假母台猪后，根据采精者操作习惯，蹲在假母台猪的左后侧或右后侧，当公猪爬跨抽动 3～5 次，阴茎导出后，采精者迅速用右(左)手，手心向下将阴茎握住，用拇指顶住阴茎龟头，握的松紧以阴茎不滑脱为度。然后用拇指轻轻拨动阴茎龟头，其余四指则一紧一松有节奏地握住阴茎前端的螺旋部分，使公猪产生快感，促进公猪射精。公猪开始射出的精液多为精清，并且常混有尿液和其他脏物，不必收集。待公猪射出较浓稠的乳白色精液时，立即用另一只手持集精杯，在距阴茎包头斜下方 3～5 cm 处将其精液通过纱布过滤后收集在杯内，并随时将纱布上的胶状物弃掉，以免影响精液滤过。根据输精量的需要，在一次采精过程中，可重复上述操作方法，促使公猪射精 3～4 次。公猪射精完毕，采精者应顺势用手将阴茎送入包皮中，防止阴茎接触地面出现损伤或引发感染。最后把公猪轻轻地由台猪上驱赶下来，不得以粗暴态度对待公猪。

采精者在采精过程中，精神必须集中，防止公猪滑下踩伤人。同时要注意保护公猪阴茎以免损伤。采精者不得使用化妆品，谨防异味干扰采精或影响精液品质。

3.精液处理及精液品质检查

将采集的精液马上拿到 20～30 ℃的室内，将精液迅速置于 32～37 ℃的恒温水浴锅内，防止温度突然下降对精子造成低温损害，并立即进行精液品质检查，其检查项目有以下 7 项。

(1)数量　把采集的精液倒入经消毒烘干的量杯中，测定其数量。一般公猪一次的射精量为 200～400 mL。

(2)pH　比较简单的方法是用万用试纸比色测定。另一种比较准确的方法是使用 pH 仪测定。猪正常精液 pH 为 7.3～7.9。猪最初射出的精液为碱性，以后浓度大时精液呈酸性。当公猪患有附睾炎或睾丸萎缩时，精液呈碱性。

(3)气味　正常精液有腥味，但无臭味，有其他异味的精液不能用于输精。

(4)颜色　正常精液为乳白色或灰白色；如果精液颜色异常应弃掉，停止使用。精液若为微红色，说明公猪阴茎或尿道有出血；精液若带绿色或黄色，可能精液混有尿液或脓液。

(5)活力　将显微镜置于 37～38 ℃的保温箱内，用玻璃棒蘸取一滴精液，滴于载玻片的中央，盖上盖玻片，置于显微镜下（冬季应将显微镜提前 1～2 h 放入保温箱内预热，防止载物台太凉，影响活力检查结果），放大 400～600 倍目测评估，分 10 个等级。所有精子均做直线运动的评 1 分，90%做直线运动的评 0.9 分，80%做直线运动的评 0.8 分，以此类推。输精用的精子活力应高于 0.5 分，否则弃掉。

(6)精子形态　用玻璃棒醮取一滴精液，滴于载玻片一端；然后用另一张载玻片将精液均匀涂开、自然干燥；再用 95%酒精固定 2～3 min 后，放入染色缸内，用蓝墨水（或龙胆紫）染色 1～2 min；最后用蒸馏水冲去多余的浮色，干燥后放在 400～600 倍显微镜下进行检查。正常精子由头部、颈部和尾部构成，其形态像蝌蚪。如果畸形精子超过 18%，该精液不能使用。畸形精子分头部畸形、颈部畸形、中段体部畸形和尾部畸形 4 种。头部畸形表现为头部巨大、瘦小、细长、圆形、轮廓不清、皱缩、缺损、双头等；颈部畸形时可在显微镜下看到颈部膨大、纤细、曲折、不全、带有原生质滴、不鲜明、双颈等；中段体部畸形表现为膨大、纤细、屈折、不全、带有原生质滴、弯曲、屈折双体等；尾部畸形表现为尾部弯曲、屈折、回旋、短小、缺损、带有原生质滴、双尾等。正常情况下头、颈部畸形较少，而中段体部畸形和尾部畸形较多见。

二维码 4-5　精液品质检测

(7)密度　精子密度分为密、中、稀、无 4 级，实际生产中用玻璃棒将精液轻轻搅动均匀，用玻璃棒蘸取 1 滴精液放在显微镜视野中，精子间的空隙小于 1 个精子的为密级（高于 3 亿个/mL），1～2 个精子的为中级（1 亿～3 亿个/mL），2～3 个精子的为稀级（低于 1 亿个/mL），无精子应弃掉。

4.精液稀释

稀释的目的是扩大配种头数，延长精子保存时间，便于运输和贮存。稀释精液首先配制稀释液，然后用稀释液进行稀释。

(1)稀释液配制方法　用天平称取精制葡萄粉 5 g，柠檬酸钠 0.5 g，量取新鲜蒸馏水 100 mL，将三者放在 200 mL 烧杯内，用玻璃棒充分搅拌，使其溶解，用滤纸过滤后蒸汽消毒 30 min。待溶液温度降至 35～37 ℃时，将青霉素钾或青霉素钠 5 万 U、链霉素 5 万 U 倒入溶液内搅拌均匀备用。

(2)精液稀释方法　根据精子密度、活力、需要输精的母猪头数、贮存时间确定稀释倍数。密度密级，活力 0.8 分以上的可稀释 2 倍；密度中级，活力 0.8 分以上的稀释 1 倍，活力 0.8～0.7 分的可稀释 0.5 倍。总之要求稀释后精液中每毫升应含有 1 亿个活精子。活力不足 0.6 分的精液不宜保存和稀释，只能随采随用。稀释倍数确定后，即可进行精液稀释，要求稀释液温度与精液温度保持一致。稀释时，将稀释液沿瓶壁慢慢倒入原精液中，边倒边轻轻摇匀。稀释完毕后用玻璃棒醮取一滴进行精子活率检查，用以验证稀释效果。

二维码 4-6　精液稀释

(3)精液的分装

①完成精液稀释后，把稀释后的精液轻轻混匀，然后将精液分装到输精瓶中（80 mL/瓶），将输精瓶盖盖好。如果是外送精液则一定要排净空气。②每分装 6～8 瓶精液混匀一次。③将精液分装完后一定要在该精液瓶上记录该公猪耳号、品系、采精日期。

④保留一部分样品(40 mL)用于之后的活力测定,样品同时也要记录该公猪号、品系、采精日期。

(4)精液保存

①保持精液贮藏箱的温度在17～18 ℃。②在精液贮藏箱内存放精液的格子里放置一个高低温度计,允许的温度波动范围是3 ℃。③如实记录每台冰箱每天的高低温度变化值。④每天翻转精液瓶两次。⑤不要将精液暴露在紫外光下。

(5)精液的运输

①传送精液到猪舍或办公室时,将精液装在冷藏箱里,并在该精液运输箱里放入事先已冷却到17～18 ℃的冰袋(冰袋必须提前12 h放入冰箱使其温度达到17～18 ℃或使用便携式17～18 ℃精液贮藏箱)。如果要长途运输,必须使用车载式17～18 ℃精液贮藏箱。②在猪舍使用的精液运输箱不应该离开猪舍,精液运输箱是专用的。当精液到达目的地后,无论是办公室还是猪舍,要迅速地把精液从精液运输箱里取出来,放进猪舍的冷藏室或冷藏箱里。③不要将精液暴露在紫外光下。④在猪舍里,把精液从精液运输箱里取出拿去配种时,应将精液放在装有冰袋的冷藏箱里。⑤始终轻柔地搬运精液,公猪的精子是十分脆弱的。如果搬运精子时太粗鲁,引起过多搅动,精子的头和尾就会分开,这种精子是没有受精能力的,会影响整瓶精液的受精率。⑥外送精液须有本公司带印章的标签。⑦如果精液温度超过了18 ℃,把它放在储藏室的架子上,空气就可以在管子周围流动以通风降温。不要把变热的精液放到四周坚硬的密闭容器里。⑧在确定拿去配种的精液数量时,不要过多估算其实际需求量,以免造成浪费。⑨配种后若精液有剩余,则在该精液管上做好核对标记,第二天应首先用它去做二配,做过1次标记的精液应当先用,做过2次标记的精液就要丢弃。⑩不要重新冷却达到21 ℃的精液,丢掉变热的精液。⑪如果管子被摔落了,只要没被污染,仍可继续使用。⑫定时清洗冷藏冰箱和精液运输箱,最好是每周1次。

5.输精

输精员戴上医用乳胶手套,用0.1%～0.2%的高锰酸钾溶液将母猪外阴及尾巴擦洗消毒。在一次性输精管前端涂上液状石蜡,用于润滑输精管的尖端。输精时,输精员一只手分开待输精母猪的阴门,另一只手将输精管螺旋形体的尖端紧贴阴道背部插入阴道,先向斜上方插入10 cm左右后,再向水平方向插入。边插边按逆时针方向捻转,待感到螺旋形体已锁住子宫颈口时(轻拉输精管而取不出),停止捻转插入。把输精瓶嘴部剪断并接到输精管上,一只手拿住输精管,并给输精瓶一定的压力,在没有压力的情况下母猪可能会自动吸收精液,如果精液被外界压力压入子宫,精液会倒流出来。每次人工授精时间掌握在5～8 min,每次输精必须保证精液体积在30～50 mL。当有精液逆流时,可轻轻地活动几下输精管,直到把输精管内全部精液流完,按顺时针方向将输精管慢慢取出。用手拍母猪臀部,防止精液逆流。如果母猪在输精时走动,应对母猪的腰角或身体下侧进行温和刺激,有助于母猪静立安稳完成输精,输精后母猪应安静地停留在输精场20 min左右。最后慢慢地将母猪赶回。认真填写输精配种记录,并清理输精器械消毒备用。

为了确保受胎率和产仔数,多实行二次输精,时间间隔为12～14 h。

二维码 4-7　人工输精

实训报告:记录猪人工授精的关键环节。

考核标准:

考核项目	分值比例	考核要点	等级分值					备注
			A	B	C	D	E	
态度	10	端正						考核项目和考核标准可根据具体情况进行调整
采精	30	采精方法正确						
精液品质检查	30	检查方法正确,结果准确						
正确输精	20	操作方法正确,完成输精						
实训报告	10	填写标准,内容正确,字迹工整,记录准确						

知识拓展

自然交配、人工授精、深部输精的特点

自然交配的缺点:

①易传染疾病。②增加饲养成本。③公猪利用率低。④母猪肢蹄病增多。⑤增加猪场的经营成本。

常规人工授精的缺点:

①需要用公猪在母猪前面引诱刺激。②用精量大:每袋含30亿~40亿个精子,精液量约为80 mL。③精液易倒流:输精管插入母猪阴户,直至子宫颈锁住输精管。④耗时长:连接精液袋,利用母猪子宫收缩让精液流入母猪体内,输精时不要挤压精液袋。

深部输精的优势:

①加快输精过程,提高输精效率,人员劳动量少。②与传统输精相比减少一半的精液用量。③减少公猪数量达40%,将优秀公猪价值发挥到最大化。④提高母猪子宫颈炎症配种率。⑤提高母猪受胎率和产仔数。⑥回流率极低。

三、母猪的胚胎发育及妊娠检查

(一)胚胎发育

妊娠的整个过程可分为胚胎早期发育期、胚胎附植期、胎膜和胎盘期。在妊娠早期对母畜进行妊娠诊断,对保胎防流、减少空怀、提高母畜繁殖力具有重要意义。

1.胚胎早期发育期

从受精卵第一次卵裂到原肠胚形成的过程称为胚胎早期发育期。根据早期胚胎发育期的特点,可分为桑葚期、囊胚期和原肠期3个阶段。

（1）桑葚期　卵子受精后，受精卵在透明带内开始进行细胞分裂，称为卵裂。当卵裂细胞数达到16～32 h，卵裂球在透明带内形成致密的一团，因形似桑葚，故称为桑葚胚，这一时期称为桑葚期。

（2）囊胚期　桑葚胚形成后，由于卵裂球分泌的液体在细胞间隙积聚，所以最后在胚胎的中央形成一充满液体的腔——囊胚腔。随着囊胚腔的扩大，多数细胞被挤在腔的一端，称为内细胞团，将来发育成胎儿；而另一部分细胞构成囊胚腔的壁，称为滋养层，以后发育为胎膜和胎盘。囊胚后期，胚胎从透明带脱出，称为扩张囊胚。

（3）原肠期　随着胚胎的继续发育，出现了内、外2个胚层，此时的胚胎称为原肠胚。原肠胚形成后，在内胚层和滋养层之间出现了中胚层，中胚层又分化为体中胚层和脏中胚层。

2. 胚胎附植期

（1）附植概念　早期胚胎在子宫内游离一段时间后，由于体积逐渐增大，胚胎滋养层细胞逐渐与母体子宫内膜发生组织联系和生理联系而固定下来。胚胎在母体子宫内结束游离状态，并与母体建立紧密联系的一个渐进过程称为附植。

（2）附植时间　胚胎与母体子宫内膜发生紧密联系（胚胎附植）的时间为20～30 d。这一时期是胚胎发育的重要时期。

（3）附植部位　胚胎在子宫内的附植部位是最有利于胚胎发育的地方，猪等多胎动物，平均等距离分布于两侧子宫角内。

3. 胎膜和胎盘期

（1）胎膜　胎膜是胎儿的附属膜，是胎儿本体以外包裹着胎儿的几层膜的总称。其作用是与母体子宫黏膜交换养分、气体及代谢产物，对胎儿的发育极为重要。在胎儿出生后，即被摒弃，所以胎膜是一个暂时性器官，它源于3个基础胚层，即外胚层、中胚层和内胚层。通常按其结构部位及功能可分为卵黄囊、羊膜、尿膜、绒毛膜、脐带。

卵黄囊：哺乳动物的卵黄囊由胚胎发育早期的囊胚腔形成，是胚胎发育初期从子宫中吸收养分和排出废物的原始胎盘。卵黄囊随着尿膜的发育而逐渐萎缩，最后埋藏在脐带里，成为无机能的残留组织，称为脐囊。

羊膜：羊膜是包裹在胎儿外的最内一层膜，由胎儿脐孔处与胎儿皮肤相连。在胚胎和羊膜之间有一充满液体的腔，称为羊膜囊。羊膜囊内充满羊水，能保护胚胎免受震荡和压力的损伤，同时还为胚胎提供了向各方面自由生长的条件。

尿膜：尿膜是构成尿囊的薄膜。尿囊通过脐带中的脐尿管与胎儿膀胱相连。尿囊中存有尿水，其功能相当于胚体外临时膀胱，并对胎儿的发育起缓冲保护作用。猪的尿囊在胎儿的腹侧和两侧包围羊膜囊。

绒毛膜：绒毛膜是胚胎最外层膜，它包围尿囊、羊膜囊和胎儿。猪的绒毛膜表面分布有大量弥散型的绒毛，富含血管网，并与母体子宫内膜相结合，构成胎儿胎盘。

脐带：脐带是胎儿和胎盘联系的纽带，被覆羊膜和尿膜。脐带内含有脐动脉、脐静脉、脐尿管和卵黄囊遗迹。

（2）胎盘　胎盘通常是指由尿膜绒毛膜和子宫黏膜发生联系所形成的组织。其中尿膜绒毛膜部分称为胎儿胎盘，而子宫黏膜部分称为母体胎盘。哺乳动物发育的早期特点是胚胎通过胎盘从母体器官吸取营养。因此对胎儿来说，胎盘是一个具有很多功能并和母体有联系但又相对独立的暂时性器官。

胎盘的类型：根据绒毛膜表面绒毛的分布，胎盘一般分为4种类型，即弥散型胎盘、子叶型胎盘、带状胎盘和盘状胎盘。也可按照母体和胎儿真正接触的细胞层次将胎盘分为上皮绒毛型胎盘、结缔组织型胎盘、内皮绒毛型胎盘和血绒毛型胎盘。

猪为弥散型胎盘。这种胎盘绒毛膜上的绒毛分布分散而均匀，与绒毛相对应的子宫黏膜上形成陷窝，绒毛即插在陷窝中。这种胎盘结构简单，绒毛容易从陷窝中脱出。因此，分娩时胎儿胎盘和母体胎盘分离较快，很少出现胎衣不下。

存活的胚胎在妊娠前期（1～40 d）绝对生长量很小，是各个组织器官分化的关键时期；中期（41～80 d）生长量约占初生重的30%；而后期（81 d至出生），特别是临产前20 d生长最快，约占初生重的60%。

①前30 d受精卵移动到子宫不同位置进行定植，并开始形成胚盘。

②60～70 d这段时间母猪腹中胎儿发育加快，胎儿在子宫内发生排挤现象，容易引起定植在子宫角中间部位的胎儿摄入营养不足，造成这些胎儿发育不良甚至停止生长而发生死亡。

③90 d以后母猪新陈代谢增强并且体重增加很快，此时胎儿生长发育、增加体重的速度极快，需要大量的营养物质才能满足母猪和胎儿体重的增加。

（二）妊娠诊断方法

1.返情检查

①做好配种后18～25 d内的恢复发情检查工作。妊娠诊断最普通的方法是观察配种后18～25 d是否恢复发情，其方法是：将配种后的母猪与空怀待配母猪饲养在同一栋猪舍中，在对空怀母猪进行查情时，同时每天对配种后18～25 d的母猪进行返情检查，如不返情，可认为母猪已经受孕。②做好配种后第38～45天的第二次返情检查。配种后第38～45天复查如仍不返情，其诊断的准确性会进一步提高。

2.妊娠诊断

具体操作可参照技能操作——妊娠诊断。

技能操作

妊娠诊断

目的要求：学会母猪早期妊娠诊断。

实训内容：

（1）早期妊娠母猪观察。

（2）早期妊娠母猪检查。

实训条件：配种记录、配种后3～5周的母猪、超声波诊断仪（A超或B超）1台/10人、医用超声耦合剂、记录本。

实训方法：

1.观察法

更衣消毒后来到妊娠母猪舍，根据配种记录，查找配种后3～5周以上的母猪，询问饲养员或亲自观察母猪配种后3周左右是否再次发情闹栏，并认真观察母猪采食行为、睡眠情况、活动行为、体形变化等，最后做出综合评判。

妊娠母猪食欲旺盛、喜欢睡眠、行动稳重、性情温顺、喜欢趴卧，尾巴常下垂不爱摇摆，被毛日渐有光泽，体重有增加的迹象。观其阴门，可见收缩紧闭成一条线，这些均为妊娠母猪的综合表征。但个别母猪在配种后3周左右出现假发情现象，具体表现是发情持续时间短，一般只有1～2 d。对公猪不敏感，虽然稍有不安，但不影响采食。应根据以上表征给予区别。可以让饲养员对指定空怀母猪和已确定妊娠母猪进行整体区别，增加诊断准确性及诊断印象。

2.超声检查法

首先打开电源开关，扫描仪探头涂上医用超声耦合剂并置于腹股沟倒数第1～2乳头之间的无毛区(最佳检测时间，喂料时)，然后呈45°斜向对侧上方，探头紧贴皮肤，进行前后、上下定位扇形扫描，动作要慢；缓慢移动探头直到发现清楚的胎儿图像，如图4-3所示。发现至少2个清楚的孕囊时，才能确定怀孕，找不到孕囊，就扫描另一侧。若两侧都找不到孕囊，则说明未妊娠。对诊断结果不确定时，标记母猪，3～7 d内重新孕检。检查结果要及时告知饲养员或技术员，以便观察其发情，再度配种。

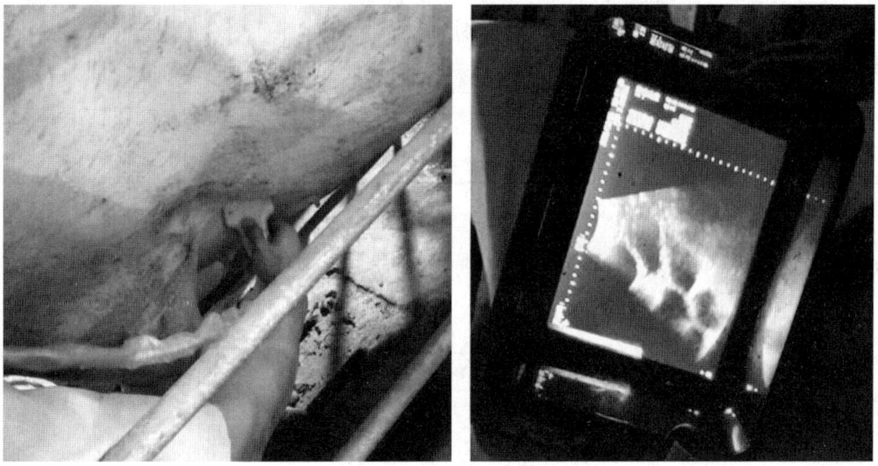

图4-3　妊娠诊断

注意事项：使用A超进行妊娠诊断，出现假妊娠诊断结果的原因为：①膀胱内充满尿液。②子宫积脓。③子宫内膜水肿。④直肠内充满粪便。

B超可用于观察子宫、胎水、胎体、胎心搏动、胎动及胎盘羊水，对超声波不产生反射，呈小的圆形暗区，子宫内出现暗区，则判断为妊娠；子宫内未出现暗区，则判断为未妊娠。

实训报告：填写早期妊娠诊断结果表(表4-2)

表 4-2 早期妊娠诊断结果表

栋栏号	母猪品种	母猪耳号	诊断方法		结果
			观察法	超声检查法	

考核标准：

考核项目	分值比例	考核要点	等级分值					备注
			A	B	C	D	E	
态度	10	端正						考核项目和考核标准可根据具体情况进行调整
早期观察	40	掌握外部观察要点，正确观察						
早期检查（超声波）	40	正确使用超声波进行早期检查						
实训报告	10	填写标准，内容翔实，字迹工整，记录准确						

四、分娩与接产

（一）预产期推算

妊娠母猪的预产期推算参照技能操作—预产期的推算。

技能操作

预产期的推算

目的要求：通过公式法或查表法，学会预产期推算。

实训内容：

（1）运用公式法进行预产期推算。

（2）查预产期推算表推算预产期。

实训条件：母猪配种记录、母猪预产期推算表。

实训方法：

1. 公式法

（1）“三三三”法　为了便于记忆可把母猪的怀孕期记为 3 个月 3 周零 3 d，即在母猪配种月份上加 3 个月，在配种日子上加 24 d，所得的日期就是母猪的预产期，注意减去大月多出的 1 d。例如 3 月 1 日配种，6 月 21 日分娩；3 月 20 日配种，7 月 10 日分娩。

（2）“加 4 减 6”法　妊娠期是指以受精到分娩这段时间。猪的妊娠期一般为 108～120 d，平均为 114 d。每月按 30 d 计算，则公式为：配种月份数加 4，配种日期数减 6。

在计算过程中，当配种日期数小于或等于 6 时，应向月份数借 1 位，规则是：借 1 等于在日期数上加 30；如果月份数相加大于 12，则应减去 12，年度上后延 1 年。为了精确推算预产期，可进行校正，其方法是：妊娠期所跨过的大月份数应在预产日期上减去；如果妊娠期经过 2 月份，应根据 2 月份的平闰，进行加 2 或加 1，如果是平年应在预产日期上加 2，如果是闰年应在预产日期上加 1。

2. 查表法

在预产期推算表的第一行数字中找到配种月份数，在左侧第一行找到配种日期数，垂直相交处为预产日期数。如 2019 年 2 月 23 日配种，则预产期为 2019 年 6 月 17 日，如表 4-3 所示。

表 4-3　母猪预产期推算表

时间	1 月	2 月	3 月	4 月	5 月	6 月	7 月	8 月	9 月	10 月	11 月	12 月
1 日	4.25	5.26	6.23	7.24	8.23	9.23	10.23	11.23	12.24	1.23	2.23	3.25
2 日	4.26	5.27	6.24	7.25	8.24	9.24	10.24	11.24	12.25	1.24	2.24	3.26
3 日	4.27	5.28	6.25	7.26	8.25	9.25	10.25	11.25	12.26	1.25	2.25	3.27
4 日	4.28	5.29	6.26	7.27	8.26	9.26	10.26	11.26	12.27	1.26	2.26	3.28
5 日	4.29	5.3	6.27	7.28	8.27	9.27	10.27	11.27	12.28	1.27	2.27	3.29
6 日	4.3	5.31	6.28	7.29	8.28	9.28	10.28	11.28	12.29	1.28	2.28	3.3
7 日	5.1	6.1	6.29	7.3	8.29	9.29	10.29	11.29	12.3	1.29	3.1	3.31
8 日	5.2	6.2	6.3	7.31	8.3	9.3	10.3	11.3	12.31	1.3	3.2	4.1
9 日	5.3	6.3	7.1	8.1	8.31	10.1	10.31	12.1	1.1	1.31	3.3	4.2
10 日	5.4	6.4	7.2	8.2	9.1	10.2	11.1	12.2	1.2	2.1	3.4	4.3
11 日	5.5	6.5	7.3	8.3	9.2	10.3	11.2	12.3	1.3	2.2	3.5	4.4
12 日	5.6	6.6	7.4	8.4	9.3	10.4	11.3	12.4	1.4	2.3	3.6	4.5
13 日	5.7	6.7	7.5	8.5	9.4	10.5	11.4	12.5	1.5	2.4	3.7	4.6
14 日	5.8	6.8	7.6	8.6	9.5	10.6	11.5	12.6	1.6	2.5	3.8	4.7
15 日	5.9	6.9	7.7	8.7	9.6	10.7	11.6	12.7	1.7	2.6	3.9	4.8
16 日	5.1	6.1	7.8	8.8	9.7	10.8	11.7	12.8	1.8	2.7	3.1	4.9
17 日	5.11	6.11	7.9	8.9	9.8	10.9	11.8	12.9	1.9	2.8	3.11	4.1
18 日	5.12	6.12	7.1	8.1	9.9	10.1	11.9	12.1	1.1	2.9	3.12	4.11
19 日	5.13	6.13	7.11	8.11	9.1	10.11	11.1	12.11	1.11	2.1	3.13	4.12

续表 4-3

时间	1月	2月	3月	4月	5月	6月	7月	8月	9月	10月	11月	12月
20日	5.14	6.14	7.12	8.12	9.11	10.12	11.11	12.12	1.12	2.11	3.14	4.13
21日	5.15	6.15	7.13	8.13	9.12	10.13	11.12	12.13	1.13	2.12	3.15	4.14
22日	5.16	6.16	7.14	8.14	9.13	10.14	11.13	12.14	1.14	2.13	3.16	4.15
23日	5.17	6.17	7.15	8.15	9.14	10.15	11.14	12.15	1.15	2.14	3.17	4.16
24日	5.18	6.187	.16	8.16	9.15	10.16	11.15	12.16	1.16	2.15	3.18	4.17
25日	5.19	6.19	7.17	8.17	9.16	10.17	11.16	12.17	1.17	2.16	3.19	4.18
26日	5.2	6.2	7.18	8.18	9.17	10.18	11.17	12.18	1.18	2.17	3.2	4.19
27日	5.21	6.21	7.19	8.19	9.18	10.19	11.18	12.19	1.19	2.18	3.21	4.2
28日	5.22	6.22	7.2	8.2	9.19	10.2	11.19	12.2	1.2	2.19	3.22	4.21
29日	5.23		7.21	8.21	9.2	10.21	11.2	12.21	1.21	2.2	3.23	4.22
30日	5.24		7.22	8.22	9.21	10.22	11.21	12.22	1.22	2.21	3.24	4.23
31日	5.25		7.23		9.22		11.22	12.23		2.22		4.24

实训报告：填写预产期推算结果表(表 4-4)。

表 4-4　预产期推算结果表

栋栏号	母猪品种	母猪耳号	配种日期	方法		结果
				公式法	查表法	

考核标准：

考核项目	分值比例	考核要点	等级分值					备注
			A	B	C	D	E	
态度	10	端正						考核项目和考核标准可根据具体情况进行调整
公式法	40	运用公式法计算						
查表法	40	运用预产期查表法						
实训报告	10	填写标准，内容翔实，字迹工整，记录准确						

(二)分娩

分娩,特指胎儿脱离母体成为独立存在的个体的这段时期和过程。分娩的全过程共分为3个时期,也称为3个产程。第一产程,即宫颈开口期。第二产程,即胎儿排出期。第三产程,即胎衣排出期。

1.宫颈开口期

宫颈开口期是指从子宫开始阵缩起,到子宫颈口完全开张,与阴道的界线消失为止。这一阶段的特点是只有阵缩,即子宫间歇性的收缩。开始收缩的频率低,间隔时间长,持续收缩的时间和强度低;随后收缩频率加快,收缩的强度和持续的时间增加,到最后每隔几分钟即收缩一次。初产母畜表现不安、起卧频繁、食欲减退等;经产者表现不明显。

2.胎儿排出期

胎儿排出期是指从子宫颈口完全开张到胎儿排出为止。这段时间由阵缩和努责共同发生作用。努责是指膈肌和腹肌的反射性和随意性收缩,一般在胎膜进入产道后才出现,是排出胎儿的主要动力,它比阵缩出现晚,停止早(图4-4)。产畜烦躁不安,呼吸和脉搏加快,最后侧卧,四肢伸直,强烈努责。

3.胎衣排出期

胎衣排出期是指从胎儿排出后到胎衣完全排出为止。胎儿排出后,母畜稍加安静,几分钟后子宫恢复阵缩,但收缩的频率和强度都比较弱,有时伴有轻微的努责将胎衣排出。

临近预产期要注意观察母猪的行为活动,准确根据母猪临产前征兆,判断具体分娩时间。提前准备好接产所需各种物品(爽身粉、胎衣桶、碘酒等),打开保温灯。

观察临产征兆:母猪产前2 h倒数第二对乳头开始有奶水(图4-5),产前30 min破羊水,产前几秒钟母猪甩尾,腹压增强。

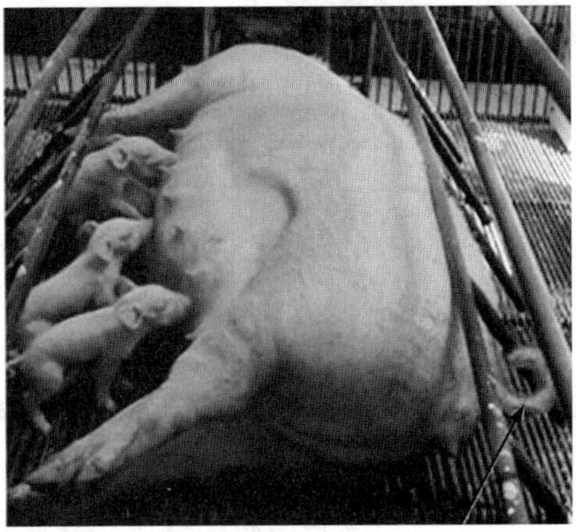

图4-4　母猪努责

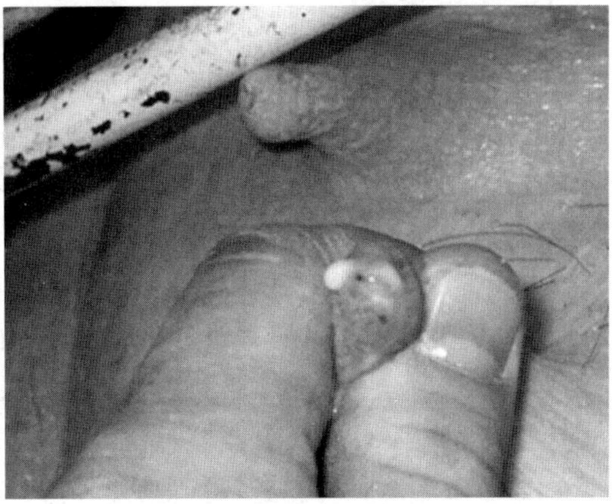

图4-5　倒数第二对乳房泌乳

在分娩过程中持续观察,至少每30 min观察一次,并把观察信息填写在分娩观察卡上(图4-6)。分娩观察的目的是找出母猪不正常的行为,例如有努责但无仔猪出生,母猪狂躁,俯卧拒哺乳等。若有这些征兆,根据分娩观察卡上的信息决定是否需要赶起母猪调整身位或掏产。判断分娩是否结束。

①外在表现。如果母猪安静看护仔猪，并再次进食，无努责表现，侧卧放乳时有轻微鼾声，表明母猪分娩结束。

②根据排胎衣情况判断母猪是否分娩结束。

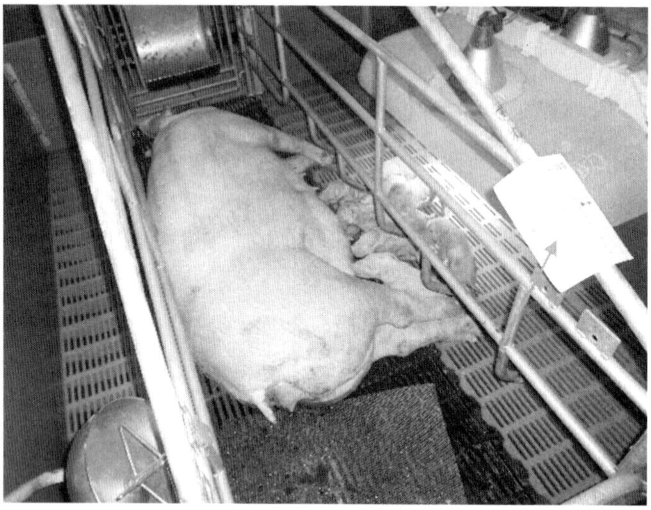

图 4-6 母猪分娩观察卡

(三)接产

接产作为养殖场产房的一项重要工作，是提高母畜生产效率的关键，接产技术的好坏，直接决定了产仔数的多少，决定着一个养殖场的生产效益。

二维码 4-8 产前准备

1.消毒工作

从事养猪生产最大的问题之一是仔猪疾病难以控制。新生仔猪对各种病毒、细菌非常敏感，这些病毒、细菌的来源和传播途径主要有两个：一是污染的产房内固有的病原菌；二是由母体带入产房的病原菌。为切断这些传播途径，保证仔猪健康，必须事先进行彻底有效的消毒。具体方法如下。

(1)产房消毒　母猪进产房前 1 周，应彻底清扫产房和产床，用高压水冲洗产床、地面和墙壁。使用高床漏缝地板的产房，必须将漏缝地板掀开，冲洗底板及粪沟并进行漏缝地板的正反面冲洗，以及猪床栏栅的冲洗，达到表面看不到污物。晾干后，以甲醛熏蒸消毒，或用 2%～3%火碱水进行全舍喷雾消毒，经 12 h 干燥后再用高压水冲洗，干燥后方可进猪。若能用火焰再消毒一次，效果更好。从空栏冲洗开始至进猪时间不能少于 7 d。

(2)猪体消毒　母猪进产房前必须对其全身进行消毒。方法是在妊娠舍通往分娩舍的适当地点设一固定的母猪消毒间，冬天用温水、夏天用冷水先清洗母猪全身，然后用百毒杀或来苏儿进行猪体消毒，尤其应注意对母猪外阴部和乳房的消毒。冬季约 0.5 h 彻底晾干后经专用转猪道转入产房。另外，将母猪转入分娩舍应在饲喂前(空腹)进行，预先在分娩栏饲槽内投放饲料，母猪进栏后即可吃料，这样可减少新环境对母猪的应激。

2. 保暖工作

仔猪抗寒能力很弱，特别是在冬季。因此，必须对仔猪进行保暖。保暖设备有许多种，可根据具体条件选用。常用的有红外线灯、温水循环和电加热板等方法。红外线灯的吊灯高度为 45 cm，设备简单，除有保温效果外，还有预防和治疗皮肤病的作用；缺点是多使用 175～250 W 灯泡，调温困难，冬季容易灼伤仔猪皮肤。温水循环法适用于集约化大型猪场，其优点是床面干燥卫生，仔猪腹部也可得到保温，有助于猪的生理代谢，可预防下痢，增强内脏功能；缺点是投资较大。

二维码 4-9　产房保暖

3. 接产准备

接产前要准备好一切接产必备用具（手术剪、结扎绳、针线、尖嘴钳）和消毒药品（3%碘酊、来苏儿、青霉素、催产素等）。此外，还要准备一些辅助用具：记录卡、耳号钳、毛巾、水桶、水盆、秤、钟表、记录笔及应急照明用具等。地面饲养的猪还需要准备垫草，垫草要求干燥、柔软、清洁、长短适中（10～15 cm）。此外，接产员在接产前，除了对接产用品进行消毒，还要把手上的指甲剪短、锉光，用肥皂水或消毒水洗净。当预产期已到，母猪最后一对乳头能挤出乳汁，说明在 2～3 h 内即将分娩。那么，接产人员就应准备接下来的接产工作。接产操作参照技能操作——接产。

技能操作

接　　产

目的要求：掌握接产环节，学会接产技术。

实训内容：接产技术。

实训条件：根据需要准备高床网上产仔栏、仔猪箱、擦布、剪刀、耳号钳或耳标器和耳标、剪牙器或偏嘴钳、断尾器、记录表格、5%碘酊、0.1%～0.2%高锰酸钾溶液或 0.1%～0.2%氯己定溶液或 0.1%～0.2%过氧乙酸溶液、注射器、3%～5%来苏儿、医用纱布、催产素、肥皂、毛巾、面盆、应急灯具、活动隔栏、计量器具（称）、液状石蜡等。北方寒冷季节室内温度达不到 15～22 ℃时应准备垫料、250 W 红外线灯或电热板等。

实训方法：当母猪安稳地侧卧后，发现母猪阴道内有羊水流出，母猪阵缩频率加快且持续时间变长，并伴有努责时，接产人员应进入分娩栏内。若在高床网上分娩应打开后门，接产人员应蹲在或站立在母猪臀后，将母猪外阴、乳房和后躯用 0.1%～0.2%高锰酸钾溶液或 0.1%～0.2%氯己定溶液或 0.1%～0.2%过氧乙酸溶液擦洗消毒，然后等待接产。母猪经多次阵缩和努责，臀部上下抖动，尾巴翘起，四肢挺直，屏住呼吸时将有仔猪产出。接产人员一只手抓住仔猪的头颈部，另一只手的拇指和食指用擦布立即将其口腔内黏液抠出，并擦净口鼻周围的黏液，防止仔猪将黏液吸入气管而引起咳嗽或异物性气管炎，上述操作在生产中称为抠膜。紧接着用擦布将仔猪周身擦干净,既卫生又能防止水分蒸发带走热量引起仔猪感冒,这一过程称为擦身。下一步要进行断脐。接产者一只手抓住仔猪的肩背部,用另一只手的大拇指将脐带距离脐根部 4～5 cm 处捏压在食指的中间节上,利用大拇指指甲将脐带掐断,并涂上 5%的碘酊,如果脐带内有血液流出,应用手指捏 1 min 左右,然后再涂一次 5%的碘酊。上述处理完毕,根据本猪场的免疫程序进行下一步安排。不进行超前免疫的猪场,应将初生仔猪送到经 0.1%～0.2%高锰酸钾溶液或 0.1%～0.2%氯己定溶液擦洗消毒后,再经清水擦洗的乳房旁吃初乳,吃初乳前应挤出头几滴初乳弃掉,防止初生仔猪食入乳头管内的脏东西。上述所有操作完毕,母猪将产出第二个仔猪,接产人员应重复之前的操作进行接产。如果本地区猪瘟流行,应对初生仔猪实行超前免疫,具体做法是仔猪出生后不立即吃初乳,而是集中放在仔猪箱内,待全部产仔结束,立即稀释猪瘟弱毒苗,在最短时间内完成全窝仔猪免疫(1 h 内),夏季要将稀释的猪瘟疫苗溶液衬冰使用,防止猪瘟疫苗效价降低,一般进行 2 倍量免疫接种,2 h 后吃初乳。待全窝仔猪全部产完,一起称重,编号并做好记录。

接产完毕将分娩圈栏打扫干净。使用 35～38 ℃的 0.1%～0.2%高锰酸钾溶液或 0.1%～0.2%氯己定溶液或 0.1%～0.2%过氧乙酸溶液将母猪、地面、圈栏等进行擦洗消毒,如有垫草应重新铺上,一切恢复如产前状态。接产人员用 3%来苏儿洗手后,再用清水净手。

实训报告:记录仔猪接产方法和体会。

考核标准:

考核项目	分值比例	考核要点	等级分值					备注
			A	B	C	D	E	
态度	10	端正						考核项目和考核标准可根据具体情况进行调整
接产前准备	40	接产前准备完善						
操作方法	40	接产方法正确						
实训报告	10	填写标准,内容翔实,字迹工整,记录准确						

(四)假死仔猪急救

新生仔猪假死,又称为新生仔猪窒息。其主要特征是新出生的仔猪出现呼吸障碍或没有明显呼吸,而只有微弱的脉搏。不要慌张,更不要将此仔猪抛弃,只要采用适当方法就可救治绝大部分假死仔猪,从而减轻经济损失,提高经济效益。

1.假死现象及判断方法

假死仔猪通常表现出全身发软、张口抽气、停止呼吸的症状,但是仔猪心脏仍然跳动,用手指轻压脐带根部感觉动脉仍在跳动。通常出现这种症状的仔猪多为假死。如何确定仔猪是否假死还可通过其他表现判断,假死仔猪与初生正常仔猪的体况大小一致,同时仔猪的皮肤颜色正常,皮肤富有弹性,初生仔猪没有出现体温下降的情况,体表温度与正常仔猪相同,用手紧贴仔猪左腹壁仍能感觉到心跳,眼观仔猪脐带根部的动脉仍在跳动的情况即可判定为假死仔猪。

2.假死原因

仔猪假死的原因通常是由于母猪在生产中子宫痉挛收缩导致胎盘血液循环减少甚至停止，造成仔猪胎儿的短时间供氧不足；母猪生产产程过长造成脐带断裂后仔猪在子宫或产道存留的时间过长，导致仔猪吸入羊水；以及仔猪在子宫或产道被胎衣蒙住口鼻，呼吸困难的情况均有可能导致仔猪假死。

3.假死仔猪急救措施

一擦：在母猪分娩前，管理人员要准备好柔软、干燥的抹布，仔猪出生后用抹布及时擦净仔猪身上、口腔、鼻腔的黏液，尤其是在假死现象出现时，更要及时清除口腔、鼻腔中的黏液和异物，使仔猪的呼吸道畅通，为仔猪正常呼吸做好准备。

二拍：在清除口腔、鼻腔中的黏液异物、呼吸道畅通的情况下，术者左手倒提仔猪的两后肢，右手轻拍仔猪的后背部，频率约为 2 s 1 次，拍打时应先轻后重。通过拍打刺激，一方面有利于进一步清理呼吸道中的黏液和异物，另一方面可诱发呼吸反射。

三压：仔猪仰卧，术者双手分别握住假死仔猪两前肢，同时向胸腹部按压，再同时向两侧分开，分开的幅度不宜过大，避免伤害肩关节，一张一合有节奏地轻轻挤压胸部，帮助恢复呼吸功能。也可以一只手托其肩背部，另一只手托其臀部，一伸一屈反复进行按压，频率一般控制在 30 次/min。

四激：在夏季，可突然用冷水喷击仔猪头部，春秋季节可用酒精喷入假死仔猪的鼻腔，刺激鼻腔黏膜感受器，或针刺仔猪人中、蹄头、耳尖及尾根等处，都有刺激呼吸的作用。假死发生在冬季，应立即将假死仔猪置于温暖的产仔箱内，也可将其突然放入 40 ℃左右的温水里，术者抓住仔猪头颈部，保持头部露出水面，浸泡 2～3 min，在温水的刺激下，假死仔猪易被救活。

五温：对仔猪进行温浴救治仔猪假死的方法适用于因母猪生产中受凉而造成假死的仔猪，操作方法是将假死仔猪迅速放入 35 ℃的温水中，让仔猪的头露在外面并对其不断进行摆动，逐步将温浴的水温提高到 38～40 ℃，对仔猪进行温浴后，擦干仔猪的体表避免再次受凉，这样可改善仔猪的呼吸状况及仔猪体内的血液循环。这种方法比较适合寒冷季节母猪产仔后的仔猪假死，没有副作用，效果良好。

二维码 4-10　假死仔猪急救方法

技能操作

假死仔猪急救

目的要求：学会假死仔猪常用的急救方法。

实训内容：假死仔猪急救方法。

实训条件：假死仔猪、擦布、纱布。

实训方法：假死仔猪是指出生时没有呼吸或呼吸微弱，但心脏仍在跳动的仔猪。遇到这种情况应立即抢救。

1.人工呼吸

抢救者首先用擦布抠出假死仔猪口腔内的黏液，同时将仔猪口鼻周围擦干净。然后用一只手抓握住假死仔猪的头颈部，使仔猪口鼻对着抢救者，用另一只手将4～5层的医用纱布盖在假死仔猪的口鼻上，抢救者可以隔着纱布向假死仔猪的口内或鼻腔内吹气，并用手按摩胸部。当假死仔猪出现呼吸迹象时，即可停止人工呼吸。

2.倒提拍打法

假死仔猪抠完黏液后，立即用一只手将仔猪后腿提起，然后另一只手稍用力拍打假死仔猪的臀部，发现假死仔猪躯体抖动，有吸气迹象，说明呼吸中枢启动，假死仔猪已抢救过来。

3.刺激胸肋法

首先将假死仔猪口腔内及口鼻周围黏液抠出擦净，然后抢救者用两膝盖将假死仔猪后躯夹住固定，使假死仔猪与抢救者同向，用擦布用力上下快速搓擦假死仔猪的胸肋部，当发现假死仔猪有哼叫声时，说明抢救成功。

经抢救过来的仔猪，同样要进行擦身、断脐、吃初乳等一系列操作。

实训报告：记录假死仔猪急救方法及结果。

考核标准：

考核项目	分值比例	考核要点	等级分值					备注
			A	B	C	D	E	
态度	10	端正						考核项目和考核标准可根据具体情况进行调整
假死仔猪概念	40	能够准确说出假死仔猪概念						
操作方法	40	学会假死仔猪急救常用的方法						
实训报告	10	填写标准，内容翔实，字迹工整，记录准确						

(五)母猪的产后护理要点

母猪产后护理技术的应用主要是针对产后母猪的健康、环境、饲喂、疾病预防等方面开展的，以此全面保障猪场母猪的健康，使其保持良好的生产能力，不仅可以维护仔猪的健康生长，还能够保障猪场的规模化发展以及可持续发展。

①产后母猪的检查。养殖户需要对产后的母猪进行检查，包括胎盘是否排出、奶水是否充足、乳房情况是否良好、产道损伤是否严重等。如果胎盘没有及时排出可以注射一些催产素；奶水不足则需要使用合适的药物进行催奶；乳房如果有红肿的情况要及时治疗；产道损伤严重的也需要进行治疗，避免病原菌侵蚀伤口造成感染。

②环境管理。产后母猪在生理上会发生较多的变化，自身的抵抗力会变弱，因此养殖户需要注意环境管理，为母猪营造一个良好的产后恢复环境。一是要做好卫生工作，养殖户要及时清理胎衣，换上干净的垫草，并使用温肥皂水擦拭母猪的阴部以及后躯进行消毒；二是要保持

产房的空气清新，做好通风工作，并进行消毒，及时清理产房中的粪便等污物；三是要保证猪舍内干燥温暖，温度一般控制在20～23 ℃最为合适，温度过高或者过低都会影响母猪的进食、奶水分泌等，有条件的猪场可以借助信息设备维持产房内温度、湿度的恒定；四是要保持圈舍环境的安静，避免噪声过大使母猪受到惊吓。

③帮助母猪恢复体力。母猪在分娩时会消耗大量的体液和体力，生产后更是会因为缺少进食而处于较为虚弱的状态，因此还需要及时帮助母猪恢复体力。母猪容易出现口渴、疲劳的情况，因此应该对所需物质进行快速补充，这样既能使母猪体内的水分得到快速补充，还可以为仔猪哺乳做好准备。一般使用温热电解质多维水或1%的盐水供其饮用，如果是人工辅助生产的母猪还应该使用葡萄糖、盐水、B族维生素注射液等使其尽快恢复体质。需要注意的是，母猪产后即使体弱也要运动，产后3 d就可以将其赶出圈舍做适量运动，使其尽快恢复体质。

④饲喂管理。产后母猪在分娩时会耗费大量的精力，因此产后会处于较虚弱的状态，消化机能也会因此受到影响，因此养殖户还需要做好饲喂管理，避免产后母猪出现代谢障碍问题。一般产后母猪在6～8 h内不需要喂食，避免母猪暴饮暴食增大消化药理，之后需要严格控制饲料的量，避免刺激母猪的肠道，因此可以喂食一些易消化又能补充能量的谷物类饲料，并在2 d后恢复正常的饲喂量。需要注意的是，部分母猪因自身体质原因有可能出现消化不良的情况，因此可以根据实际情况控制饲喂量。除此以外，通过在哺乳料中添加葡萄糖溶液、优质鱼粉和抗菌药物等方法，消除母猪消化器官存在负担过重的问题，最终使母猪产后尽快得到恢复。

(六)母猪难产原因

不同母猪品种的生产机能和产道大小存在很大差异性，通常外来高产母猪比本地母猪品种难产发生概率高，这主要是因为外来母猪的生殖机能相对较强，每胎仔猪数量较多，在生产过程中，如果胎儿过大会出现难产症状。此外，养殖户在繁殖母猪选择过程中没有考虑母猪的生殖特征，造成产道过于狭小，尤其是初次生产的母猪由于产道狭小引发难产的发病概率极大增加。另外，初次配种的母猪如果没有达到体成熟，在整个妊娠阶段如果骨骼发育不完全，分娩过程中即便是子宫强烈收缩，胎儿也不能正常排出。概括起来，引起母猪难产的原因主要有以下4点。

1.分娩时无力

分娩时无力一般是由饲养管理不当引起的，例如饲料原料质量较差、饲喂搭配不合理、饲喂量过低或过剩，母猪体况过于消瘦或肥胖，致使母猪分娩时子宫沉积过多的脂肪而收缩无力，或者体质过差而腹部肌肉收缩减弱，进而造成胎儿无法从产道顺利产出。

同时母猪年龄太大，常年繁育仔猪，会引起子宫收缩乏力和分娩无力情况，这也是高龄母猪容易发生难产的主要原因。另外在母猪怀孕期间，生活环境较差或感染其他疾病，会使母猪体质变差或营养不良等，这样在分娩过程中也会发生分娩无力的风险，进而发生难产问题。母猪配种后一直生活在空间较小的环境中，长期缺乏运动，致使体质下降，也会造成分娩力不足。

炎热夏季圈舍温度较高的情况下，母猪体内热量难以及时排出，只能通过张口呼吸散发热量，进而消耗大量的体能，这样在分娩时，也容易引起分娩无力的发生。在寒冷的冬季圈舍温度过低，母猪摄入的能量还要用于维持正常体温，并且为了尽量减少热量散失，会将身体蜷缩在一起,也会影响分娩时肌肉收缩,出现难产现象。

2.产道狭窄

产道狭窄通常是指骨盆狭窄,大多是因为初产母猪过早配种引起的,由于母猪在没有完全性成熟前进行配种,此时骨盆发育不完善,进而怀孕期后虽然能够继续生长,但是在分娩时往往骨盆口较小,胎儿无法正常从骨盆口出来。有的在母猪怀孕期滑倒,引起骨盆骨折或骨裂,在骨盆愈合后也容易引起骨盆变性或狭窄,造成胎儿无法顺利产出。另外有的母猪自身发育不良,还会出现阴道狭窄或子宫颈狭窄,胎儿也无法从产道排出来。

3.胎儿异常

如果在母猪怀孕期饲料营养水平较高,或者饲喂量较多,促使母猪生长发育过于肥胖,腹中胎儿生长迅速,胎儿个体过大,这样在分娩时会难以顺利从产道排出,引起难产。在胎儿发育过程中,因营养不良、鞭打、呵斥、应激等因素,引起胎儿发育畸形或发生死胎现象,这样胎儿过于肿大也无法从产道顺利排出。另外胎儿在产道内姿势不正确时会给顺利生产带来障碍。

4.应激因素

在母猪妊娠期,经常会发生突然更换饲料、环境温度变化较大、转群等应激情况,这样会严重影响母猪体质,甚至继发感染各种疾病,致使母猪分娩时体力不支,子宫或腹部肌肉收缩无力,胎儿难以从子宫中顺利产出。同时在母猪分娩过程中,有的初产或者胆小母猪,遇到环境噪声、陌生人员出入、光照强烈等异常情况,会躺卧不安、无法有规律地进行子宫和腹部肌肉收缩,进而也会发生难产问题。

(七)防止母猪难产的应对措施

1.选择优质母猪,适时配种

在选择后备母猪时需要具备以下条件:体格健壮、生长速度快、膘情适中、体型匀称、外阴不上翘、阴户适中等,这样的母猪一般体质强壮、抗病力和繁殖能力较强,不容易发生难产。切忌选用有生理缺陷的母猪,给分娩时带来极大隐患。

不同品种的母猪配种时的体重和年龄不同,根据不同的品种来安排后备母猪适时配种,一般要求母猪在第2～3个发情期或体重达到130 kg后才安排配种任务,技术人员应对后备母猪的发育情况做到心中有数,随时观察母猪发情征兆,及时抓住配种时机,不仅可以提高母猪受精率和受胎率,还可以有效避免初产母猪发生难产情况,进而提高母猪繁殖力和利用率。因为过早配种极易引起骨盆发育不良而造成难产问题。

2.及时淘汰高龄、弱残母猪

母猪繁殖超过8胎以上时,自身体力和肌肉收缩能力都有所减退,并且繁殖力也明显降低,所以应将这些高龄母猪进行淘汰,提高猪群的繁殖力和生产水平。同时母猪体质瘦弱或发生疾病、受到伤害后,也需要立即进行淘汰处理,否则会成为疾病的传染源,使疾病进一步扩散蔓延,而且体质较差的母猪在分娩时,常常会因为分娩无力发生难产现象,严重时会危及母猪的生命安全。

3.提高饲喂水平

根据母猪不同生长阶段来配制饲料配方和确定饲喂量,一方面可避免营养不良引起的体况较差、母猪分娩无力、胎儿发育不良等情况；另一方面可防止营养过剩造成的母猪体况肥胖，子宫和腹部沉积脂肪过多，致使分娩时子宫收缩减缓而发生难产。根据母猪体况合理饲喂，确保母猪体况适中，进而为母猪的顺利分娩奠定基础。在母猪分娩前需要减少饲喂量，否则肠道内蓄积大量的粪便容易发生便秘，对产道形成挤压作用，进而影响胎儿的正常排出。同时供给充足的清洁饮水，有利于母猪维持健康体况，并防止发生便秘现象。

4.适当增加母猪活动量

适当增加母猪运动，是生产中减少难产发生最简单最实际的方法。一般母猪配种后会饲养在限位栏内，往往会因缺乏运动而发生分娩无力现象。建议在后备母猪配种前一直饲养在面积适宜的大栏内，一般每 5～6 头猪为一个小群体。试验证明，采用这种饲养方式，能够降低 10%～20%的难产率，如果各个方面管理得当，几乎不会发生难产现象。由此可见适当增加母猪活动量，对于增强体质和减少难产发生非常有效。

5.改善猪舍环境

在炎热夏季或寒冷冬季都容易发生母猪难产，尤其在外界温度超过 30 ℃时，初产母猪和高龄母猪非常容易发生难产，这种情况下母猪消耗体力过多，促使整个产程延长，进而发生难产现象。同时母猪在分娩时如果圈舍声音嘈杂、人员出入频繁也不利于母猪安心分娩，容易引起难产发生。所以建议给母猪创造一个安静舒适的生活环境，为母猪顺利分娩创造条件。

6.做好分娩护理工作

配种技术员应认真记录母猪配种时间，一般母猪怀孕期为 114 d，在分娩前需要提前将母猪转入产仔舍，安排细心的管理人员进行精心护理，对于分娩前 2 d 的母猪需要全天观察和护理，减少饲喂料量，供给清洁充足的饮水，准备好消毒处理的助产器具，随时准备接生和助产。在母猪分娩过程中需要正确判断母猪是否发生难产，一些经验不丰富的饲养人员，在母猪产下 1～2 头仔猪后，过了好长时间还没有接着生产，就认为母猪发生了难产，立即给母猪注射缩宫素或用手助产，这样极易造成仔猪死亡。这是因为注射缩宫素后，子宫收缩厉害，会将即将分娩的仔猪脐带扯断，致使仔猪缺氧，发生死亡。建议在母猪发生难产时，先将母猪从栏内赶出并适当活动 10 min，再赶回栏内接着分娩，这样做有利于促使腹中胎儿姿势发生变化，顺利分娩。如果活动后还没有效果再注射催产素或采取人工助产措施。

任务二　后备母猪的饲养管理

一、后备母猪的饲养

(一)适宜的营养水平

后备母猪日粮应均衡、全面、多元化，以保证母猪能摄取足够的营养。另外，后备母猪应注意蛋白质、维生素、矿物质等的补充，保证充足的维生素和微量元素摄入，从而提高后备母猪的代谢性能，减少后备母猪体况发育不良等问题。矿物元素中的钙磷比例可直接影响后备母猪的生长速度和增重。后备母猪对维生素的需求高于育肥猪,因此应及时补充维生素A、维生素E、维生素D、胆碱等。应注意不能饲喂育肥料。后备母猪的能量和氨基酸摄入量应低于育肥猪,防止过于肥胖。

(二)科学饲养方法

根据后备母猪体重进行分阶段饲养,体重小于60 kg时可自由采食,体重高于60 kg时需进行限饲,体重60～80 kg每日饲喂量不得高于2 kg,体重90～100 kg每日饲喂量为2.2～2.5 kg,体重100～120 kg每日饲喂量为2.5～2.8 kg,体重130～140 kg每日饲喂量为2.8～3.0 kg。

后备母猪在配种前15 d应提高20%的饲喂量,以促进排卵,提高受孕率。另外,有条件的繁育母猪场可以适当饲喂青粗饲料,促进后备母猪对营养物质的消化吸收。

二、后备母猪的管理

(一)分群饲养

为保证后备母猪均匀度,应根据母猪体重进行分群饲养。选择体重相近的猪一起饲养,保证猪群体重差异最小,降低彼此的竞争,实现饲料、饮水的合理分配。另外,猪群饲养密度通常为1.8 m^2/只。保证母猪有充足的活动空间。随着体重的增加,每栏饲养量应逐渐降低。

(二)环境管理

1.对猪舍内温度进行合理调整,以减少猪群环境应激

母猪适宜生长温度为20 ℃左右。夏季后备母猪舍内应做好防暑降温工作,减少热应激对机体的损害。通常选用喷淋设备给母猪降温。冬季做好母猪舍内保暖工作,关闭门窗,防止冷风进入。室内采用加温设备,提高温度。另外,冬季应做好通风换气工作,降低室内有害气体的堆积,提高室内空气质量,保持环境干燥,减少致病菌繁殖。室内湿度通常保持在60%～80%,湿度过大会引发多种疾病。

2.做好母猪舍环境卫生工作

工作人员应从仔猪开始通过称重、清圈、抚摸等方式接近后备母猪,训练其养成定位排便、采食和休息的习惯,便于保持环境卫生。

3.适量运动

后备母猪可通过适量的运动增加骨密度,提高免疫力,减少疾病的发生。冬季由于昼短夜长,母猪应额外补充光照。

4.免疫接种

需对后备母猪进行多次免疫接种,以保证其获得足够的抗体。根据母猪日龄安排接种工作。母猪第2次发情前应完成所有疫苗的接种工作。主要接种伪狂犬病疫苗、乙型脑炎疫苗、细小病毒病疫苗、猪瘟疫苗等,每种疫苗接种需间隔1周。同种疫苗在首次接种半月后可进行第2次接种。

5.后备母猪的初配年龄和体重

后备母猪生长发育到一定年龄和体重，便有了性行为和性功能，称为性成熟。后备母猪性成熟后虽具备了繁殖能力，但猪体各组织器官还远未发育完善，如过早配种，不仅影响第一胎的繁殖成绩，还将影响猪体自身的生长发育，进而影响以后各胎的繁殖成绩，并且缩短利用年限。但也不宜配种过晚，配种过晚，体重过大，会增加后备母猪发生肥胖的概率，同时也会增加后备母猪的培育费用。

后备母猪适宜的初配年龄和体重因品种和饲养管理条件不同而异。一般来说，早熟的地方品种出生后 5～6 月龄、体重 50～60 kg、有 2 次正常的发情表现即可配种；引入品种应在 7.5～8 月龄、体重 120～130 kg、有 2 次正常的发情表现后，进行配种利用。如果月龄达到初配时期而体重较小，最好适当推迟初配年龄；如果体重达到初配体重要求，但月龄尚小，最好通过调整饲粮营养水平和饲喂量来控制体重，待月龄达到要求再进行配种。最理想的是使年龄、体重、发情表现同时达到初配的要求。

三、后备母猪的选育

后备母猪具有优良的繁殖性能，且能有效提高后代的生产性能。另外，后备母猪作为繁殖母猪的补充，是繁殖的后备主力。优良的后备母猪能大大延长使用年限，减少更新损耗。要获得优良的繁殖母猪，需从后备母猪的培育开始。为使繁殖母猪群持续地保持较高的生产水平，每年都要淘汰部分年老体弱、繁殖性能低以及有其他机能障碍的母猪，同时需要补充后备母猪，从而保证繁殖母猪群的规模并形成以青壮龄为主体的理想猪群结构。因此，后备母猪的选择和培育是提高猪群生产水平的重要环节。

知识拓展

后备母猪的选育标准

后备母猪的选育标准如下：母猪不仅对后代仔猪有一半的遗传影响，而且对后代胚胎期和哺乳期的生长发育有重要影响，还影响后代仔猪的生产成本（在其他性能相同的情况下，产仔数、育成率高的母猪所产仔猪相对生产成本低）。后备母猪的选择应考虑以下要点。

1.体质外形好

后备母猪应体质健壮，无遗传疾患，并应审查确定其祖先或同胞亦无遗传疾患。体形外貌具有该品种的典型特征，如毛色、头型、耳型、体形等，特别应强调的是应有足够的乳头（图 4-7），且乳头排列整齐，无瞎乳头和副乳头。

2.繁殖性能高

繁殖性能是后备母猪非常重要的性状。后备母猪应选自产仔数多、哺育率高、断乳体重大的高产母猪的后代。同时应具有良好的外生殖器官，如阴户发育较好，配种前有正常的发情周期，而且发情征候明显等。

3.后备母猪选择

应挑选生长发育速度快、饲料利用率高、机体健康的母猪。另外，还需注意生殖器官的发育状况，阴户发育正常（图 4-8），选择器官发育良好，有足够乳头数量且排列整齐的母猪。一般在高产母猪后代中挑选。

4.通过系谱查询母猪来源，了解其父母代生产性能

将产仔数多、仔猪发病率低、成活率高、生长速度快的母猪所产的仔猪作为优选后备母猪。

5.了解疾病状况

在购入或选留后备母猪时要对母猪进行严格的疾病检测，防止后备母猪患病，造成养猪场经济损失。

6.后备母猪的选择需分阶段进行，以便及时淘汰不符合要求的母猪

第 1 次选留在母猪 2 月龄，主要依据父母代的性能选择，该阶段选留数量一般为后备母猪需求量的 2～3 倍。第 2 次选留在 4 月龄时进行，主要淘汰生长发育迟缓、体质差、生殖器官发育畸形的母猪。第 3 次选留在 6 月龄时进行，根据生长发育情况进行选择，将发育差的母猪淘汰。第 4 次选留应在初配时进行，淘汰发情不规律、屡配不孕的母猪。

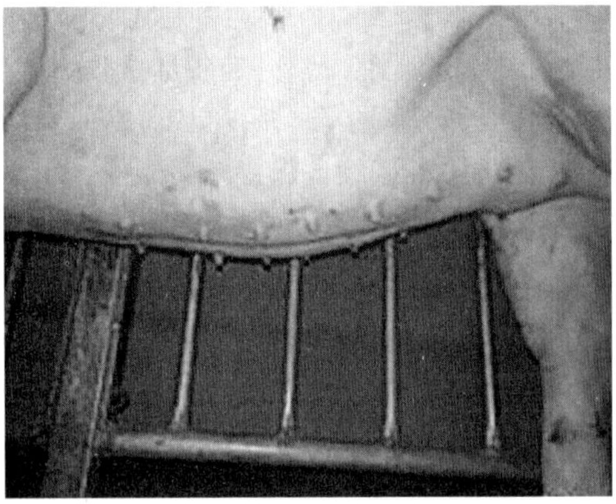

图 4-7 有效乳头

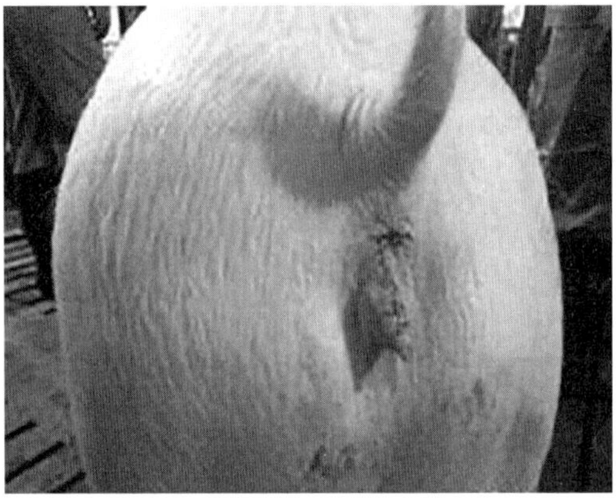

图 4-8 阴户发育正常

任务三 空怀母猪的饲养管理

养猪生产中常把经产母猪从仔猪断奶到下次配种这段时间，称为空怀期，此阶段的母猪通常称为空怀母猪（包括断奶母猪、流产母猪、返情母猪、长期不发情母猪）。而广义上讲，空怀母猪还包括已达到配种年龄，尚未配上种的后备母猪。处于该阶段的母猪，因经过 21～35 d 的哺乳，体内营养物质消耗较大，多数母猪发情较差，如不及时复膘，发情将会推迟或发情微弱，甚至不发情，发情排卵数较少，卵子发育也不健全，因此应加强母猪营养，使母猪迅速增膘复壮，能正常发情、排卵，并能及时配种受孕。

本阶段饲养管理的任务和目标是通过科学的饲养管理保证母猪正常的种用体况，提高发情配种比例，缩短母猪空怀的时间，开始下一个繁殖周期。在养猪生产中合理饲养空怀母猪的目标：一是要通过科学的饲养管理使母猪断奶后早发情多排卵，减少返情，以确保年产胎数及年产仔猪数，最终实现每头母猪一年之中多产仔猪来提高养猪经济效益；二是要使断奶母猪或

配过种但没有受孕的母猪尽快重新配种受孕。

一、空怀母猪的饲养

在母猪饲养过程中，青年期后备母猪先是正常喂养、自由采食到6月龄，再限制性喂养优质饲料1个月左右，采用哺乳母猪料进行投喂，每日喂料量应达到每头2.5～3.5 kg，具体情况可根据青年期后备母猪的体型和膘情适量调整，一般配种时体重达到110 kg左右为佳。配种后应逐步减少喂量。

断奶母猪继续投喂哺乳料，日投喂量每头2.7～3.5 kg，对哺乳后期母猪身体不好的，尤其是一胎断奶母猪，断奶到第二次配种前可采用自由采食、精料喂养的办法，另外还可以在饲料中添加葡萄糖粉，或者在断奶当天注射2 mL的维生素A、维生素E、叶酸、钙磷等微量营养成分促使其正常发情。

二、空怀母猪的管理

1.适宜的环境条件

空怀母猪同其他猪群一样，需要清洁、干燥、温度适宜、采光良好、空气新鲜的环境条件。阳光、运动和新鲜空气对促进母猪发情和排卵有很大影响。体况良好的母猪，应在配种准备期加强运动和增加舍外活动时间，有条件时可进行放牧。

2.合群饲养空怀母猪的饲养有单栏和小群两种方式

(1)单栏饲养　这是规模化养猪场为提高圈舍利用率而采用的一种方式，将空怀母猪固定在单体限位栏内饲养，栏内面积一般为0.65 m×2 m，这种饲养方式便于人工授精操作和根据母猪年龄、体况进行饲粮配合和日粮定量来调整膘情。采用此种饲养方式时，因活动范围很小，不利于母猪发情，所以最好饲养公猪刺激母猪发情，同时要求饲养员要认真观察发情，降低母猪空怀率。单栏面积过小，母猪活动受限，只能站立或趴卧，导致缺少运动，致使肢蹄疾病和淘汰率增加。因此母猪所居单栏面积最好为0.75 m×2.2 m，便于母猪活动。

(2)小群饲养　一般将4～6头同时或相近断奶的母猪饲养在一个圈内，活动范围大。实践证明，群饲母猪可促进发情，特别是首先发情的母猪由于爬跨和外激素的刺激，可以诱导其他空怀母猪发情，便于饲养管理人员观察发情母猪，也方便用试情公猪试情。如果每圈饲养头数过多，会导致母猪争食。通常每头母猪所需要面积至少为1.6～1.8 m^2，要求舍内光线良好，地面不要过于光滑，防止跌倒摔伤和肢蹄损伤。

3.认真观察

饲养人员要在实践中掌握好发情规律，严防漏配。每日早、晚认真观察母猪发情表现，巡查发情猪只，并做好标记；协助配种员做好配种工作。

4.重复配种

有些母猪，特别是良种母猪，有时发情症状不很明显，为提高受胎率，宜进行重复配种，可在一个情期内配2～3次。一般在出现静立反射后初次配种，间隔12 h后再次配种。这样可以有效地减少因配种技术原因导致的空怀。

三、空怀母猪的诱情措施

在合理的饲养管理条件下，多数配种期母猪能正常发情配种，但有的母猪仍不能正常发情或不受胎。应针对不同情况，采用相应技术措施，促使其正常发情排卵并配种受胎。

1. 短期优饲

对配种前体况瘦弱不发情的母猪，可采用短期优饲法催情。实践证明，此法能明显地促进发情、排卵和胚胎发育。可在配种前 10～14 d 开始进行短期优饲，加料的时间一般为 1 周左右。优饲期间可在平时喂料量的基础上增加 5%～10%，每头大致增加喂料量 1.5～2.0 kg/d，短期优饲主要是提高日粮的能量供给量，不必提高蛋白质水平。

2. 加强运动

对过于肥胖不发情的母猪进行驱赶运动，使其接受阳光照射，呼吸新鲜空气，促进新陈代谢，改善膘情。与此同时，采用限制饲养减少精料喂量或不喂精料，多喂青绿饲料，能有效地促进母猪发情排卵。

二维码 4-11 诱情公猪

3. 异性诱导

用试情公猪诱导母猪发情，方法是把公、母猪放在同一圈舍内，由于异性的刺激，诱导母猪脑垂体分泌促卵泡素而使其发情。

4. 合群并圈

将不发情的空怀母猪，调到别的圈内，与正在发情的母猪合群饲养，通过发情母猪的爬跨等刺激，促进空怀母猪发情排卵。

5. 激素催情

利用激素催情是促进发情的有效措施。如皮下注射孕马血清促性腺激素，1 次/d，连续 2～3 次，第 1 次 5～10 mL，第 2 次 10～15 mL，第 3 次 15～20 mL。或注射绒毛膜促性腺激素，10 U/kg 体重或肌内注射三合激素，每头猪 2～3 mg，也可采用中药催情。

任务四　妊娠母猪的饲养管理

经过配种受孕成功的母猪，称为妊娠母猪，即从母猪配种成功到分娩前的这一阶段。该阶段的养护主要包括妊娠母猪的饲养和管理。饲养上除了考虑自身的维持需要外，还应考虑胎儿生长发育所需的营养。通过科学的饲养管理保证胎儿的正常发育，防止流产和死胎。确保生产出头数多、初生重大、均匀一致和健康的仔猪，并使母猪保持良好的体况，为泌乳和哺育仔猪做准备。

一、妊娠母猪的饲养

1. 饲养方式

妊娠母猪的饲养方式不仅要考虑其处于妊娠的哪个阶段，还要根据母猪的生理特点及自身状况选择合适的饲养方式。妊娠母猪的饲养方式分为步步高式、前低后高式和高低高式3种。

(1)步步高式　随着母猪妊娠日龄的增加而加大饲喂量的方式就是步步高式饲养，初产母猪一般采用这种饲养方式。初产母猪在妊娠期间，不仅要为腹中胚胎提供足够的营养，而且自身的生长发育也需要大量营养，所以针对初产母猪，要根据妊娠日龄增加营养供给。这种饲喂方式到妊娠85 d左右时，饲喂量达到峰值。

(2)前低后高式　膘情较好的经产母猪一般采取这种饲养方式。对于膘情好的经产母猪，在妊娠前85 d采取较低的营养水平，满足母猪基本营养需求以及胎儿发育的需求，日饲喂量一般控制在2～2.5 kg。妊娠85 d后，为满足胎儿快速发育所需营养需求，要加大营养供给，此时饲喂量控制在2.5～3.5 kg。

(3)高低高式　膘情差的经产母猪一般采取这种饲喂方式，在经产母猪断奶后的1个月内，加大18%日饲喂量，这样做有利于瘦弱母猪体况的恢复以及配种的成功，膘情正常后恢复正常饲喂量；妊娠85 d后，根据胎儿发育规律，需要再次增加饲喂量。

妊娠母猪在妊娠期间的全部营养物质均来自日粮，母猪所获得的营养首先要满足妊娠胎儿的需求，其次再供给自身，同时为分娩后哺乳仔猪做好储备。若妊娠期间缺乏必要的营养储备，易造成母猪泌乳能力下降，仔猪出生后不能从母猪身上获得足够的营养，其发育不但受到影响，而且体弱多病，且仔猪的断奶窝重及合格仔猪数也会受到极大影响。总之，母猪妊娠期间的营养管理极为重要，一定要为妊娠母猪提供足够适量的营养，以保持母猪合适的膘情。

2.妊娠前、中、后期饲养

(1)妊娠前期　妊娠前期是指母猪妊娠的1～28 d，该阶段的重点是保胎，因为此阶段母猪容易受到刺激而流产。母猪妊娠前期胚胎发育不需要大量营养，摄入的营养物质主要是满足母猪自身的需要，如果母猪摄入营养过多会影响孕酮的分泌，对母猪妊娠产生不利影响。所以，配种后要严格控制妊娠母猪的采食量，膘情正常的母猪每天采食量不要超过2.0 kg。

(2)妊娠中期　妊娠中期是指母猪妊娠的29～85 d，妊娠中期的母猪和胎儿处于一个比较稳定的阶段，所以妊娠母猪的转栏或疫苗免疫等工作都应尽量安排在这个阶段，这样会大大降低外界因素对妊娠母猪的影响。该阶段的妊娠母猪及胎儿营养需求也不高，应当根据妊娠母猪的膘情进行有针对性的饲养，并同时根据母猪体况调整饲喂量。该阶段妊娠母猪日采食量应控制在1.8～2.0 kg。

(3)妊娠后期　妊娠后期是指母猪妊娠的86 d至分娩前这一阶段，该阶段是胎儿飞速发育期，是胎儿生长增重最快的阶段，也是妊娠母猪积蓄体力和储备分娩后胎儿所需营养的阶段。因此，该阶段的饲料需要变更为营养更丰富的哺乳母猪料，而且要加大喂料量。如果条件允许，此阶段可以为母猪提供适量青绿饲料以防止便秘。产前1周应适当降低妊娠母猪的饲料供给，因为此时胎儿体积变得很大，会压迫母猪附近的消化器官，进而影响母猪对饲料营养的消化吸收。

二、妊娠母猪的管理

(1)妊娠母猪膘情管理　妊娠期间，母猪不宜过肥或过瘦。母猪过肥不但会造成饲养成本的增加，而且增多的脂肪会挤占体内胎儿的空间，造成胎儿发育不良，产生弱仔或死胎，还容易造成母猪难产，对母猪健康产生不利影响。母猪过瘦，会使胎儿因缺乏营养而造成弱仔和死胎。

妊娠母猪膘情合适才能保证胎儿的正常发育，从而提高猪场的经济效益。对妊娠母猪膘情的管理，要掌握膘情体况判定的方法，妊娠母猪膘情打分可以通过对母猪脊柱、尾根和骨盆3个部位进行综合考量来评定。

脊柱突出明显，尾根凹深，骨盆突出可见的妊娠母猪膘情判定为1分；脊柱稍微突出容易摸到，尾根凹浅，但骨盆仍然突出可见的膘情判定为2分；脊柱、骨盆无法目测但用手可以按压触碰到，尾根无凹陷的母猪膘情判定为3分；脊柱、骨盆看不到，只有用力按压才能摸到的膘情判定为4分；脊柱、骨盆看不到，用力按压也不能摸到的膘情判定为5分，如图4-9所示。通常，配种1～35 d妊娠母猪标准膘情为2.5分，配种36～84 d标准膘情为3～3.5分，配种85 d以上标准膘情为3.5～4分。妊娠母猪的膘情要定期打分，根据膘情及时调控饲料量的供给，将膘情控制在合理的分值范围内。

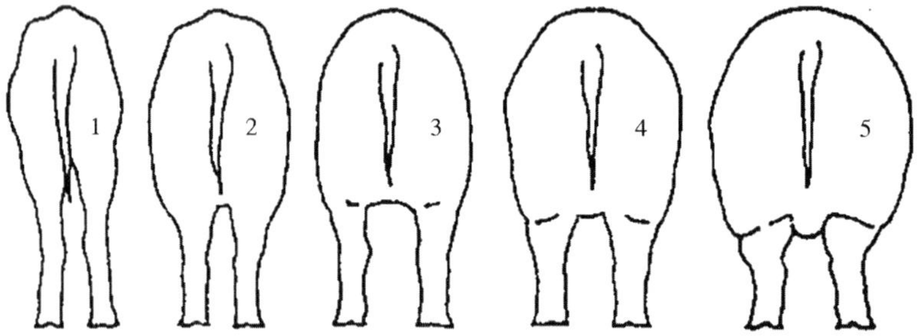

图4-9 膘情评分标准

(2)环境控制管理 妊娠母猪在18 ℃左右的环境感觉最舒适。但多数集约化猪场基于能源成本考虑，猪舍温度通常控制在24 ℃。为了保证适宜的温度，夏季可以使用水帘、风机或空调来降低温度，而在冬季可以使用暖风炉、地暖等设备来提高猪舍温度。在保证温度的前提下，还要为妊娠母猪提供舒适的湿度环境，妊娠母猪舍适宜湿度应当控制在60%～80%，还要保证猪舍内部有足够的新鲜空气。

(3)减少应激 母猪妊娠早期尤其是配种后的2周内，是受精卵的着床期，此时若母猪受到刺激容易导致早期流产。因此在配种后的30 d内，一定要避免不必要的刺激，此阶段不宜进行猪只转群或疫苗免疫等操作。母猪整个妊娠阶段都应尽量避免不必要的刺激，在日常饲养管理中，尤其在夜间查舍时，饲养员要尽可能轻走路，尽量从妊娠母猪身后查看猪只情况。

(4)免疫预防和药物保健 产前3～4周是妊娠母猪进行疫苗免疫的有利阶段，一些必要的疫苗(比如乙脑和伪狂犬病等疫苗)应当按照免疫程序选择在该时间段进行免疫，猪场的免疫程序由兽医根据当地疫病流行情况确定。此外，还应给妊娠母猪制订合理的驱虫和药物保健计划。

任务五 哺乳母猪的饲养管理

哺乳母猪是指从母猪分娩后开始哺育仔猪到仔猪断奶这一阶段的母猪。哺乳母猪的饲养管理主要包括分娩和哺乳两个方面。由于哺乳母猪分泌较多乳汁，营养需要远高于妊娠母猪，需要高营养的饲粮，而且尽可能提高采食量。该阶段的主要任务是通过提高泌乳母猪饲料（营养）摄入量，来减少母猪体组织损失，使母猪分泌数量足够、质量稳定的乳汁，提高仔猪窝增重，缩短母猪断乳至再发情的时间间隔。

一、哺乳母猪的饲养

1.分娩前饲喂

母猪进入产房后在分娩前应继续按妊娠后期饲喂标准进行饲喂，每日饲喂 2 次。根据母猪膘情，对膘情及乳房发育良好的母猪，预产期前 3～5 d 应开始逐渐减少饲喂量，每天减少 10%～20%，一直到分娩；膘情较差的可少减料或不减料。母猪产前减料主要是防止产后因为腹压降低便秘、不食而造成无乳，同时也可以防止因为母猪泌乳过多、乳汁过浓或仔猪过食造成的仔猪营养性下痢。

2.分娩后饲喂

哺乳母猪在饲养过程中，尤其要注意第 1 周饲料的供给，一般情况下，妊娠母猪预产期当日在分娩前不可进行饲喂，在母猪产后 4 h 之后可以适量给予其哺乳母猪料，用量在 0.5 kg 左右，在母猪产后第 2 天，饲喂量可增加到 2 kg，随后饲喂量以每天 0.5 kg 的喂量进行增加，直到母猪产后 1 周左右，当母猪的消化能力及采食量基本恢复至正常水平，便可以按照母猪正常饲喂标准进行投喂。在产后 2～3 周，饲喂量为 4.5～5 kg/d，产后 3～4 周，饲喂量约为 6 kg/d。当然，还应该根据母猪的实际情况进行饲喂量和营养物质的合理调整。在饲喂方面，应该遵循少喂、勤添、定时定量的原则，同时确保日喂 4 次为宜，时间段可从早晨 6 点开始，晚上 10 点结束，喂料时间可参考这 4 个时间段，分别是早上 6:00、早上 10:00、下午 2:00 和晚上 10:00 点，需要注意的是第 4 次饲喂时间不可提前，因为晚一些饲喂会增加母猪的饱腹感，避免母猪在夜晚因为饥饿觅食，误将仔猪压死或者踩死。

二、哺乳母猪的管理

母猪分娩后，饲养人员应尽快帮助其恢复健康，这一时期的母猪非常虚弱，容易发生多种产后疾病，除了为母猪提供足够的营养，还应保证母猪有适当的运动量。适当的运动可以加快机体的血液循环，促进新陈代谢，有助于排出机体内的毒素，促进母猪的伤口愈合以及提高产奶率等。在冬季寒冷的气候条件下，应做好防寒保温工作，尽量不要夜间在户外运动，避免母猪着凉感冒。此外，也要控制母猪不可进行剧烈的运动和运动量过大，以防造成二次伤害。在母猪运动过后，应及时补充温水。在哺乳期间，尤其要注意母猪乳头以及乳房处的清洁卫生，防止其被粪污等污染而引发仔猪疾病。母猪分娩后应及时分配好乳头，防止仔猪进食时争抢乳头造成母猪乳头的损伤，也可以帮助体质弱小的仔猪及时吃到初乳。对于乳头不够用的母猪，可以先将仔猪寄养或者人工哺育。同时应做好检查工作，防止圈舍和围栏等处突出的尖锐物损伤乳房和乳头，引起母猪感染。

三、母猪的泌乳规律

乳汁的分泌是一个复杂的过程，它不仅与乳腺细胞的形状和大小有关，也与细胞本身的新陈代谢、中枢神经的调节和母猪的营养状况有密切关系。

(1)母猪乳房结构　母猪的乳房没有乳池，不能随时排乳，产仔以后通过仔猪用鼻拱乳头的神经刺激将乳排出。每个乳头有2～3个乳腺团，各乳头间互相没有联系。母猪乳房有6对以上，前面乳房的乳腺和乳管数比后面的多，泌乳量也多。

(2)泌乳次数及时间　母猪每天泌乳20～26次，每次间隔1 h左右，一般泌乳前期次数较多，随仔猪日龄增加泌乳次数减少。夜间周围安静泌乳次数较白天多。母猪每次泌乳时间全程3～5 min，实际放奶时间10～40 s。在自然状态下，母猪的泌乳期约为60 d。规模化猪场母猪哺乳时间一般在28～35 d。近年来国外某些猪场有的实行超早期断奶，时间一般少于21 d。

(3)泌乳量　母猪泌乳全期产奶量为300～400 kg，每日泌乳5～9 kg，每次泌乳0.25～0.4 kg。全期泌乳量的变化，一般在分娩后逐渐增加，至20～30 d达到高峰，以后逐渐下降。母猪胎次不同泌乳量不同。初产母猪泌乳量低，3～5胎泌乳量最高，以后逐渐降低。同一头母猪不同乳头的泌乳量是不同的，一般前面的几对乳头比后面的乳头泌乳量要多，前边3对乳头的泌乳量约占总泌乳量的67%，而后边4对占33%。仔猪出生后有固定奶头吃奶的习性，可将体弱的仔猪放在前面乳头吃奶，让体弱仔猪吃到较多的奶，加快生长，使同窝仔猪发育均匀。

(4)反射性排乳　猪乳的分泌在分娩后最初2～3 d是连续的，以后属于反射性排乳，即仔猪用鼻嘴拱揉乳房，产生放奶信号，信号通过中枢神经，在神经和内分泌激素的参与下形成排乳。

(5)乳的成分　猪乳可分为初乳和常乳，母猪产后3 d内所分泌的乳为初乳，3 d后所分泌的乳为常乳。

任务六　断奶母猪的饲养管理

断奶母猪的饲养管理主要包括母猪断奶前几天及断奶后到配种前(又叫空怀期)的饲养和管理。通过改善母猪体况，使之正常发情，排出量多质优的卵子，适时配种，提高配种受胎率和胚胎数。如果母猪哺乳期饲养管理得当、无疾病，膘情也适中，大多数在断奶后1周内就可正常发情配种。但在实际生产中，常会有多种因素造成断奶母猪不能及时发情。如有的母猪因哺乳期奶少，带仔少，食欲好，贪睡，断奶时膘情过好；有的猪却因带仔多、哺乳期长、采食少和营养不良等，造成母猪断奶时失重过大，膘情过差。为促进断奶母猪的尽快发情排卵，缩短断奶至发情时间间隔，生产中需给予短期的饲喂调整。

一、断奶母猪的饲养

断奶母猪的饲养目的一方面是需要降低营养的摄入水平，减少乳汁的分泌量，从而防止乳腺炎的发生，实现仔猪安全断奶。另一方面是在降低日粮营养水平的同时，还要保证断奶母猪的营养维持需要，尽快让母猪恢复体况，保持良好的膘情，从而使其保有良好的种用价值，能够正常的发情、排卵，参与配种。

采用适宜的饲养方式。断奶母猪可以采用高、低、平的饲养方式，使母猪从泌乳高水平期的营养逐渐降低到断奶时的营养水平，以实现安全断奶，然后再逐渐恢复到正常的营养水平，以保持良好的体况和膘情。还有一种饲养方式是高转平，使母猪从泌乳高水平的营养直接逐渐降低到空怀期的营养水平，然后一直按此营养水平继续饲喂。

二、断奶母猪的管理

母猪在断奶时要做到适时断奶，目前大多数养猪场都采用早期断奶技术，在仔猪 21～28 日龄断奶，但是具体的断奶时间还要根据母猪和仔猪的实际情况来确定，在断奶时要采用正确的断奶方法，无论选择何种断奶方法，都要尽可能地减少仔猪断奶应激的发生。在母猪开始实施断奶时，根据母猪的泌乳情况和仔猪的生长发育情况，逐渐减少哺乳次数，同时改变哺乳的时间，从而降低母猪的泌乳机能，减少乳汁的分泌量，实现安全断奶。要注意，在减少哺乳次数时一定不能减速过快，要逐渐进行，以防疾病的发生。另外，在断奶后要将断奶母猪与断奶仔猪分开饲养，将母猪赶出原圈舍，这样不但利于断奶，减少仔猪的应激，还可以促进母猪再次发情配种。

提供适宜的环境。母猪在泌乳期对环境的要求较高，需要提供舒适安静的环境，到了断奶期后虽然对环境的要求不那么高，但是也要做好环境的调控工作，保持养殖环境的清洁卫生，提供适宜的温度，保持适宜的相对湿度，做好日常的通风换气工作，以提高断奶母猪的舒适度。

母猪哺乳期均在产房中饲养，活动范围有限。运动量极少，在断奶后需要让母猪每天都有一定的运动量，一方面可以增加体能的消耗，对减少乳汁的分泌有利；另一方面可以增强母猪的体质，让其体能得以快速恢复，维持适宜的体况和膘情，对发情排卵参与下一轮配种有利。

促进断奶母猪发情排卵。母猪在断奶后一般在 1 周左右的时间发情，如果发现断奶母猪长期不发情，则需要采取有效的措施来促进断奶母猪发情排卵。在加强饲养管理的同时，可以采取一定的措施，养殖生产中常用的方法为在配种前进行短期优饲，通过提高日粮的营养浓度来促进母猪发情，尤其要注意日粮中维生素和微量元素的含量，除此之外，还可以使用性激素来促进断奶母猪发情排卵。

减少疾病的发生。断奶母猪最易发生的疾病就是乳腺炎，因此重点要做好乳腺炎的预防工作。首先要科学断奶，采取科学的饲养管理方法，必要时可以使用药物进行预防。

知识拓展

拓展一　母猪年生产力计算

母猪年生产力是指每头母猪一年能提供多少断奶仔猪数。在养猪生产实践中，一般用母猪的年生产力作为综合指标，母猪年生产力涉及种猪的繁殖性能、仔猪的生长性能以及整个繁殖猪群的饲养管理，几乎囊括了（除保育、育肥阶段）养猪生产的全部内容。现阶段提高母猪年生产力是养猪业发展的核心问题。母猪年生产力公式计算如下：

母猪年生产力＝母猪年产窝数×窝断乳仔猪数

母猪年产窝数＝365/母猪的繁殖周期

母猪的繁殖周期＝妊娠期＋泌乳期＋断乳至再配种间隔时间

在养猪生产实践中，妊娠期＝114 d(恒定)，哺乳期＝21～28 d，断乳至配种的间隔时间＝

3～7 d。

提高母猪年生产力的途径主要有两个：一是增加母猪年产窝数；二是采取综合措施，提高母猪的平均断奶仔猪数和体重。

(1)增加母猪年产胎数

①早期断乳。目前国内外养猪场多提倡仔猪 21～35 日龄断乳，这是提高母猪年产窝数的主要方法。

②缩短母猪空怀时间。加强母猪各阶段的饲养管理，以减少母猪体组织损失，缩短断乳至再发情间隔。

(2)提高窝产仔数和体重　为实现母猪能分娩出数量多且均匀、健康、活力强的仔猪，需组建高效健康的猪群，并在配种、营养、环境、疫病等方面采取综合措施。

①适时配种，提高受胎率。母猪空怀期，增加母猪排卵数，做好发情鉴定工作，适时配种，提高受精率，提高胚胎的着床率(受精卵的定植数)，减少胚胎的死亡率，是提高受胎率、产仔数的关键和保证。

②提高泌乳母猪饲料(营养)摄入量。减少母猪体组织损失，使母猪分泌数量足够、质量稳定的乳汁。

③维持母猪适宜的膘情。避免过瘦和过肥，避免从一个繁殖周期到另一个繁殖周期膘情的大幅度变化，尽可能地延长母猪的繁殖寿命。

④提高免疫力，从而维持整个猪群的健康状况。在养猪生产中，猪瘟、伪狂犬病、细小病毒病、乙脑、繁殖与呼吸综合征等都可不同程度地引起母猪繁殖障碍，导致胎产活仔数减少乃至繁殖失败。要想减少这些疫病的发生，将损失降至最低水平，应因地制宜地制订免疫程序，在配种前必须切实搞好免疫，提高母猪的免疫力，减少死胎、弱仔的发生。

⑤提供足够的纤维。日粮中含有适当的纤维素能够维持肠道健康，刺激肠道蠕动，保证食物以正常速度(时间)通过消化道。

⑥确保配种公猪的种用性能。即保证种公猪性欲旺盛，精液品质好。公猪适度运动，适度的配种强度，保持健康的体质、旺盛的精力和性欲，才能保持优良的精液品质，精子活力好，受胎率高。

⑦饲养优良品种实践证明，地方良种和杂交(土杂、良杂)猪具有产仔数的遗传特性。选留优良地方品种和杂交猪作种猪，能增加胎产活仔猪数。

(3)降低哺乳仔猪死亡率。

拓展二　哺乳母猪采食量的计算

哺乳母猪的适宜采食量可由如下公式估算：

哺乳母猪适宜采食量(kg/d)＝维持需要(2 kg/d)＋0.5(kg/d)×所带的仔猪头数。

带 10 头仔猪的哺乳母猪，理论上每天采食量应达到 7 kg 才能保证能分泌仔猪所需要的足量乳汁，也不至于因体重损失太多而影响下一胎的繁殖性能。在哺乳阶段，应保持母猪的体况下降至最低点而不至于影响下一周期的生产，母猪体况下降过于严重，将会对生殖性能产生负面影响。

职业技能测试题

一、选择题

1. 当猪出现发情障碍难产及胎衣不下时，可用于治疗的药物是(　　)。
   A. 雌二醇　　B. 黄体酮　　C. 黄体生成素　　D. 促性腺激素释放激素
2. 下列有关种公猪的饲养管理不正确的是(　　)。
   A. 单圈饲养
   B. 要适当加强运动，经常刷拭种公猪
   C. 定期称重，定期检查精液质量
   D. 种公猪怕冷不怕热，所以特别要注意冬天的防寒保暖
3. 下列关于仔猪的饲养管理不正确是的(　　)。
   A. 出生 2 h 即让仔猪吸上初乳
   B. 要固定奶头，瘦弱的仔猪要固定吸靠后的奶头
   C. 应加强保温，防冻防压
   D. 仔猪出生后 5～7 日龄开食
4. 采用自然交配的现代化养猪场中，种猪公母比例一般为(　　)。
   A. 1∶(10～20)　　B. 1∶(20～30)　　C. 1∶(100～200)　　D. 1∶(200～300)
5. 分娩率为 98%，情期受胎率为 90%，哺乳期为 28 d，母猪断奶至发情间隔时间为 7 d 时的母猪年产窝数为(　　)窝/年。
   A. 2.3　　B. 2.4　　C. 2.42　　D. 2.45

二、填空题

1. 猪配种方法分为__________和__________两种。
2. 猪的发情周期平均为__________d，发情持续期为__________d，最佳配种时间是在发情开始后的__________h。
3. 哺乳仔猪应在__________日龄补铁，__________日龄补水，______日龄开始诱饲。
4. 猪的妊娠期平均为________d，母猪产后________d子宫才复原。
5. 现代化养猪中，仔猪保育结束时的日龄一般为______d左右。

三、简答题

1. 简述母猪的发情鉴定方法。
2. 简述人工授精的技术要点。
3. 简述后备母猪的选育要点。

项目五
精细化小猪保育

项目导读

仔猪生产是养猪生产中技术性较强的环节，仔猪是猪一生中生长发育最迅速、可塑性最大、物质代谢最旺盛、饲料利用率最高、最有利于定向选育的阶段。仔猪培育效果的好坏直接影响断乳育成率的高低、断乳体重的大小、母猪年生产力的高低和肥猪的出栏时间。仔猪培育的中心任务是降低哺乳期仔猪死亡数，提高仔猪断乳窝重和断乳个体体重，加速猪群周转，提高养猪的经济效益。

学习目标

素质目标：

1. 具备良好的职业道德和职业责任感。
2. 具备吃苦耐劳、乐于钻研、爱岗敬业的工作态度。
3. 具备主动服务社会的意识和团结协作的精神。
4. 树立扎根农村，服务农业发展，促进乡村振兴的志向。

知识目标：

1. 了解仔猪的生长发育和生理特点及仔猪生长的营养需要。
2. 了解各阶段仔猪死亡的原因及僵猪产生的原因。
3. 掌握假死猪的急救方法。

技能目标：

1. 能掌握新生仔猪的护理方法。
2. 能辨别真死与假死仔猪，能对假死猪进行急救。
3. 能科学地饲养和管理哺乳仔猪和断奶仔猪。

思维导图

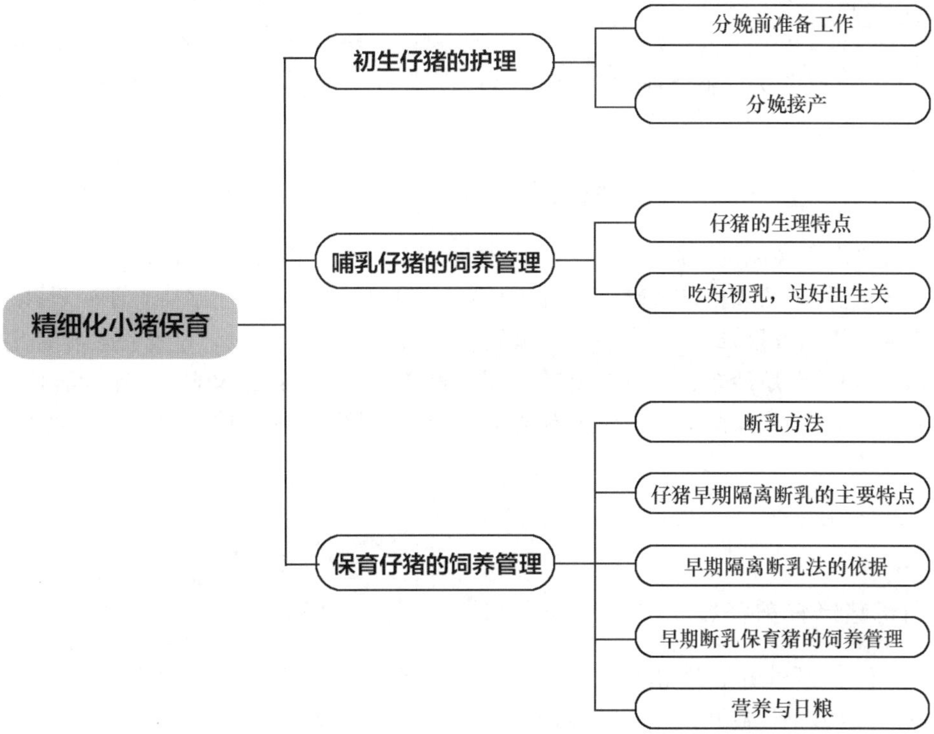

任务一　初生仔猪的护理

一、分娩前准备工作

(一)分娩舍的准备和消毒

现代养猪生产要求准备标准的分娩舍，并且要求经常保持舍内清洁、卫生、干燥，舍内温度15～22 ℃，相对湿度50%～80%。使用前1周，用2%氢氧化钠溶液或其他消毒液进行彻底消毒，6～10 h后用清水冲洗，通风干燥后备用。其分娩栏所需要的数量根据工厂化猪场(全年配种分娩)和分批分娩产仔两种情况分别进行计算。工厂化猪场(全年配种分娩)所需分娩栏(床)数量＝周分娩窝数×(使用周数＋2)，其中，2＝1[分娩栏(床)消毒准备周数]＋1(母猪待产周数)。例如某一猪场每周分娩35窝，仔猪3周龄断乳，则该猪场应准备分娩栏(床)为35×(3＋2)＝175(个)；分批分娩产仔猪场分娩栏(床)所需数量等于每批分娩窝数。首先根据全年计划配种母猪头数和仔猪断乳时间，计算出理论上母猪年产仔窝数。理论上母猪年产仔窝数乘以母猪配种分娩率(一般为85%)，可计算出全年猪场产仔窝数。其次，根据猪场计划批次，计算出每一批分娩产仔窝数。最后，计算出每一批需要分娩栏数。

二维码 5-1　产前准备

例如:某一猪场有基础母猪 500 头,全年计划配种母猪头数为 500 头,仔猪实行 4 周龄断乳,母猪在分娩栏(床)待产 1 周,分娩栏(床)消毒准备时间 1 周,则该场全年产仔窝数为 500×365÷(114+28+7)×85%=1 041 窝。该猪场考虑全进全出,计划每两个月分娩一批,则每批分娩窝数为 173.3 窝,每批应至少准备 174 个分娩栏(床)。

(二)物品准备

根据需要准备高床网上产仔栏、仔猪箱、擦布、剪刀、耳号钳(或耳标器)和耳标、剪牙器(或偏嘴钳)、断尾器、记录表格、5%碘酊、0.1%~0.2%高锰酸钾溶液(配制后立即使用,以免在空气中氧化降低使用效果)或 0.1%~0.2%氯己定溶液或 0.1%~0.2%过氧乙酸溶液、注射器、3%~5%来苏儿、医用纱布、催产素、肥皂、毛巾、面盆、应急灯具、活动隔栏、计量器具(秤)、液体石蜡等。北方寒冷季节舍内温度达不到 15~22 ℃时应准备垫料、250W 红外线灯或电热板等。

二、分娩接产

(一)母猪产仔前征兆

母猪产前 4~5 d 乳房开始膨胀,初产母猪更是如此,两侧乳头外张,乳房红晕丰满。阴门松弛变软变大,由于骨盆开张,尾根两侧下凹。有的母猪产前 2~3 d 可以挤出清乳,多数母猪在产前 12~24 h 可以很容易挤出浓稠的乳汁,泌乳性能较好的母猪乳汁外溢,但个别母猪产后才有乳汁分泌。母猪产仔前 6~10 h 出现叼草做窝现象,即使没有垫草其前肢也会做出拾草动作。与此同时,母猪行动不安,一会趴卧下,一会站起来行走,当有人在旁边时,母猪会出现哼哼声。产前 2~5 h 频频排泄粪尿,产前 0.5~1 h 母猪卧下,出现阵缩(子宫在垂体分泌的催产素作用下不自主而有规律的收缩),阴门流出淡红色或淡褐色黏液即羊水流出。这时接产人员应将所有接产应用之物准备好,做好接产准备。

二维码 5-2　仔猪接产

(二)接产

1.擦干黏液

妊娠母猪出现频频排尿、站立不安、开始阵痛、阴门流出稀薄黏液等症状时,说明仔猪即将出生。母猪一般在夜深人静的时候开始产仔,整个接产过程要求保持环境安静,动作迅速准确。仔猪产出后,立即用清洁的毛巾擦净仔猪口腔和鼻腔周围的黏液,以防仔猪窒息;然后用毛巾或干草擦净仔猪皮肤。这对促进血液循环、防止仔猪体温过多散失和预防感冒有着非常重要的作用。

2.断脐带

仔猪离开母体时,一般脐带会自行扯断,但仍拖着 20~40 cm 长的脐带,此时应及时人工断脐。断脐时先将脐带内的血液挤向仔猪腹部,在距腹部 4~5 cm 即三指宽处用手扯断脐带。仔猪脐带断端用 5%的碘酒消毒。由于钝性掐断,血管受到压迫会迅速闭合,断脐后不必结扎，以便尽快干燥脱落，避免细菌侵入。如脐带断后仍然流血，可用手指捏住断端 3～5 min，即可压迫止血。

3. 剪犬齿

仔猪初生就有 8 枚小的状似犬齿的牙齿，位于上、下颌的左右各 2 枚。由于犬齿十分尖锐，吮乳或发生争斗时极易咬伤母猪乳头或同伴，故应将其剪掉。剪时要用专用剪牙钳小心操作，修剪牙齿时不要把牙齿剪得太短，不可伤及齿龈。剪牙钳要认真消毒，避免交叉感染，使病原菌进入仔猪体内。断齿要清出口腔，用碘酒消毒齿龈。

4. 断尾

预防仔猪断乳、生长或育肥阶段的咬尾现象，出生后应将尾断掉。用断尾钳距离仔猪身体 1～2 cm 处剪断(可以只断尾骨及血管，让其自行脱落)，并用碘酒消毒断处，每剪尾一次后一定要对钳子进行消毒。

上述处理完毕，根据本猪场的免疫程序进行下一步安排。不进行超前免疫的猪场，应将初生仔猪送到经 0.1%～0.2%高锰酸钾溶液或 0.1%～0.2%氯已定溶液擦洗消毒后再经清水擦洗的乳房旁吃初乳，吃初乳前应挤出头几滴初乳弃掉，防止初生仔猪食入乳头管内的脏东西。上述所有操作完毕，母猪将产出第二个仔猪，接产人员应重复以前操作过程进行接产。如果本地区猪瘟流行，应对初生仔猪实行超前免疫，具体做法是仔猪出生后不立即吃初乳，而是集中放在仔猪箱内，待全部产仔结束，立即稀释猪瘟弱毒苗，在最短时间内完成全窝仔猪免疫(1 h 内)，夏季要将稀释的猪瘟疫苗溶液衬冰使用，防止猪瘟疫苗效价降低，一般进行 2 倍量免疫接种，2 h 后吃初乳。待全窝仔猪全部产完，一起称重，编号并做好记录。

接产完毕后，将分娩圈栏打扫干净。使用 35～38 ℃的 0.1%～0.2%高锰酸钾溶液或 0.1%～0.2%氯已定溶液或 0.1%～0.2%过氧乙酸溶液将母猪、地面、圈栏等进行擦洗消毒，如有垫草应重新铺上，一切恢复如产前状态。接产人员用 3%来苏儿洗手后，再用清水净手。

(三)母猪难产处理

1. 正常分娩过程

从第一头仔猪产出到胎衣排出，整个分娩过程持续 2～4 h，多数母猪 2～3 h。产仔间隔时间一般为 10～15 min。

2. 难产

由于各种原因致使分娩进程受阻称为难产。难产率一般为 3%左右。难产多数情况下是由于母猪产道狭窄、患病、身体虚弱、分娩无力，母猪初配年龄过早或体重过小，母猪年龄过大，母猪偏肥、偏瘦，母猪胎位不正、胎儿过大、母猪妊娠期间活动受限(如限位栏饲养)等原因造成的。难产可以分为起始难产和分娩过程中难产。起始难产是指羊水流出时间超过 30 min，母猪出现躁动或疲劳，精神不振，这时应立即实施难产处理；分娩过程中难产多数是由于胎位不正或胎儿过大造成的，母猪表现产仔间隔时间变长并且多次努责，强烈阵缩，仍然产不出仔猪。母猪呼吸急促、心跳加快、烦躁紧张、可视黏膜发绀等均为难产症状，应立即进行难产处理。

3. 难产处理

母猪发生难产时，对于产道正常、胎儿不过大、胎位正常的处理方案是进行母猪乳房按摩，用双手按摩前边3对乳房5～8 min，可以促进催产素的分泌，有利于分娩。若按摩乳房不奏效可实施肌内注射催产素，剂量为每50 kg体重10 U，注射部位为臀部肌肉。注射后20～30 min，可能有仔猪产出。如果注射催产素助产失败或者产道异常、胎儿过大、胎位不正，应实施手掏术。术者首先要认真剪磨指甲，用3%的来苏儿消毒手臂，并涂上液体石蜡或肥皂，蹲在高床网上产仔栏后面或侧卧在母猪臀后(平面产仔)。手成锥状于母猪努责间隙，慢慢地伸入母猪产道(先向斜上后直入)，使用食指和中指挂住胎儿耳后，将胎儿慢慢拉出。如果胎儿是臀位，可直接抓住胎儿后肢将其拉出，不要拉得过快以免损伤产道。掏出一头仔猪后，其余仔猪可能转为正常分娩，不要再掏。如果确认是分娩子宫收缩乏力，可全部掏出。注意凡是进行过手掏术的母猪，均应抗炎预防治疗5～7 d，以免产后感染影响将来的发情、配种和妊娠。至于剖宫产，除非品种稀少或种猪成本昂贵，否则不予提倡，因为剖宫产使用药品较多，且母猪术后护理较困难。

(四)假死仔猪急救

假死仔猪是指出生时没有呼吸或呼吸微弱，但心脏仍在跳动的仔猪。遇到这种情况应立即抢救。假死仔猪急救有3种方法(参照项目四假死仔猪急救措施)。

技能操作

初生仔猪护理

目的要求：学会初生仔猪护理养育方法。

实训内容：初生仔猪护理养育。

实训条件：仔猪箱、电热板、红外线灯、亚硒酸钠维生素E注射液、铁钴合剂、75%酒精、注射器、碘酊、活动挡板、标记笔、耳号钳、偏嘴钳、手术刀、脱脂棉等。

实训方法：

1.初乳喂养

仔猪出生后，若不进行超前免疫应立即吃初乳，如果进行超前免疫，免疫后2 h也要马上吃初乳。如果仔猪不吃初乳，仔猪就得不到母源抗体，仔猪抗病能力很低，一般不易成活。同时初乳中含有其他营养物质是初生仔猪的唯一营养源。加之仔猪出生后体内贮备能量有限，如在短期内不能补充，就会出现低血糖现象。

全部仔猪吃过一段时间初乳后(吃饱)，应将仔猪拿到仔猪箱内(箱内温度控制在32～34 ℃)，这既能让母猪休息又可以防止初生仔猪接触脏东西引发腹泻，50～60 min后再取出吃初乳，吃饱后再送回仔猪箱内。放置仔猪箱的同时要用防压栏与母猪隔开，防止母猪拱啃。产后2～3 d内一直这样操作，有利于母仔休息及健康。

2.固定乳头

固定乳头的原则：弱小仔猪在前；中等仔猪居中；强壮仔猪在后。如乳头数多于产仔数，由前向后安排，放弃后边乳头。具体做法是：首先将仔猪按照体重大小或体质由弱到强进行编号，使用标记笔将编号写在仔猪背部。然后将母猪的乳房由左至右，由前到后进行虚拟编号，每次哺乳时使用手或挡板将仔猪分开、对号哺乳，经过 2 d 左右即可以将乳头固定。最初几天要定时安排仔猪哺乳。平时把仔猪捉进仔猪箱中，定时放出哺乳。

3. 温度控制

仔猪出生后调节体温能力较差，必须为其提供适宜的环境温度，防止冻死。出生后第 1 周温度控制在 32～34 ℃，以后每周降温 2 ℃。在产床上设置仔猪箱、电热板和红外线灯(图 5-1)。观察仔猪躺卧时的状态，判定其温度是否合适。如温度适宜，仔猪就会均匀平躺在仔猪箱中，睡姿舒适；如温度偏高，仔猪会四散分开，将头朝向有缝隙可吹入新鲜空气的边沿或箱口；如温度低，则会挤堆或叠层趴卧。

图 5-1　仔猪保温

4. 补铁、补硒

缺硒地区仔猪出生后第 1 天肌内注射亚硒酸钠维生素 E 注射液 0.5 mg，出生后 3 日龄肌内注射铁钴合剂，每头仔猪 150～200 mg。

注射前用 75% 酒精溶液消毒，注射部位在颈部或臀部深层肌肉内，注意严格按照每 1 头仔猪使用 1 个针头进行注射，防止交叉感染。

5. 寄养、并窝

原则：母猪产仔过多，待仔猪吃过初乳后可适当开展哺乳与寄养调整，尽量使仔猪数与母猪的有效功能性乳头数相等，防止未使用的乳头萎缩，从而影响下一胎的泌乳性能。寄养时仔猪间日龄相差不超过 3 d。仔猪出生后 48 h 内进行仔猪调圈寄养最好。一般将先出生的仔猪调往后出生的仔猪圈内；把大的仔猪寄养出去。寄出时用寄母的奶汁擦抹待寄仔猪的全身。有病的仔猪不得调圈。尽量减少调圈次数，一般不超过 2 次。

方法：一般情况下，强壮仔猪占据前 1～3 对乳头，而调圈寄养应将弱小猪固定在前 1～3 对乳头上，将强壮仔猪调走，即固定乳头。也可选择一头哺乳性能好、母性好的母猪，调走所有仔猪，然后从各圈调入弱仔进行哺养。核心场产房仔猪在未进行繁殖性能登记前不能寄养。

6. 防止压死、踩死、咬死

注意防止有些母猪因母性差、产前营养不良、产后口渴烦躁、产后患病等导致母猪脾气暴躁，出现咬、吃仔猪的现象。再加上母猪体重大，弱小仔猪不能及时躲闪，容易被母猪压死或踩死。因此，仔猪出生 1 周内应安排饲养员认真看护，并且安装防压栏。

7. 仔猪编号

为了便于仔猪管理，方便记录和资料存档，应将仔猪在生后 3 d 内进行编号，具体方法如下。

(1)打耳号法(大排号法) 上3下1,左个位右十位。左耳尖100,右耳尖200。左耳中间孔400,右耳中间孔800。操作者抓住仔猪后,用前臂和胸腹部将仔猪后躯夹住,用一只手的拇指和食指捏住将要打号的耳朵,用另一只手持耳号钳进行打号。注意要避开大的血管,避免母猪咬伤操作者。

(2)上耳标法 操作者把耳标书写好后,将上部和下部分别装在耳标器的上部和下部。抓住仔猪后,操作者用前臂的肘部和胸腹部将仔猪保定好,然后用耳标器将耳标铆上,注意避开大的血管。

(3)电子识别 有条件的养殖场,可以将仔猪的个体号、出生地、出生日期、品种、系谱等信息转译到脉冲转发器内,然后装在一个微型玻璃管内,插到耳后松弛的皮肤下。需要时用手提阅读器进行识别阅读。

8.仔猪生后的其他处理

(1)剪牙 为了防止初生仔猪的乳齿咬伤母猪乳头和牙齿变形,仔猪出生后使用医用剪刀或不锈钢偏嘴钳将仔猪胎齿(8个)在齿龈处全部剪断。操作时,用一只手抓握住仔猪的额头部,并用拇指和食指用力捏住仔猪上下颌的嘴角处,将仔猪嘴捏开,然后用另一只手持偏嘴钳在齿龈处,将上、下、左、右所有的乳齿全部剪断。剪后将剪刀或不锈钢偏嘴钳消毒,防止交叉感染。

(2)断尾 为防止咬尾和母猪将来本交配种方便,仔猪生后1周内,使用断尾钳将其尾巴断掉(可以留1/3),然后消毒,防止交叉感染。

(3)去势 仔猪生后1周内,将不做种用的雄性仔猪去势,此时去势止血容易,应激小。具体方法为:首先一只手贴仔猪两后腿根将其两后腿紧紧抓握住,使用消毒棉签蘸取5%碘酊溶液将仔猪阴囊消毒,然后使用经消毒处理的手术刀将两个阴囊和睾丸分别竖向切开,顺势将睾丸挤出,割断精索,最后将切口消毒。

实训报告:写出初生仔猪护理的关键点。

考核标准:

考核项目	分值比例	考核要点	等级分值					备注
			A	B	C	D	E	
态度	10	端正						考核项目和考核标准可根据具体情况进行调整
初生仔猪护理	40	学会护理养育方法						
仔猪编号	20	学会正确的编号方法						
仔猪其他处理	20	学会仔猪其他处理方法						
实训报告	10	填写标准,内容翔实,字迹工整,记录准确						

任务二　哺乳仔猪的饲养管理

一、仔猪的生理特点

(一)生长发育快、代谢机能旺盛，利用养分能力强

仔猪初生重较小，不到成年体重的1%，但出生后生长发育较快，一般初生重为1.5～1.7 kg，30日龄体重可达初生重的5～6倍，60日龄体重可达初生重的10～13倍，体重随着年龄增长而增加，但相对生长速度却逐渐降低。从仔猪体重增长的成分上看，3周龄内脂肪增长或沉积迅速，初生时为1%，而5 kg时脂肪占12%，以后蛋白质增长速度迅速上升。如表5-1所示。

表5-1　哺乳仔猪生长发育

指标	日龄						
	出生	10	20	30	40	50	60
平均体重/(kg/头)	1.50	3.24	5.72	7.25	10.56	14.54	18.65
范围/kg	0.9～2.2	2.0～4.8	3.1～7.8	4.2～10.8	5.4～15.3	8.9～22.4	11.0～27.2
增长倍数	1.00	2.16	3.81	4.83	7.04	9.71	12.43

数据来源：李立山，2006，养猪与猪病防治。

灰分的增长比较稳定。蛋白质、脂肪、灰分的总量随年龄和体重的增长而增加，见表5-2。

表5-2　仔猪初生到20 kg的生长速度和养分沉积量

体重/kg	水分/%	粗脂肪/%	粗蛋白质/%	粗灰分/%	预期日龄	增重/(g/d)
初生(1.25 kg)	81	1.0	11	4	—	—
5	68	12	13	3	22	240
10	66	15	14	3	39	320
15	64	18	15	3	53	380
20	63	18	15	3	65	500

数据来源：宋育，1995，猪的营养。

仔猪生长快，物质代谢旺盛，因此所需要的营养物质较多。特别是能量、蛋白质(氨基酸)、维生素、矿物质(钙磷)等比成年猪需要相对较多，只有满足了仔猪对各种营养物质的需要，才能保证仔猪快速生长。

(二)仔猪消化器官不发达、容积小、机能不完善

初生仔猪的消化器官虽然在胚胎期就已经形成，但并不发达，机能也不完善。仔猪出生时，胃重仅有5～8 g，容积也只有25～40 mL。20日龄时胃重达35 g左右，容积扩大了2～3倍。60日龄时胃重150 g左右，体重达50 kg后其胃达到成年猪重量。小肠生长比较迅速，

30 日龄时是出生时的 10 倍左右。大肠在哺乳期容积只有每千克体重 30～40 mL,断乳后迅速增加到每千克体重 90～100 mL。

初生仔猪的消化器官不仅不发达,而且其结构和机能也不完善。仔猪出生时胃蛋白酶很少,初生时其活性仅为成年猪的 25%～33%,8 周龄后其数量和活性急剧上升。胰蛋白酶的分泌量在 3～4 周龄时迅速增加,10 周龄时胰蛋白酶活性为初生时的 33.8 倍。初生时的胃蛋白酶起凝乳作用。由于胃底腺不发达,缺乏游离盐酸,一般 3 周龄左右胃内才产生少量游离盐酸,以后逐渐增加。仔猪在 8～12 周龄时盐酸分泌水平接近成猪。没有游离盐酸状态下,胃蛋白酶原不能被激活,胃内不能消化蛋白质,此时的蛋白质在小肠内消化。由于胃内酸性低,导致胃内抑菌、杀菌能力较差,并且影响胃肠的活动,限制了一些物质的消化吸收。小肠分泌的乳糖酶活性逐渐增加,其活性在出生后第 2～3 周最高,以后开始下降,4～5 周龄降到低限,第 7 周达成年水平,乳糖利用率较低。蔗糖酶一直不多,胰淀粉酶到 3 周龄时逐渐达到高峰。麦芽糖酶缓慢上升。脂肪分解酶初生时其活性就比较高,并且同时胆汁分泌也较旺盛,在 3～4 周龄脂肪酶和胆汁分泌迅速增加,一直保持到 6～7 周龄,因此可以很好地消化母乳中乳化状态的脂肪。另外,仔猪胃肠运动机能微弱,但胃排空速度较快。初生仔猪胃运动微弱,并且无静止期,随日龄增长胃运动逐渐呈现运动和静止节律性变化,8～12 周龄时接近成年猪。仔猪胃排空速度随年龄的增长而减慢。2 周龄前,胃排空时间为 1.5 h,4 周龄时为 3～5 h,8 周龄时为 16～19 h。饲料种类和形态影响食物在消化道通过的速度,如 4 周龄仔猪饲喂人工乳残渣,排空时间为 12 h,喂大豆蛋白时为 24 h,喂颗粒料时为 25.3 h,而粉料则为 47.8 h。鉴于以上生理特性,葡萄糖无须消化直接吸收,适于任何日龄仔猪;乳糖只适于 5 周龄前;麦芽糖适于任何日龄,但不及葡萄糖;蔗糖极不适于幼猪,9 周龄后逐渐适宜;果糖不适于初生仔猪;木聚糖不适于 2 周龄前;淀粉适于 2 周龄以后并且最好进行熟化处理。

(三)缺乏先天的免疫力,容易得病

由于母猪的胎盘结构比较特殊,在胚胎期间母体内的免疫物质(免疫球蛋白)不能通过血液循环进入胎儿体内。因而仔猪出生时无先天免疫力,自身又不能产生抗体,只有靠吃初乳获得免疫力,因此仔猪 1～2 周龄前,几乎全靠母乳获得抗体,并且随着时间的增长,母乳中抗体含量逐渐下降。仔猪在 10 日龄以后自身才开始产生抗体,并随着年龄的增长而逐渐增加,但直到 4～5 周龄时数量还很少,6 周龄以后主要靠自身合成抗体。由此可见,2～6 周龄是母体抗体与自身抗体的衔接时期,并且 3 周龄前胃内缺乏游离盐酸,对由饲料、饮水和其他环境中接触到的病原微生物无抑杀作用,仔猪易患消化道等疾病。

(四)调节体温的能力差、怕冷

仔猪出生时大脑皮层发育不健全,不能通过神经系统调节体温。同时仔猪体内用于氧化供热的物质较少,只能利用乳糖、葡萄糖、乳脂、糖原氧化供热,并且单位体重用于维持体温的能量是成年猪的 3 倍,仔猪的正常体温比成年猪高 1 ℃左右,加之初生仔猪皮薄毛稀、皮下脂肪较少。因此隔热能力较差,从而形成了产热少、需热多、失热多的情况,最终导致初生仔猪怕冷。在冷的环境中,仔猪行动迟缓,反应迟钝易被压死或踩死,即使不被压死或踩死也有可能被冻晕、冻僵,甚至冻死。1 周龄以后体内甲状腺素、肾上腺素的分泌水平逐渐提高,使物质代

谢能力增强，并且消化道对一些脂肪、糖的氧化能力逐渐增强，增加了产热能力。到3周龄左右调节体温能力接近完善。据报道，初生仔猪的临界温度为35 ℃，当处在13～24 ℃环境时，第1小时体温下降了1.7～7 ℃，特别是最初20 min，下降更快，0.5～1 h后开始回升。全面恢复到正常体温需要约48 h，初生仔猪裸露在1 ℃环境中2 h可冻僵、冻晕，甚至冻死。

二、吃好初乳，过好出生关

（一）初乳的重要性

1. *初乳*

出生仔猪摄取能量的唯一来源是初乳；摄入初乳不够容易造成新生仔猪患低血糖综合征。

2. *自身抗体*

仔猪出生10日龄以后才开始产生自身抗体，直到30～35日龄前数量还很少。因此3周龄以内是免疫球蛋白青黄不接的阶段，此时胃液内又缺乏游离盐酸，对随饲料、饮水等进入胃内的病原微生物没有消灭和抑制作用，因而容易造成仔猪患消化道疾病。

3. *分娩后立即使仔猪吃到初乳*

保证仔猪最初的免疫力是提高成活率的关键。初乳中免疫球蛋白（IgA、IgB和IgG）的种类、含量和作用见表5-3。

表5-3　初乳中免疫球蛋白的种类、含量和作用

项目	免疫球蛋白		
	IgA	IgB	IgG
含量/（mg/mL）	58.7	10.7	3.2
作用	保护身体，经血液循环抵抗细菌	保护仔猪身体内肺脏、咽喉和肠道免受细菌的侵害	抗病毒，引起对卫生区的免疫反应

4. *分娩后初乳中免疫球蛋白含量的变化*

（1）母猪分娩时初乳中免疫抗体含量最高，在分娩后4～6 h，抗体浓度大幅度下降，分娩后立即使仔猪吃到初乳是提高成活率的关键。

（2）小肠大分子通道只在出生后12～24 h开放，此时初乳中的免疫球蛋白可以通过肠壁直接进入血液循环。24 h以后这种吸收和运输过程就会显著降低，免疫球蛋白则必须通过肠道的消化吸收才能进入血液循环，即“肠道屏障”。所以仔猪一定要尽早吃上初乳。

（二）保证吃足初乳

（1）对出生当天仔猪不做任何处理，照顾仔猪吃好初乳。

（2）用记号笔标识正在吃初乳的仔猪。

（3）30 min后，把吃上初乳的仔猪放在保温箱内，让剩下的仔猪吃饱，然后再让所有仔猪回到母猪身边。

（4）对于虚弱不会开口的仔猪可以灌服初乳，每个乳头收集的奶不应超过5 mL。

研究表明：仔猪出生后 6 h，仅有 70%得到充足的初乳，出生后 12 h，增加到 95%，这就是为什么要 12 h 后才能寄养的原因。如果一切正常，在这 12 h 里，每头仔猪应该吃到 15 次初乳，每次 15 mL。

技能操作

固定乳头

1. 仔猪有吃固定乳头的习性。

2. 仔猪出生后 2～3 d 内，进行人工辅助固定乳头，使全窝仔猪生长发育均匀健壮，提高成活率。

3. 固定乳头的方法

(1)仔猪自选为主，人工控制为辅。

(2)稍弱的仔猪应在产奶量高的前 3 对乳头吃奶。不同部位乳头的泌乳量不同，一般前部多于中部，中部多于后部，7 对乳房的泌乳量不完全相同，前几对乳房的乳腺及乳管数量比后面几对多，所以排出的乳量就多，尤其第 3～5 对乳房的泌乳量最高。

(3)要控制个别好抢乳头的强壮仔猪。一般可把它放在一边，待其他仔猪都已找好乳头，母猪放奶时再立即把它放在指定的乳头上吃奶，坚持人工辅助固定，经过 2～3 d 即可建立起吃奶的位次。

4. 分娩期仔猪可以不断得到初乳

(1)在出生后 6～8 h，定期分泌初乳。

(2)母猪每日哺乳 20～24 次，每次持续 15～30 s。

仔猪的寄养

我们应该根据仔猪身体状况及母猪身体状况进行仔猪的寄养。

1. 寄养目的

减少寒冷危险，提高对主要疾病的抵抗力，减少营养不良的风险，提高仔猪成活率和转栏率，提高断奶时体重。

2. 是否寄养的判断

(1)仔猪很难竞争到乳头。

(2)窝仔数大于母猪乳头数。

(3)母猪有效乳头数不足或乳头暴露不良。

(4)窝仔猪整齐度不均匀，弱小仔猪(发育不良者)与强壮仔猪在同一窝寄养。

(5)哺乳中后期掉队仔猪寄养。

3. 提高寄养效果的措施

(1)寄养母猪的选择

①健康，泌乳量高，母性良好，不易压死或咬仔猪。

②乳头的长度、直径和构造。小猪用小乳头的母猪，大猪用稍大乳头的母猪。

③出生重小的仔猪用母猪前面的乳头，出生重大的仔猪用母猪后面的乳头，依次排列。

④母猪档案卡上记录母猪的哺育能力，相应的有效乳头数。

⑤以前产仔情况（出生、寄养、断奶）。

⑥优先选择一胎、二胎母猪做奶妈猪，一胎母猪根据乳头数带仔，7 对乳头的带仔至少 12 头，8 对乳头以上的带仔至少 14 头。

⑦不要使母猪带仔数超过所拥有的乳头数。

(2)寄养仔猪的选择

①出生 16～24 h 内寄养，保证吃好初乳。

②将寄入的仔猪与原窝的仔猪在护仔箱混合 30 min 后，再把整窝仔猪放到母猪跟前，可以用密斯托撒在寄养仔猪身上，防止母猪闻出气味差别。

③疾病状态（腹泻等）的仔猪保留原窝，不能寄养，防止疾病的传播和扩散。

④顺寄。先出生的仔猪寄养到后出生的窝内。

⑤哺乳中后期寄养时，母猪产期应尽量接近，最好不超过 4 d。

⑥后产的仔猪向先产的窝里寄养时，要挑体重大的寄养；而先产的仔猪向后产的窝里寄养时，则要挑体重小的寄养。以避免仔猪体重相差较大，影响小体重仔猪的发育。

⑦合理考虑整齐度。按从大到小顺序并栏寄养（大＋大、大＋中、中＋中、中＋小等并栏）。

仔猪去势

初生仔猪在出生 7～10 日龄时要进行去势手术。现代化养猪一般只对小公猪进行去势。对公仔猪去势具有促进生长、减少打斗及改善猪肉品质的作用。

操作方法：用左手（根据个人习惯）把小猪的两只后腿握在一起，尽量向后握，小猪头向下悬挂，使后腿与腹部大概呈 90°。这时小猪的两个睾丸比较明显，用准备好的酒精棉球沿睾丸擦拭消毒。

二维码 5-3　仔猪去势

去势操作：用准备好的刀片在鼓起的睾丸上割口，不可太大，也不可太小，能把睾丸顺利取出即可（割一个口或两个口都行），把取出的睾丸放入准备好的容器内。最后，用准备好的碘酒对准伤口及周围喷洒，一般 5 d 内伤口就可完全愈合。但在去势过程中，往往会因操作不当造成仔猪感染发病甚至死亡。在生产实践中，总结出仔猪去势的几项注意事项，现介绍如下。

注意事项：

①去势在 7～10 日龄进行为宜。去势过早，仔猪睾丸小且易碎，不易操作；去势过晚，不但出血多，伤口不易愈合，而且疼痛反应剧烈，影响仔猪的正常采食和生长。

②生产中许多人在仔猪 15 日龄去势，但此时去势不妥，因为仔猪 15 日龄时通过初乳获得的母源抗体开始下降，而仔猪自身的免疫机制尚未健全，处于免疫低谷，此时去势，病原极易通过伤口感染，引发疫病。7～10 日龄的仔猪处于母源抗体的保护之中，此时去势易操作，应激反应相对较小，出血量少，不但有利于快速恢复体能，而且可以避免因去势应激诱发疫病或致死。

③注意严格消毒。在去势的前 1 d,对猪舍进行彻底消毒,可以减少环境中病原微生物的数量,减少病原微生物与刀口接触的机会。

④去势时先用 5%碘酒消毒入刀部位皮肤,防止病原侵入,术后刀口部位撒上抗菌药物,防止感染发炎。

⑤选择阴囊底部纵向切割。用碘酒消毒术部皮肤后,在靠近阴囊底部,纵向划开 1～2 cm 的切口,顺利挤出睾丸即可。此处切口小、位置低,外界异物及粪便不易侵入。

⑥注意止血及术后观察。在睾丸挤出后,用手指捻搓精索和血管,有一定的止血作用。操作完毕后,应仔细检查有无隐性腹股沟疝所致的肠管脱出,以便及时采取措施。

仔猪补铁

仔猪出生后容易发生缺铁性贫血,所以需要及时对仔猪进行补铁。

二维码 5-4　仔猪补铁

1.仔猪补铁的原因

①铁是形成血红蛋白和肌红蛋白所必需的微量元素,同时又是细胞色素酶类和多种氧化酶的成分。

②初生仔猪体内铁的贮存量很少,约 50 mg(个体间差异很大),每天需要约 7 mg 铁,但母乳中含铁量很少,仔猪每天从母乳中最多可获得 1 mg 铁。

③缺铁将影响仔猪的生长,抗病能力减弱,容易得病。

2.仔猪缺铁症状

皮肤和黏膜苍白、被毛粗乱、食欲减退、轻度腹泻、萎靡、生长停滞,严重者死亡。

3.补铁方法

仔猪 3 日龄补铁,在仔猪颈部肌内注射。根据仔猪体重,肌内注射铁制剂 1 mL,含铁剂 150～200 mg。

4.补铁注意事项

①补铁注射时,要对注射部位仔细消毒。

②轻轻摇动铁制剂,保证铁含量的均匀,防止因铁含量不匀造成中毒。

③注射时,一猪一针头,防止药剂外溢,应缓慢拔出针头,否则起不到补铁效果。

④不要将铁剂和青霉素一起使用,即使注射在不同部位也会产生毒性反应。

⑤特殊猪群,征求兽医意见后可进行第二次注射。

加强补料

哺乳仔猪生长速度较快,所需要的各种营养物质相对较多,这就要求仔猪日粮中所能提供的各种营养物质要多。所以仔猪需要提早开食,适时补料。

仔猪提早开食适时补料是为了促进消化器官的发育和消化机能的完善,锻炼仔猪咀嚼和消化能力,并促进胃内盐酸的分泌,避免仔猪啃食异物,防止下痢,为断奶后的饲养打下良好的基础。

随着仔猪日龄的增加，其体重和所需要的营养物质与日俱增，仔猪单靠母乳不能满足其快速生长发育的需要，补料能够增加仔猪营养，减轻母猪的泌乳负担。因此在7日龄左右应对仔猪进行开食。

1. 开食

将第一次训练仔猪吃料称为开食，一般在仔猪出生后5～7 d开食。先将仔猪饲槽或喂饲器搬到仔猪补饲栏内并打扫干净。投放30～50 g的仔猪开食料，然后把仔猪赶到补饲栏内。饲养员蹲下，用手抚摸抓挠1～2头仔猪，待仔猪安稳后将仔猪料慢慢地塞到仔猪嘴里，每天训练4～6次(集中1～2头训练仔猪)。经过3 d左右的训练，仔猪便学会采食饲料，其他仔猪效仿学会采食饲料。生产上，多在开食前2～3 d固定抚摸抓挠1～2头仔猪，每天4～6次，每次5 min左右，到开食当天一边抚摸抓挠，一边向仔猪嘴里塞料，同样训练3 d左右。

二维码 5-5　仔猪寄养

2. 补料

一般在仔猪15～20日龄时，每天给仔猪补料6次，开始每次每头20～50 g。根据情况以不剩过多饲料为宜。所剩饲料不卫生时，应将剩料清除干净，喂母猪时应重新投料。

3. 补料应坚持少量多次、勤补的原则

每天至少观察6次，保持随时有料并保证其干净、新鲜。

仔猪补料推荐量如表5-4所示。

表 5-4　仔猪补料推荐量

日龄/d	10	10～14	14～21
推荐补料量/[g/(头·d)]	5～10	10～15	20～30

知识拓展

仔猪检查要点

(一)全群检查

1. 对1～3日龄仔猪的检查和护理

①仔猪出生的头3 d是最关键的时期，在此期间要照顾仔猪吃好初乳，并注意观察和护理。

②在平时要勤巡视圈舍，发现异常或被压仔猪应及时转移、解救。

③因寒冷扎堆的仔猪要辅助进入护仔箱保暖。

④根据仔猪声音判断，被压的仔猪叫声长而尖，听见异常叫声，要迅速查找声音来源，及时救助。

2. 健康检查

①检查仔猪大小、毛色、光泽、胃肠填充情况、体格坚实度以及皮肤、蹄的健康情况。

②掉队猪要及时护理或寄养。

③八字腿仔猪可用布条捆绑至正常行走的腿间距，3 d后解开，一般可矫正。

3. 躺卧行为

查看所有的仔猪是否有寻找热源的行为或寻找冷源的行为。

①仔猪遇冷时蜷缩身体，并向其他仔猪或者母猪的乳房等热源靠近。

②做好保暖，冬季要训练仔猪进护仔箱。

4. 习性

健康、正常仔猪表现为很安静或警惕，好嬉戏，无攻击行为。

(二)逐头检查

仔猪总体印象和灵活程度检查项目如表5-5所示。

表5-5 仔猪总体印象和灵活程度检查项目

检查项目	正常情况	异常情况
姿势	侧卧或正常行走	发冷、害怕、弓背、跛行
皮肤	光亮的粉红色，没有外伤	发红、发绀、黄染、出血、皮炎等
毛发	捋顺、有光泽、没有毛茸	毛苍、发黄
腹部	饱满、充盈、无突出块	干瘪
肢蹄	正常行走	外伤、关节肿大、跛行
粪便	松软	腹泻、便秘
补料	干净无霉变	有粪便、尿液等污染
饮水	干净、清亮、无异物	有粪便、尿液等污染

任务三　保育仔猪的饲养管理

一、断乳方法

(一)断乳条件和时间

仔猪自然断乳时间为8～12周龄，此时母猪乳腺接近干乳，无乳汁分泌，以前养猪生产实行8周龄断乳，以后逐渐缩短到现在的断乳时间。确定仔猪的断乳时间，主要根据仔猪消化系统成熟程度(吃料量、吃料效果)、仔猪免疫系统的成熟程度(发病情况)、保育舍环境条件、保育舍饲养员饲养保育猪技术熟练程度、保育猪饲料的质量等来确定。鉴于我国的猪舍环境条件、生猪价格、早期保育猪料价格等实际情况，适宜的断乳时间为3～4周龄，仔猪培育技术不成熟或环境条件较差的养殖场不得早于4周龄，但不能迟于5周龄。我国的代乳品价格较高，猪舍环境条件不能满足仔猪生长发育要求、现场仔猪管理水平较低、养猪的经济效益不高等因素导致的过早断乳会增加饲养、环境控制等成本，同时仔猪育成率也无法保证。但过晚断乳会使母猪的年产仔窝数减少，相对增加母猪的饲养成本，降低养猪生产的整体效益（表 5-6）。

表 5-6　仔猪不同断乳日龄的经济效益

断乳日龄	哺乳期母猪饲料消耗/kg	56 日龄每头仔猪的饲料消耗/kg	每头仔猪负担母猪的饲料消耗/kg	56 日龄内的仔猪增重/kg	56 日龄内仔猪饲料转化率
28	125	16.80	11.35	13.34	2.11
35	164	14.90	14.91	12.85	2.32
50	239	11.70	21.73	12.98	2.58

(二)断乳方法

1.一次断乳法

一次断乳法是指到了既定断乳日期，一次性地将母猪与仔猪分开，不再对仔猪进行哺乳。此方法适于工厂化猪场和规模化猪场，便于工艺流程实现全进全出，省工省事。但个别体况差的仔猪应激反应较大，可能影响其生长发育和育成。

2.分批分期断乳法

根据一窝中仔猪生长发育情况，进行不同批次断乳。一般将体重大、体质好、采食饲料能力较强的仔猪提前 1 周断乳；而体重小、体质弱、吃料有一定困难的仔猪延缓 1 周左右断乳，但在此期间应加紧训练仔猪采食饲料的能力，以免造成哺乳期过长，影响母猪的年产仔窝数。此方法适于分娩舍设施利用节律性不强的小规模猪场。

3.逐渐断乳法

在预定断乳时间前 1 周左右，逐渐减少日哺乳次数，到了预定断乳时间将母仔分开，实行断乳。此法适用于规模小、饲养员劳动强度不大的养殖场，饲养人员可以有充足时间来控制母猪哺乳。

仔猪早期隔离断乳有益仔猪健康，首先是对养猪生产环境卫生及生物安全的普遍重视；其次是实行全进全出制度。目前仔猪早期隔离断乳正在推广“不同日龄分开饲养”的方法，也就是说在一个猪场饲养的仔猪日龄相差不足 1 周。保育舍与母猪舍及其他生产舍分开隔离，隔离距离 250 m 到 10 km 不等。

二、仔猪早期隔离断乳的主要特点

根据本地区一段时期内一些传染病的流行情况，对妊娠母猪进行免疫，使之对某些特定的传染病产生抗体。这些抗体通过胎盘垂直传播给胎儿，出生前获得某些特定疾病的免疫。必须安排初生仔猪早吃初乳，便于仔猪获得较多的抗体。根据传染病流行情况，对仔猪进行免疫，形成自身抗体。仔猪在特定疾病的抗体消失、自身抗体即将形成前（3 周龄前）实行断乳，并将保育猪转群到卫生、干净、温湿度适宜，并且有良好隔离条件的保育舍进行养育。美国、加拿大等国保育舍的使用周期只有 4～5 周，即 9 周龄时离开保育舍，我国一般在保育舍内饲养到 10 周龄。

根据保育猪生理消化特点配制早期保育猪饲粮，配制饲粮必须注意 3 个方面：一是适口性要好，二是容易消化，三是营养全面。仔猪断乳后，认真观察母猪发情，及时配种妊娠。由于仔猪健康无病，保育舍条件舒适、卫生，仔猪断乳后应激反应小等因素，使得保育猪生长速度较快。10 周龄体重可达 35 kg 左右，比非早期隔离断乳法饲养仔猪体重增加 10 kg 左右。

三、早期隔离断乳法的依据

由于对仔猪消化生理研究的不断发展，使得对仔猪代乳料的研究开发日趋完美。仔猪 2 周龄左右所需营养完全由仔猪料中供给已成为可能，保证了仔猪的快速生长。

母猪妊娠期间对某些特定传染病进行免疫，便于仔猪出生前获得一定的抗体。出生后通过吃初乳又获得了一些不能垂直传递的抗体，从而更加增强了仔猪的免疫力。仔猪在母源抗体消失前(3 周龄)应将其转群到条件较好、卫生安全的保育舍养育，减少疾病感染概率。

早期隔离断乳的仔猪应激反应小，持续时间短，减少了生长停滞期，缩短了猪的生长期，提高了圈舍及设施利用率，降低了固定资产成本，与此同时加快了生长速度。

四、早期断乳保育猪的饲养管理

(一)断乳日龄的确定

断乳日龄根据所要防治的疾病、生产条件、技术水平而定，一般 14～21 日龄较好(有利于以周为单位流程生产)，但是如果是 14 日龄断乳，母猪很难在断乳后 1 周左右发情配种。

(二)饲粮配合原则

用于早期隔离断乳法的仔猪饲粮要求较高。应根据保育猪的消化生理特点和生长发育规律进行配制。一般可分为 3 个阶段：第一阶段用于开食和断乳后 1 周，第二阶段用于断乳后 2～3 周，第三阶段用于断乳后 4～6 周。第一阶段饲喂粗蛋白质 20%～22%，赖氨酸 1.38%，消化能 15.40 MJ/kg；第二阶段饲喂粗蛋白质 20%，赖氨酸 1.35%，消化能 15.02 MJ/kg；第三阶段饲喂粗蛋白质 20%，赖氨酸 1.15%，消化能 14.56 MJ/kg。3 个阶段饲粮的主要蛋白质原料不同，有研究者建议，第一阶段饲粮必须使用血清粉、血浆粉和乳清粉，第二阶段不需要血清粉，第三阶段只需要少量乳清粉。

(三)饲养管理原则

仔猪采用全进全出彻底消毒制度，保育舍使用周期为 4～6 周。每个保育栏养育仔猪 10 头左右，每个保育舍有保育栏 10 个，温、湿度适宜，空气新鲜。隔离设施完备，防疫消毒制度化，转群过程中隔离环境条件较好，在断乳后 30～60 d 必须想办法让保育猪采食饲料；只要每头仔猪采食 30 g 饲料，其能量就可以使仔猪不感到饥饿，为了便于仔猪采食和消化吸收，所使用的饲料应以颗粒料为好。为培养保育猪的采食习性，必须有足够的采食空间，至少保证每 4 头猪具有宽度为 15 cm 的采食空间，从而增进仔猪食欲，带动所有的仔猪采食。断乳采食固体饲料时，必须保障供应充足、卫生的饮水，根据日龄、体重掌握日喂量(表 5-7)。

表 5-7　根据断乳重，分阶段饲养程序不同日粮每天的饲料供给量　kg

项目	断乳体重								
	3.6	4.1	4.6	5.1	5.6	6.1	6.6	7.1	7.6
早期断乳日粮	1.4	0.9	0.7	0.5	0.25	0.25	0	0	0
过渡期日粮	2.3	2.3	2.3	2.3	1.4	1.4	0.9	0.9	0.9
第二阶段	6.8	6.8	6.8	6.8	6.8	6.8	6.8	6.8	6.8
第三阶段	23.0	23.0	23.0	23.0	23.0	23.0	23.0	23.0	23.0

仔猪早期隔离断乳可以提高生产性能，据报道，早期隔离保育猪 10 日龄断乳，其同窝仔猪 27 日龄断乳，均接受同一水平的药物投放，并给予相同的四阶段日粮至体重达到 18 kg。在此期间，早期隔离断乳猪的生长速度比非早期隔离断乳提高了 23%(表 5-8)。

表 5-8　早期隔离断乳与非早期隔离断乳生产性能对比

项目		传统法	早期断乳隔离法
各阶段仔猪体重/kg	初生重	1.54	1.52
	10 日龄	3.17	3.10
	4 周龄	7.45	8.08
	5 周龄	8.89	10.90
	6 周龄	11.67	13.50
	7 周龄	14.76	17.79
平均日增重/kg		272	336
结果：105 kg 体重日龄		160.35	155.10

实行仔猪早期隔离断乳技术，要求具有一定水平的猪舍和设施，同时要有高质量的代乳品，并加强管理才能做好。

五、营养与日粮

哺乳仔猪生长速度较快，所需要的各种营养物质相对较多，这就要求仔猪日粮中所提供的各种营养物质要全面。

(一)能量需要

哺乳仔猪所需能量有两个来源：一个是母乳，另一个是仔猪料，这也为仔猪日粮能量需要的数据带来了难题。每头母猪泌乳量及乳质不同，每日提供的能量就不同，在这种情况下，人们只能按仔猪生长速度来考虑其能量供给问题。但在仔猪营养需要方面将哺乳仔猪能量需要单独研究的目前还很少，大多是借鉴生长猪 3～10 kg 阶段的能量需要数据，而 3～10 kg 阶段生长猪的能量需要只是最低需要量，和实际生产中仔猪生长的速度相比，还存在很大差距，因此该数据只是人们在饲粮配合时的一个参考依据，这些数据最初也是根据仔猪维持营养需要和生长需要计算出来的。当日粮中提供的能量水平高出维持需要时，剩余的那部分能量将用于生长，所以说在蛋白质、氨基酸、矿物质、维生素和水充足的情况下，能量水平决定了仔猪的生长速度。实际生产中，应根据体重和预期的增重值考虑能量供给，美国 NRC(2012)标准为：5～7 kg 阶段生长猪日粮中有效消化能含量为 14.82 MJ/kg，日采食量 280 g，日摄取有效消化能 4.15 MJ，预期日增重 210 g 左右；7～11 kg 阶段要求日粮中有效消化能含量仍为 14.82 MJ/kg，日采食量 493 g，日摄取有效消化能 7.30 MJ，期望日增重 335 g 左右。但在实际生产中，仔猪生长速度比资料介绍的要普遍快一些，另外需要考虑哺乳仔猪所居环境温度是否处在 25～28 ℃，环境温度不适将导致哺乳仔猪对能量需求发生变化：温度偏低则猪只体热散失过多，用于生长能量减少，为了保证其生长速度，要增加能量供给数量；温度偏高时，仔猪食欲降低，影响日摄取能量总量，同时高温环境也会增加机体热能损失，结果同样使维持能量增加，生长能量减少，要想使仔猪日采食较多的能量，可以通过增加日粮中能量含量的方法来满足哺乳仔猪对能量的需要。具体做法是向哺乳仔猪饲粮中添加 3%～7%的动物脂肪，动物脂肪与植物脂肪相比，动物脂肪饱和脂肪酸含量高，易于被仔猪消化吸收，同时也能减少腹泻。鉴于上述原因，应根据不同的品种、年龄、体重，不同生产水平要求，不同的环境条件，不同的健康状况灵活控制哺乳仔猪能量供给，以期达到理想的生长要求。

(二)蛋白质、氨基酸的需要

为了使哺乳仔猪健康迅速地生长发育，一要保证能量需求，二要保障蛋白质、氨基酸的供给，不同的品种、年龄、体重，不同的生产水平对蛋白质氨基酸需求也有差异，美国 NRC(2012)标准为 5～7 kg 阶段粗蛋白质为 26%，赖氨酸 1.7%；7～11 kg 阶段，粗蛋白质为 23.7%，赖氨酸 1.53%，其他氨基酸的需要量参考美国 NRC(2012)标准。哺乳仔猪除由日粮中摄取蛋白质和氨基酸外，还可以从母乳中摄取一定数量的蛋白质和氨基酸，以每头哺乳仔猪每日吮乳 500 g 计算，每日由母乳提供的蛋白质为 30 g 左右。在能量供给充足的情况下，再供给充足的蛋白质和氨基酸等营养物质，即可保证哺乳仔猪迅速生长。反之，能量供给不充足，蛋白质水平再高，氨基酸平衡再好，哺乳仔猪照样将蛋白质和氨基酸经脱氨基作用氧化产热，加重肝肾负担，浪费蛋白质资源，增加饲料成本。

哺乳仔猪及其他猪之所以将能量需要作为生长的第一需要，是由于猪是恒温动物，始终以能量需要作为第一要素，这一生理特性在营养供给上应引起充分重视，便于科学利用营养资源。哺乳仔猪日粮中蛋白质水平的高低不足以全面评价其质量的优劣，常以日粮中仔猪所需的必需氨基酸，特别是一些限制性氨基酸在日粮中的含量作为评价哺乳仔猪饲粮的重要依据。赖氨酸是一种限制性氨基酸，赖氨酸不足，一则生长速度受限，二则会增加哺乳仔猪腹泻发病率。所以说单纯看仔猪日粮蛋白质水平高低是不全面的，有时日粮中过多使用植物性蛋白质，往往会出现哺乳仔猪消化道免疫反应损伤而引起腹泻。如果把日粮中蛋白质水平降低 2%～3%，同时增加 0.1%～0.3%的赖氨酸，会大大降低哺乳仔猪腹泻的发生。

以上提及的蛋白质、氨基酸在饲粮配合过程中要特别注意作为哺乳仔猪日粮配制的关注指标，应根据哺乳仔猪蛋白质、氨基酸需要特点，选择必需氨基酸含量高，特别是限制性氨基酸含量高的饲料原料，如进口鱼粉等。但鱼粉资源在世界范围内日益锐减，并且价格较高，所以有些猪场已改用氨基酸平衡法来配制哺乳仔猪日粮，既科学又经济。氨基酸水平不是越高越好，关键是各种氨基酸的平衡，所以应根据美国 NRC(2012)标准中各种氨基酸推荐数量酌情添加，进行日粮配合，以优良的氨基酸组合保证哺乳仔猪快速生长，反之会使哺乳仔猪生长速度变慢，饲料转化率降低，有时还会引发哺乳仔猪健康问题。

(三)矿物质需要

哺乳仔猪骨骼肌肉生长较快,对矿物质营养需要量较大,在过去非封闭式饲养情况下,人们只注重钙、磷的补给,而忽视了其他矿物质营养的供给,导致哺乳仔猪生产水平较低。由于骨骼的主要成分是钙、磷,当哺乳仔猪日粮中缺乏钙、磷时,会造成猪只生长速度变慢、身体变形等不良后果。美国 NRC(2012)标准是:5～7 kg 阶段钙 0.85%,总磷 0.70%,ATTD 磷 0.41%;7～11 kg 阶段钙 0.80%,总磷 0.65%,ATTD 磷 0.36%。以上数据是使用玉米-豆粕型日粮时,保证最大增重速度和饲料转化率的最低需要量,而实际配合日粮中要高于这个数值,特别是钙含量超出标准更多,究其原因:第一是预混料中所用的稀释剂或载体多选用含钙高的石粉或石膏;第二是由于高钙高磷日粮有利于封闭状态下采光系数较低的舍内猪对钙、磷的需求;第三是根据哺乳仔猪将来用途而设计,后期用于种用的哺乳仔猪日粮中应高钙、高磷,可以增加其骨骼密度,防止骨质疏松,增强抗碎强度。研究表明,母猪在幼龄阶段高钙高磷可以延长繁殖寿命,鉴于此种情况,在配合哺乳仔猪日粮时应高出标准 0.1%;第四是哺乳仔猪日粮中主要原料来源于植物谷类,植物谷类钙含量普遍较少,而有些饲料磷的含量较高,60%左右是以植酸磷形式存在,猪对植酸磷在无外源酶情况下利用率很低。研究结果表明,猪对植物磷的利用率只有 30%左右,在哺乳仔猪日粮配合时可作为重要参照。仔猪对植物磷的利用率因其饲料种类不同而异(表 5-9)。

表 5-9　仔猪常用饲料中磷的相对生物利用率

饲料成分	利用率/%	饲料成分	利用率/%	饲料成分	利用率/%
玉米	14	小麦次粉	45	鱼粉	100
高粱	19	米糠	25	血粉	92
大麦	31	苜蓿粉	100	干乳清	76
燕麦	30	豆饼(去壳)	25	磷酸氢钙	100
小麦	50	豆饼(CP=44%)	35	脱氟磷矿石	87
黑小麦	50	大豆壳	78	肉骨粉	76
玉米麸	14	花生饼	12	蒸骨粉	82
玉米面筋饲料	59	双低菜籽饼	21	柿子饼	15
酒糟(带可溶物)	71	红花油饼	3		
小麦麸	35	棕榈仁饼	11		

数据来源:宋育,1995,猪的营养。

在掌握了钙、磷需要量的同时,还应注意钙、磷比例,便于提高日粮中钙、磷吸收利用效果。研究表明,3～5 kg 阶段猪,钙与有效磷最佳比例为 1.6∶1;5～10 kg 阶段猪,钙与有效磷最佳比例为 2∶1。高于以上比例,对仔猪有害而无益,表现出采食量、增重速度、饲料转化率和骨骼质量下降等不良后果。为了提高钙、磷利用效果,实际配合日粮时多选用石粉作为钙源,磷酸氢钙作为磷源。

在矿物质营养中还应注意钾、钠、氯的需要与供给问题,当植物饲料中钠不足而钾过量时,应重点考虑钠、氯需要量,根据标准,向哺乳仔猪饲粮中添加 0.3%的食盐,即可以满足哺乳仔猪对钠和氯的需要,防止钾、钠、氯缺乏。电解质不平衡常会影响仔猪生长发育和饲料转化率,严重时引起仔猪食欲减退、被毛粗糙、消瘦、行动懒惰、运动失调等不良后果。仔猪养殖过程中也要注意钾、钠、氯在日粮中含量过高所引起的中毒，特别是饮水设施不完善的情况下，应引起充分重视。据报道，在饮水充足的情况下，哺乳仔猪可以耐受日粮中高水平的食盐和钾；当饮水受限时，过量食盐会使仔猪出现神经过敏、虚弱、蹒跚、癫痫、瘫痪和死亡等中毒症状。钾中毒主要表现为心电图失常。

哺乳仔猪可以从含硫氨基酸和母乳中获得硫和镁，一般无须另外添加。但对于生长速度快、瘦肉率高的猪种，添加一定量的镁可以减少其应激过敏。

其他微量元素如铁、铜、锌、硒是近几年来人们普遍关注的问题，美国 NRC(2012)标准要求铁为 100 mg/kg。但实际生产中，哺乳仔猪开食料中其添加量为 100～160 mg/kg，究其原因是若其他微量元素超标准添加，铁必须首先超标准添加，从而缓解中毒。

铜是近十年内添加量和添加效果研究的热点。美国 NRC(2012)标准要求，5～11 kg 阶段为 6 mg/kg。这个数值完全可以保证仔猪正常生长发育的需要。但实际生产中，人们会在哺乳仔猪饲粮中添加 150～300 mg/kg 高剂量添加铜：一是稍高剂量铜可以促进仔猪生长；二是满足过去有些人所谓的黑粪要求，实际上是不科学的。一些欧美国家从环保角度和资源合理利用角度，将饲粮中铜的含量要求控制在 125 mg/kg 以下。仔猪缺铜可能会出现缺铜性贫血。母猪乳中铜的含量较低，但是可以通过给妊娠母猪饲喂高剂量添加铜，增加初生仔猪体内铜的贮量。

锌的需要量受饲粮中钙、磷、铜含量，干饲与湿饲，阳光直射时间和强度，猪的毛色等因素的影响。美国 NRC(2012)标准推荐 5～11 kg 阶段仔猪锌为 100 mg/kg，但是饲粮中钙、磷、铜超标，干饲，阳光暴晒，无色猪将增加对锌的需要量，为防出现相对缺锌引发皮肤不全角化症，饲料中锌添加量一般为 150～180 mg/kg。

硒的需要量受地区、敏感猪群影响较大，过去我国北方大部分地区存在缺硒的情况，但随着含硒饲料、含硒肥料的广泛使用，这种情况已有所改变。生长速度快、瘦肉率高的猪种对缺硒更为敏感。幼龄猪缺硒多发生在生长速度快、体质健壮的仔猪中，轻者应激反应过敏，重者患白肌病、营养性肝坏死，使仔猪死亡率增加，给仔猪培育带来一定的损失。美国 NRC(2012)标准推荐，5～11 kg 阶段硒为 0.3 mg/kg。添加的原料多为 Na_2SeO_3，其毒性较大，严禁超标准添加。缺硒地区一方面在母猪妊娠期间注重日粮中硒的添加；另一方面仔猪出生后第 1 天肌内注射亚硒酸钠 0.5 mg。仔猪饲粮中添加硒时一定要搅拌均匀，谨防中毒。

锰作为多种与糖、脂类和蛋白质代谢有关酶的组成成分发挥作用，同时锰是骨骼有机质黏多糖组成成分。美国 NRC(2012)标准推荐量为 4 mg/kg，锰很容易穿过胎盘，所以妊娠猪缺锰会导致初生仔猪缺锰，将影响仔猪骨骼生长发育，而哺乳仔猪的锰可以从母乳和饲粮中获得。

(四)维生素需要

哺乳仔猪所需要的维生素量应根据仔猪日粮类型、日粮营养水平、饲料加工方法、饲料贮存环境和时间、维生素预前处理、哺乳仔猪饲养方式、仔猪生长速度、饲料原料组成、仔猪健康状况、药物使用、体内维生素贮存状况等因素综合考虑。美国 NRC(2012)标准中各种维生素的需要量只是最低需要量，实际配合饲粮时，维生素水平至少是饲养标准需要量的 2～8 倍。哺乳仔猪所需维生素来源于母乳和日粮，根据玉米-豆粕-乳清粉型日粮特点，考虑添加维生素 A、维生素 D、维生素 E、维生素 K、维生素 B_1、维生素 B_2、泛酸、烟酸、维生素 B_{12}、胆碱、维生素 B_6、生物素、叶酸。

仔猪维生素 A 缺乏往往是母猪饲粮缺乏造成的，导致初生仔猪免疫力下降，生长发育受阻。维生素 D 缺乏会影响钙、磷的吸收，使仔猪出现佝偻病影响生长。维生素 E 是哺乳仔猪最容易缺乏的，其原因为：一是饲料中维生素 E 含量少；二是维生素 E 极易被空气氧化破坏；三是仔猪日粮中添加脂肪，特别是一些不饱和脂肪酸易使维生素 E 氧化；四是仔猪生长速度快，特别是瘦肉率高的仔猪对维生素 E 最敏感。基于上述原因，应向哺乳仔猪日粮中添加维生素 E 40～100 mg/kg。而美国 NRC(2012)标准中维生素 E 推荐量为 10 mg/kg。根据报道，高水平添加维生素 E(150～300 mg/kg)可以增强仔猪的免疫力，对仔猪健康有利。另有报道，初生仔猪缺乏维生素 E 或硒，可以导致仔猪肌内注射铁质后 10～12 h 部分或全部死亡。

维生素 K 对于哺乳仔猪是必需的，因为哺乳仔猪肠道内微生物少，不能合成自身所需要的量。因此在其饲粮中应添加 2 mg/kg。维生素 A 和维生素 D 过量添加毒性较大。一般维生素 A 添加量不要超过 20 000 IU/kg，维生素 D 不应超过 2 000 IU/kg。哺乳仔猪日粮中由于其植物饲料中含有较丰富的水溶性维生素，故应按美国 NRC(2012)标准，至少 2 倍左右添加，防止出现缺乏症。

值得指出的是胆碱对维生素 A、维生素 D_3、维生素 K 和泛酸等易起到破坏作用。因此，多种维生素预混剂中不含有胆碱，应在配合饲粮时加入。其他维生素要想增加保存时间，均应进行抗氧化包埋处理。健康状况不佳的仔猪，应酌情增加维生素添加量。饲料加工过程中有加温工艺的应增加维生素用量，因为高温对维生素具有破坏作用。生长速度快的猪也应增加维生素添加量。

(五)水的需要

仔猪出生后 1～3 d 就需要供给饮水。其所需数量受仔猪体重、健康状况、饲粮组成、环境温度和湿度等因素影响。哺乳仔猪对水质要求较高，要求符合饮水卫生标准，同时要有完善的饮水设施。

现代养猪生产多选用饮水器或饮水碗，一般认为哺乳仔猪习惯使用饮水碗。但要保证饮水碗的清洁卫生。鸭嘴式饮水器的高度一般为 15～25 cm，水流量至少 250 mL/min。据报道，水中含有硝酸盐或硫酸盐易引起仔猪腹泻。生产实践中若水中氟含量过高，会出现关节肿大；若锰含量偏高，仔猪易出现后肢站立不持久及节律性抬腿动作。

知识拓展

保育舍饲养管理

工作目标：规范商品保育猪的饲养操作，确保保育猪健康成长。

操作规程：

(1)猪群转入前，空栏要彻底冲洗，晾干后用福尔马林(或其他可熏蒸消毒药)进行熏蒸消毒，保证消毒后空栏超过 3 d，进猪前一天做好准备工作。

(2)检查猪栏设备及饮水器是否正常，不能正常运作的设备及时通知维修人员进行维修。

(3)按批次化生产规程，每周或每3周转入、转出猪群一批次，猪栏的猪群批次清楚明了，大小、强弱分群，如果有条件，应做到公、母分群。

(4)猪群转入前，要将舍内温度提高，比分娩舍温度提高2℃。提前准备好保温板和加铁条塑料大盘料槽。

(5)猪群转入后立即进行调整，按大小和强弱分栏，保持每栏14～18头，猪群的分布注意特殊照顾弱小猪(冬天注意保温，远离主要进出门口)。残次猪应及时隔离饲养，将病猪栏置于下风向。无治疗价值的病猪应及时淘汰。刚转入小猪栏的仔猪要用木屑或棉花将饮水器撑开，使其有小量流水，诱导仔猪饮水，并注意经常检查饮水器。

(6)猪群转入后，在料槽附近撒少量饲料，诱导仔猪吃料。头两天注意限料，同时确保猪群转入前后饲料品种一致，以防消化不良引起下痢。之后勤添少添，逐渐过渡到自由采食。

(7)根据温度变化，做好通风换气、防暑降温及防寒保温工作，注意舍内有害气体浓度，保持合理的密度、温度、湿度和通风。保育舍大环境适宜温度为22～26℃，小环境适宜温度为24～28℃。

二维码5-6 保育仔猪的饲养管理

(8)保持圈舍卫生，加强猪群调教，训练猪群吃料、睡觉、排便“三定位”。尽可能不用水冲洗有猪的猪栏(特别炎热季节除外)。

(9)第一周，饲料中添加电解多维等抗应激药物和替米考星、泰万菌素、支原净、强力霉素等抗生素，预防链球菌病、副猪嗜血杆菌病等疾病。一周后开展体内外和环境三位一体驱虫工作。按免疫程序进行疫苗预防接种，每猪一个针头，做好消毒工作。

(10)清理卫生时注意观察猪群排粪情况，喂料时观察猪群食欲情况，休息时检查呼吸情况，发现异常情况及时检查、隔离、治疗甚至淘汰，并做好问题分析、预防保健。

(11)根据需要用有机酸或复合益生菌开展带猪消毒，维持猪舍和猪群微生态平衡。原则上不用化学消毒药带猪消毒，特殊情况下可以用过硫酸氢钾等化学消毒药带猪消毒，但要注意猪舍的湿度和化学消毒药对猪黏膜的损伤。

(12)饲养人员尽量不要进入猪栏内开展生产活动，进入猪舍前注意换鞋、更衣、洗手、消毒。

(13)清除猪舍周围杂草，猪舍内外阴沟、阳沟不能有积水，每周对猪舍周围环境有效消毒1～2次。

职业技能测试题

1. 仔猪初生时期缺乏(　　)。

A. 凝乳酶　　B. 乳糖酶　　C. 胰蛋白酶　　D. 胃蛋白酶

2. 万头猪场的生产指标中，哺乳仔猪的成活率一般要求达到(　　)。

A. 99%　　B. 98%　　C. 95%　　D. 90%

3. 猪的初生期生长强度最大的是(　　)。

A. 骨骼　　B. 皮肤　　C. 肌肉　　D. 脂肪

4. 仔猪的初生重还不到它成年体重的(　　)。
   A. 1%　　B. 3%～4%　　C. 5%～7%　　D. 9%～10%
5. 哺乳仔猪出生后(　　)d 内必须要进行固定乳头。
   A. 1　　B. 2～3　　C. 4～5　　D. 5～7
6. 哺乳期间仔猪一般不容易患的疾病是(　　)。
   A. 仔猪白痢　　B. 猪瘟　　C. 仔猪红痢　　D. 传染性胃肠炎
7. 哺乳仔猪出现贫血的主要原因是(　　)。
   A. 缺铁　　B. 缺钙　　C. 缺镁　　D. 缺锌
8. 规模化猪场采用的仔猪断奶方式一般为(　　)。
   A. 一次性断奶　　B. 分批断奶　　C. 自然断奶　　D. 逐渐断奶
9. 若要保证每头母猪所产仔 2.3 窝，则其哺乳期应为(　　)d。
   A. 28　　B. 35　　C. 38　　D. 45
10. 早期断奶日龄多推荐在(　　)日龄。
   A. 56～60　　B. 30～45　　C. 40～56　　D. 28～35

项目六
数字化肉猪育肥

项目导读

在生长发育阶段，猪的体重迅速增加，肌肉和骨骼发育较快，养殖者可以通过科学的饲养管理手段，有效地影响猪的生长速度和体重，从而提高养猪的经济效益。

在本项目中，我们将深入探讨两个核心问题，即生长育肥猪的饲养和生长育肥猪的管理。我们将讨论日粮的合理配制，饲料的选择和调制，饲喂方法，合理分群，注重调教，加强观察与检测，保证充足清洁的饮水，创造适宜的环境条件，以及驱虫与防疫等关键方面。通过本项目的学习，将获得关于肉猪育肥的综合知识和实践技能，为将来的职业生涯奠定坚实的基础。

学习目标

素质目标：

1. 培养对生长育肥猪饲养管理的兴趣和热爱，增强对农业养殖的责任感和使命感。
2. 培养实践、观察与分析能力，以及解决问题的能力。
3. 培养团队合作精神和沟通协作能力。

知识目标：

1. 了解生长育肥猪的生理特点和饲养需求。
2. 掌握合理配制日粮的原则和方法，满足猪的营养需求。
3. 理解饲料的种类和性质，学会选择和调制适宜的饲料。
4. 掌握不同饲喂方法的优缺点，并能选择合适的饲喂方法。

技能目标：

1. 能够合理分群和调教生长育肥猪，促进其生长发育。
2. 具备观察和检测猪健康状况的能力，能及时发现和处理问题。
3. 能够保证充足清洁的饮水供应，确保猪的健康。
4. 能够创造适宜的环境条件，为猪提供良好的饲养环境。

思维导图

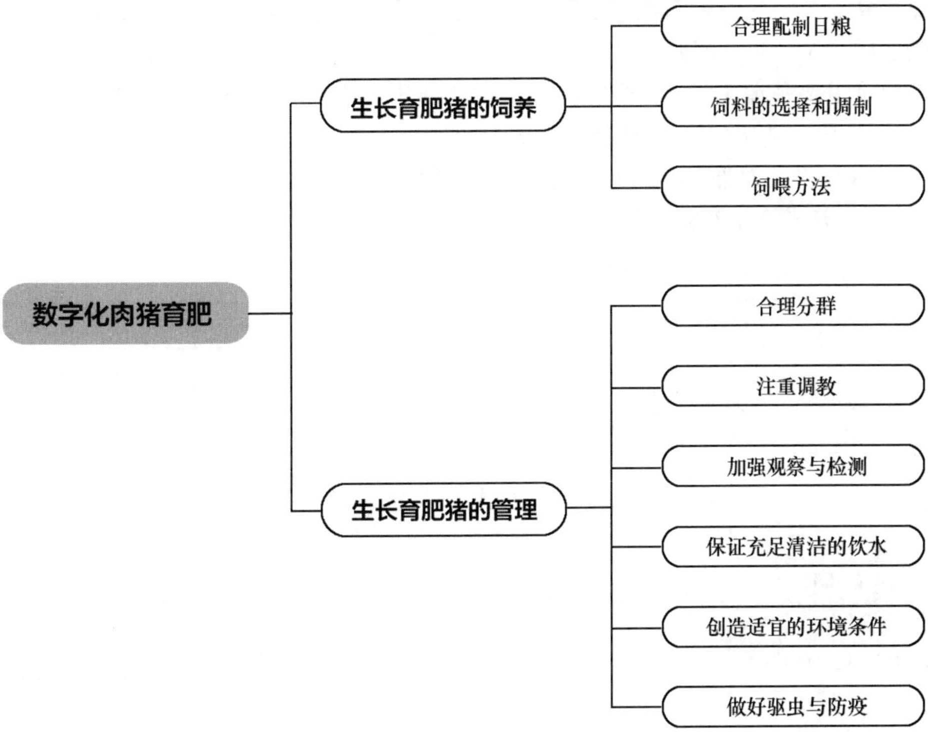

任务一　生长育肥猪的饲养

饲养生长肥育猪的目的是在尽可能短的时间内，使用尽可能少的饲料、人工等，获得数量多、肉质好的猪肉，提高肉猪的日增重和出栏率。育肥猪的饲养效果关系到整个养猪生产的效益，在生长育肥猪的生产中要重点提高增重速度，增加瘦肉产量，降低饲料消耗，促使肉猪早日达到屠宰体重，提高出栏率以及猪舍和设备利用率，加速资金周转，增加经济效益。

生长育肥猪的饲养是通过对日粮的合理配制，选择正确的饲料、饲喂方法及适宜的饲养方式进行的饲养和管理。

一、合理配制日粮

生长育肥猪是猪生长速度最快和耗料量最大的阶段，要想获得适当的利润，必须采用科学的饲养管理技术和饲料配方技术，降低饲料生产成本，提高饲料利用率。一般饲料成本占养猪成本的70%～80%。因此科学地配制生长育肥猪的饲料具有重要的意义。

(一)生长育肥猪的饲养标准

饲养标准是大量饲料试验结果和动物实际生产的总结，对各种特定动物所需要的各种营养物质的定额作出规定。营养需要是指动物在最适环境条件下，正常、健康生长或达到理想生产成绩对各种营养物质种类和数量的最低要求。营养需要量是一个群体平均值，不包括一切可能增加需要而设定的保险系数。实际生产供给量是在实际条件下，为满足动物的需要，在需要量基础上增加了一定的保险系数。

猪的营养需要是指猪对蛋白质、能量、矿物质和维生素的需求，以维持其生理功能及生产活动。猪的营养需要受到许多因素的影响，如环境、品种、性别、体重、年龄等。NY/T 65—2004 明确了瘦肉型猪对能量、蛋白质、氨基酸、矿物质元素和维生素的需要量(表 6-1)。适用于配合饲料厂、养猪场和养猪专业户瘦肉型猪的饲粮配制。

表 6-1 生长育肥猪每千克饲粮养分含量(自由采食，88%干物质)

体重/kg	3～8	8～20	20～35	35～60	60～90
平均体重 Average BW/kg	5.5	14.0	27.5	47.5	75.0
日增重 ADG/(kg/d)	0.24	0.44	0.61	0.69	0.80
采食量 ADFI/(kg/d)	0.30	0.74	1.43	1.90	2.50
饲料/增重 F/G	1.25	1.59	2.34	2.75	3.13
饲粮消化能含量 DE /[MJ/kg(kcal/kg)]	14.02(3 350)	13.60(3 250)	13.39(3 200)	13.39(3 200)	13.39(3 200)
饲粮代谢能含量 ME /[MJ/kg(kcal/kg)]	13.46(3 215)	13.06(3 210)	12.86(3 070)	12.86(3 070)	12.86(3 070)
粗蛋白质 CP/%	21.0	19.0	17.8	16.4	14.5
能量蛋白比 DE/CP /[kJ/%(kcal/%)]	668(160)	716(170)	752(180)	817(195)	923(220)
赖氨酸能量比 Lys/DE /[g/MJ(g/Mcal)]	1.01(4.24)	0.85(3.56)	0.68(2.83)	0.61(2.56)	0.53(2.19)
			氨基酸/%		
赖氨酸 Lys	1.42	1.16	0.90	0.82	0.70
蛋氨酸 Met	0.40	0.30	0.24	0.22	0.19
蛋氨酸+胱氨酸 Met+Cys	0.81	0.66	0.51	0.48	0.40
苏氨酸 Thr	0.94	0.75	0.58	0.56	0.48
色氨酸 Trp	0.27	0.21	0.16	0.15	0.13
异亮氨酸 Ile	0.79	0.64	0.48	0.46	0.39
亮氨酸 Leu	1.42	1.13	0.85	0.78	0.63
精氨酸 Arg	0.56	0.46	0.35	0.30	0.21
缬氨酸 Val	0.98	0.80	0.61	0.57	0.47
组氨酸 His	0.45	0.36	0.28	0.26	0.21
苯丙氨酸 Phe	0.85	0.69	0.52	0.48	0.40
苯丙氨酸+酪氨酸 Phe+Tyr	1.33	1.07	0.82	0.77	0.64

续表 6-1

体重/kg	3～8	8～20	20～35	35～60	60～90
矿物质元素(%或每千克饲粮含量)					
钙 Ca/%	0.88	0.74	0.62	0.55	0.49
总磷 Total P/%	0.74	0.58	0.53	0.48	0.43
非植酸磷 Nonphytate P/%	0.54	0.36	0.25	0.20	0.17
钠 Na/%	0.25	0.15	0.12	0.10	0.10
氯 C1/%	0.25	0.15	0.10	0.09	0.08
镁 Mg/%	0.04	0.04	0.04	0.04	0.04
钾 K/%	0.30	0.26	0.24	0.21	0.18
铜 Cu/mg	6.00	6.00	4.50	4.00	3.50
碘 I/mg	0.14	0.14	0.14	0.14	0.14
铁 Fe/mg	105	105	70	60	50
锰 Mn/mg	4.00	4.00	3.00	2.00	2.00
硒 Se/mg	0.30	0.30	0.30	0.25	0.25
锌 Zn/mg/	110	110	70	60	50
维生素和脂肪酸(%或每千克饲粮含量)					
维生素 A Vitamin A/IU	2 000	1 800	1 500	1 400	1 300
维生素 D_3 Vitamin D_3/IU	220	200	170	160	150
维生素 E Vitamin E/IU	16	11	11	11	11
维生素 K Vitamin K/mg	0.50	0.50	0.50	0.50	0.50
硫胺素 Thiamin/mg	1.50	1.00	1.00	1.00	1.00
核黄素 Riboflavin/mg	4.00	3.50	2.50	2.00	2.00
泛酸 Pantothenic acid/mg	12.00	10.00	8.00	7.50	7.00
烟酸 Niacin/mg	20.00	15.00	10.00	8.50	7.50
吡哆醇 Pyridoxine/mg	2.00	1.50	1.00	1.00	1.00
生物素 Biotin/mg	0.08	0.05	0.05	0.05	0.05
叶酸 Folic acid/mg	0.30	0.30	0.30	0.30	0.30
维生素 B_{12} Vitamin B_{12}/μg	20.00	17.50	11.00	8.00	6.00
胆碱 Choline/g	0.60	0.50	0.35	0.30	0.30
亚油酸 Linoleic acid/%	0.10	0.10	0.10	0.10	0.10

(二)生长肥育猪对饲料营养的需要

猪的生长育肥阶段是猪营养需要中最重要的一个阶段,猪只在这一阶段中需要的饲料量是它一生采食量的 75%。因此,这一阶段的饲料效率对养猪效益是至关重要的。为了有效地配制优质饲料,首先必须了解猪的营养需要。

1.能量水平

能量供给水平与增重和胴体品质有密切关系，一般来说，在日粮中蛋白质、必需氨基酸水平相同的情况下，肉猪摄取能量越多，日增重越快，饲料利用率越高，背膘越厚，胴体脂肪含量也越多。实验表明，在体重 50 kg 以下，蛋白质沉积、日增重和膘厚随日粮能量含量的增加而上升，每千克增重的饲料消耗则随着日粮浓度的提高而下降。因此在 18～50 kg 这一阶段，最佳的饲喂手段是尽可能地提高日粮的能量摄入量，从而充分地发挥肌肉的生长潜力，降低饲料的消耗。

在不限量饲养条件下，兼顾肉猪的增重速度、饲料利用率和胴体瘦肉率，饲粮消化能水平在 11.91～12.54 MJ/kg 时为宜。为获得较瘦的胴体，饲粮能量浓度还可降低，但饲粮消化能应不低于 10.87 MJ/kg。否则，虽可得到较瘦的胴体，但增重速度、饲料利用率降低太多，经济效益上不合算。

2.蛋白质和必需氨基酸水平

蛋白质不仅是肌肉生长的营养要素，而且是酶、激素和抗体的主要成分，对维持机体生命活动和正常生长发育有重要作用。日粮的蛋白质水平对商品肉猪的日增重、饲料转化率和胴体品质影响极大。蛋白质和必需氨基酸不足，会使生长受阻，日增重降低，饲料消耗增加。饲粮中粗蛋白每降 1%，相应的胴体瘦肉率降 0.5%。大量试验表明，20～90 kg 阶段的育肥猪，日粮粗蛋白质在 11%～18%，日增重速度随蛋白质水平的提高而加快，超过 18%对日增重无明显效果，但可以提高瘦肉率。蛋白质水平过高时，猪需要排出多余的氨基酸，增加猪的代谢负担，或者有些蛋白质转化为能量，会增加单位增重的耗料量。同时由于蛋白质饲料价格较贵，因此在生产上较少通过采用提高蛋白质水平来提高育肥猪胴体瘦肉率。

为了提高饲料蛋白质的利用效率，应根据猪的肌肉生长潜力和肌肉的生长规律，在肌肉高速生长期适当提高蛋白质水平，特别是必需氨基酸浓度，以促进肌肉生长发育。一般瘦肉型育肥猪日粮粗蛋白水平，前期（20～55 kg 阶段）为 16%～18%、后期（55～90 kg 阶段）为 14%～15%为宜。其中，上下幅度视不同品种或不同杂交猪的肌肉生长能力而变化。对肉猪体蛋白质的生长，只考虑饲粮中粗蛋白水平还不够，还必须重视必需氨基酸尤其是赖氨酸的供给水平。赖氨酸是猪在通常日粮条件下的第一限制性氨基酸，也是与瘦肉率密切相关的基本氨基酸。赖氨酸的需要量受生长阶段、遗传潜力、性别、衡量指标、可消化的赖氨酸等影响。为了获得理想的日增重、饲料增重比和瘦肉率，所有的必需氨基酸都应当包含在日粮中，且尽量达到理想水平。研究成果表明，对瘦肉型肉猪，为取得较高的增重速度和胴体瘦肉率，赖氨酸水平以占饲粮风干物的 0.9%～1.0%，或占粗蛋白的 6.2%左右为宜。猪对蛋白质需要的实质是对氨基酸的需要，必需氨基酸中赖氨酸达到或超过需求量时，可节省粗蛋白 1.5%～2%。

3.矿物质和维生素水平

肉猪日粮中应含有足够数量的矿物质和维生素，特别是矿物质中某些微量元素的不足会导致肉猪物质代谢紊乱，轻者使肉猪增重速度缓慢，饲料消耗增多，重者能引发疾病或死亡。肉猪必需的常量元素和微量元素有十几种，除需要考虑微量元素供给外，在配合饲粮时还应考虑钙、磷和食盐的供给。肉猪生产时，特别是在小猪阶段，应适当添加微量元素添加剂，以提高肉猪的日增重和饲料转换率。

肉猪对维生素的需要量随其体重的增加而增多。在现代肉猪生产中，饲粮必须添加一定量的多种维生素。生长猪对维生素的吸收和利用率还难以准确测定，目前饲养标准中规定的需要量实质上是供给量。而在配制饲粮时一般不计算原料中各种维生素的含量，靠添加维生素添加剂满足需要，或每天给肉猪饲喂 1～2.5 kg 青绿饲料，基本上可以满足其对维生素的需要。

4.粗纤维水平

猪对粗纤维的利用能力较低，日粮粗纤维水平直接影响日粮消化能水平和有机物消化率。粗纤维的含量是影响饲粮适口性和消化率的主要因素，饲粮粗纤维含量过低，肉猪会出现拉稀或便秘；饲粮粗纤维含量过高，则适口性差，并严重降低饲粮养分的消化率，同时由于采食的能量减少，降低猪的增重速度，也降低了猪的膘厚，所以纤维水平也可用于调节肥瘦度。为保证饲粮有较好的适口性和较高的消化率，生长育肥猪饲粮的粗纤维水平应控制在 6%～8%，若将肥育分为 3 个时期，则 10～30 kg 体重阶段饲料中粗纤维的含量不宜超过 3.5%，体重 30～60 kg 阶段饲料中粗纤维的含量不要超过 4%，体重 60～90 kg 阶段饲料中粗纤维的含量应控制在 7%以内。在决定粗纤维水平时，还要考虑粗纤维来源，如稻壳粉、玉米秸粉、稻草粉、稻壳酒糟等高纤维粗料，不宜喂肉猪。

二、饲料的选择和调制

猪肉品质与日粮能量、蛋白质和脂肪密切相关。饲料要多样合理，保证营养全面。只有青饲料、粗饲料、精饲料合理搭配才能保证猪对各种营养的需要。通过调控日粮营养的手段可在一定程度上对猪肉品质进行调控。但在实际的饲养操作过程中，尚需要进一步研究日粮营养素的科学选择以及各营养素间更合理的配合。

(一)饲料的选择

(1)考虑猪的生理阶段和消化特点　选用适宜的饲料，使得饲料原料的性质符合饲喂对象的消化生理特点，达到生长快、饲料利用率高的目的。

(2)日粮体积适当　配合日粮时，除了满足各种营养物质外，还要注意饲料干物质供给量(风干料量)，使日粮保持一定体积。这样既能使猪吃得饱，又能使猪吃得下。另外，猪是单胃家畜，消化纤维素的能力差，日粮中的粗饲料添加量过高，不仅影响适口性，而且影响消化率，降低生产力。在日粮的粗纤维含量上要加以控制，生长肥育猪应不超过 6%，否则影响饲料的利用。

(3)注意日粮的适口性　饲料质地要好，不含泥、沙等异物，并应保证无毒、无害、无霉、无污染等，同时要注意日粮的其他特点，如考虑是否引起猪便秘、腹泻等。

(4)饲料品种多样化　单一饲料很难保证日粮营养成分平衡，不能满足猪的营养要求。多种饲料配合，不仅能提高猪日粮的适口性，而且还能使各种饲料的营养物质互相补充，发挥蛋白质的互补作用，提高日粮的营养价值。

(5)要考虑经济原则　尽可能利用当地饲料资源，选择营养丰富、来源广且价格低的饲料进行配合，以降低饲料费用。各类饲料原料在不同阶段猪只中最大推荐用量如表 6-2 所示。

表 6-2 各种饲料原料在不同阶段猪只中最大推荐用量 %

项目	生长阶段					
	乳猪	保育猪	生长猪(20～60 kg)	育肥猪(60kg～出栏)	妊娠猪	哺乳猪
苜蓿草粉	0	5	10	15	25	0
甜菜粕	0	5	10	15	50	10
玉米	*	*	*	*	*	*
DDGS	10	20	30	20	40	20
玉米副产品	5	5	10	15	40	10
玉米蛋白粉 60% CP	5	10	20	20	30	10
鸡蛋粉	10	*	*	*	*	*
鱼粉	15	20	6	0	6	6
菜籽粕	0	5	15	20	15	15
亚麻粕	3	15	15	15	20	10
肉骨粉	5	10	*	*	*	*
糖蜜	5	5	5	5	5	5
燕麦	15	30	35	40	*	10
高粱	*	*	*	*	*	*
大豆皮	5	5	10	10	25	5
豆粕	15	*	*	*	*	*
膨化大豆	5	*	*	15	*	*
葵花粕	0	5	*	*	*	*
小麦麸	0	5	10	20	30	10
小麦	*	*	*	*	*	*
次粉	5	10	25	35	*	10
大麦	40	30	20	15	5	5

* 无需特别限制，需依据营养标准优化配比使用。

常见的饲料搭配类型如下：

(1)谷类-副产品型日粮

①谷类-饼粕型。此类日粮常用玉米＋菜籽饼。一般适用于育肥后期，猪对蛋白质要求低，对菜籽饼的耐受力增强。饲料配合简单，方便实用，有利于农村养猪使用。

②谷类-饼粕-氨基酸型。此类日粮常用玉米、菜籽饼、赖氨酸。这类日粮适合于生长后期的育肥猪使用。可与多种饼(粕)结合使用，减少单一饼(粕)的用量比例，有利于降低其毒性，提高饲料蛋白质水平，如玉米、菜籽饼、棉籽饼。

③谷类-糠麸-饼粕(或 AA 型)。此类日粮常用玉米、麦麸、米糠、菜籽饼(或赖氨酸)和其他饼(粕)。适合断奶以后各阶段的生长育肥猪。

(2)谷类-副产品-动物蛋白型日粮

①谷类-饼粕-动物蛋白日粮。此类日粮常用玉米、菜籽饼、鱼粉。最适于生长中期(35 kg 左右)使用。

②谷类-副产品-动物蛋白日粮。此类日粮常用玉米、麦麸、米糠、菜籽饼(或和其他饼粕)、鱼粉、蚕蛹(和其他动物蛋白)。各阶段生长猪、育肥猪均可使用,用于刚断奶至 50 kg 的猪最适宜。

(3)谷类-豆类-饼粕型日粮　此类日粮常用玉米、豌豆、胡豆、菜籽饼。最适合生长中期使用。若加入适量合成氨基酸,可用于刚断奶的生长猪。

(4)谷类-糠麸-豆类-动物蛋白型日粮　此类日粮常用玉米、麦麸、米糠、豌豆、胡豆、菜籽饼、鱼粉(或蚕蛹)。多用于低于 50 kg 的生长猪。在一定程度上相当于第 3 类日粮加合成赖氨酸的效果。

(5)配合蛋白补充料型日粮

①植物蛋白型配合补充料。选用几种适宜的植物蛋白饲料,如菜籽饼、豌豆、胡豆、大豆饼、棉籽饼等加入矿物质、微量元素添加剂、生长促进剂、保健剂等。养殖户将此种补充料按规定比例与能量饲料混合,即可成为配合饲料用于动物生产。

②植物蛋白-动物蛋白型配合补充料。此类日粮常用菜籽饼、棉籽饼、大豆饼、豌豆、胡豆、鱼粉、蚕蛹、血粉、骨肉粉、水解角质蛋白等,根据具体情况选择合适的 3～5 种植物性和动物性蛋白饲料,加入适量微量营养素添加剂,要求养殖户按规定比例与能量饲料混合使用。

(6)科学地选择适宜的添加剂　饲料添加剂是动物营养的重要组成部分和生长调节剂。正确地使用饲料添加剂,不仅可以促进动物生长,缩短饲养周期,而且可以提高饲料的利用率,节省饲料,降低生产成本,是快速发展畜牧业的重要途径。猪肉是猪生长的最终产品,生猪的生长性能与猪的品种、饲养技术、饲料的营养水平及猪对饲料的利用率密切相关。如是单就饲料来说,要使猪长得快,可以有两条途径:一是提高饲料的营养水平,使饲料达到全价,达到营养平衡,也就是用高投入换取高产出,用较多的饲料粮换取较多的肉;二是提高猪对饲料的消化、吸收和转化成畜产品的能力,就是不增加投入而增加产出,用同样多的饲料粮换取较多较好的肉。如果既能使饲料达到全价,又能使猪对饲料进行最大限度地消化、吸收和利用,那就可以获得更大的经济效益。

要使饲料达到全价,并且营养平衡,第一要有足够的能量和蛋白质基础饲料;第二要科学地使用适宜的添加剂,以补充某些营养元素的不足,使日粮达到全价(使饲料营养达到全价的添加剂多为营养性添加剂)。

要适宜地使用添加剂,首先应该知道所用的基础饲料是什么,里面已经含有了哪些营养成分,含多少,缺什么,缺多少,才能正确地选用适宜的营养添加剂,才能针对需要,缺什么补什么、缺多少补多少。补错了或补多了,结果不但造成浪费,增加生产成本,而且会造成氨基酸“中毒”,降低家畜的生长率;如果钙磷的比例失调[一般家畜饲料的钙磷比为(2～1.5)∶1],钙过多,则影响磷的吸收,反之,如果磷过多,则影响钙的沉积。除此之外,还应因时因地地进行灵活运用和调节,使用时要根据营养需要,有的放矢,才能发挥应有的作用。随便使用,可能造成浪费。

总之,使用营养性添加剂一定要在饲料基础营养水平高,并能进行科学配合的情况下才能显示出它的良好效果。

(二)饲料的调制

1.饲料粉碎

玉米、高粱、大麦、小麦、稻谷等谷实饲料,喂前粉碎或压片是十分必要的。这样做可减少咀嚼消耗的能量，增加与消化液的接触面积，有利于消化吸收。粉碎细度可分细（微粒直径在1 mm以下）、中（微粒直径在1～1.8 mm）和粗（微粒直径在1.8～2.6 mm）3种。研究与实践证明，玉米等谷实粉碎的细度以中等细度为好，肉猪吃起来爽口，采食量大，增重快，饲料利用率高。据试验，喂给直径0.3～0.5 mm配合饲料的比喂给中等细度配合饲料的肉猪延迟15 d达到相同的出栏体重。饲料配合相同，喂给微粒直径1.2 mm配合饲料的肉猪的日增重为700～720 g，而喂给微粒直径1.6 mm配合饲料的肉猪的日增重为758～780 g。谷实饲料的粉碎细度也不是绝对的，当饲粮含有青饲料或糠麸比例较大时，并不影响适口性，也不致造成溃疡病；用大麦、小麦喂猪时，用压片机压成片状喂给比粉碎的效果好。干粗饲料一般都应予以粉碎，以细为好，虽然不能明显提高消化率，但缩小了体积，改善了适口性，对整个饲粮的消化有利。

2.生喂与熟喂

玉米、高粱、大麦、小麦、稻谷等谷实饲料及其加工副产品糠麸类，可加工后直接生喂，煮熟并不能提高其利用率。相反，饲料经加热，蛋白质变性，生物学效价降低，不仅破坏其中的维生素，还浪费能源和人工。因此，谷实类饲料及其加工副产物应生喂，青绿多汁饲料只需打浆或切碎饲喂，煮熟会破坏维生素，处理不当还会造成亚硝酸盐中毒。

3.饲料的掺水量

配制好的干粉料，可直接用于饲喂，只要保证充足饮水就可以获得较好的饲喂效果，而且省工省时，便于应用自动料槽进行饲喂，但干粉料会降低猪的采食速度，使猪呼吸道疾病增多。将料和水按一定比例混合后饲喂，既可以提高饲料的适口性，又可以避免产生饲料粉尘，但加水量不宜过多，如表6-3所示。湿拌料一般以料水比1∶(0.9～1.8)为好，但应现拌现喂，避免腐败变酸。当饲粮含水过多时，会冲淡消化液，降低各种消化酶的活性，既影响饲料的消化吸收，也影响饲料氮的转化率和体蛋白的沉积量。

表6-3 掺水量与饲粮的湿度

饲粮形态	风干料∶水	饲粮中含量/%	
		干物质	水分
干粉料	1∶0	86	14
半干粉料	1∶0.5	57	43
湿粉料	1∶1	43	57
浓粥料	1∶1.5	34	66
稀粥料	1∶2	28	72
浓汤料	1∶2.5	24	76
稀汤料	1∶3	21	79

4.饲喂颗粒料的效果

在现代养猪生产中，常采用颗粒料喂猪，即将干粉料制成颗粒状（直径7～16 mm）饲喂。多数试验表明，颗粒料喂肉猪优于干粉料，可提高日增重和饲料利用率8%～10%。但加工颗粒料的成本高于粉状料。

三、饲喂方法

（一）育肥方式

不同的育肥方式对生长育肥猪的增重速度、饲料转化率和胴体瘦肉率均有很大影响。生长育肥猪的育肥方式一般可分为“吊架子”和“一条龙”2 种。

“吊架子”育肥法也叫“阶段育肥法”，一般将整个育肥期划分为小猪阶段、架子猪（中猪）阶段和催肥阶段。小猪阶段饲喂较多的精料，饲粮能量和蛋白质水平相对较高。架子猪阶段利用猪骨骼发育较快的特点，让其长成骨架，采用低能量和低蛋白的饲粮进行限制饲养（吊架子），一般以青粗饲料为主，饲养 4～5 个月。而催肥阶段则利用肥猪易于沉积脂肪的特点，增大饲粮中精料比例，提高能量和蛋白质的供给水平，快速育肥。这种育肥方式可通过“吊架子”来充分利用当地青粗饲料等自然资源，降低生长育肥猪饲养成本，但它拖长了饲养期，生长效率低，已不适应现代集约化养猪生产的要求。

“一条龙”育肥法也叫“直线育肥法”，是按照猪在各个生长发育阶段的特点，采用不同的营养水平和饲喂技术。在整个生长育肥期间能量水平始终较高，且逐阶段上升，蛋白质水平也较高，以这种方式饲养的猪增重快，饲料转化率高，这是现代集约化养猪生产普遍采用的方式。

然而，按“一条龙”育肥法饲养的生长育肥猪往往会使育肥猪因沉积大量的体脂而影响其瘦肉率。为了兼顾增重速度、饲料转化率和胴体瘦肉率，商品瘦肉猪应采取“前敞后限”的饲养方式，即在育肥猪体重 60 kg 以前，按“一条龙”饲养方式，采用高能量、高蛋白质饲粮；在育肥猪体重达 60 kg 后，适当降低饲粮能量和蛋白质水平，限制其每天采食的能量总量。

（二）饲喂方法

生长育肥猪的饲喂方法，一般分为自由采食和限量饲喂 2 种。采取自由采食方法时不存在饲喂次数的问题，而在限量饲喂条件下，各国、各地区对生长育肥猪的饲喂次数也有差异。在日本，每日分 3～4 次给生长育肥猪喂一定量的配合饲料，每次使猪在 10 min 左右时间吃完。据测定，定量饲喂时将口粮 1 次饲喂或分 5 次饲喂，其增重效果无明显差异，只是日喂 1 次时猪的胴体较瘦，日喂 5 次时猪的饲料转化率稍高。也有试验表明，在猪体重 20～90 kg 时，日喂 3 次与日喂 2 次比较，前者并不能提高日增重和饲料转化率。因此，许多集约化猪场采取每日 2 次饲喂的方法是可行的。

从猪的食欲与时间的关系来看，猪的食欲以傍晚最盛，早晨次之，午间最弱，这种现象在夏季更明显。所以对生长育肥猪可日喂 3 次，且早晨、午间、傍晚 3 次饲喂时的饲料量分别占日粮的 35%、25%和 40%。

限量饲喂主要有两种方法：①对营养平衡的日粮在数量上予以控制，即每次饲喂自由采食量的 70%～80%，或减少饲喂次数。②降低日粮的能量浓度，把纤维含量高的粗饲料配合到日粮中去，以限制其对养分特别是能量的采食量。

自由采食和限量饲喂对增重速度、饲料转化率和胴体品质有一定影响。前者增重快，沉积脂肪多，饲料转化率低；后者饲料转化率改善，胴体背膘较薄，但日增重较低。有人以英国 ARC 饲养标准数值为 100，增加 5%和降低 10%、20%饲喂 20～90 kg 育肥猪，得到如表 6-4 所示的结果。因此，若要得到较高的日增重，应以自由采食为好；若只追求瘦肉多和脂肪少，则以限量饲喂为好。如果既要求增重快，又要求胴体瘦肉多，则以两种方法结合为好。

表 6-4 饲养水平与育肥猪增重及胴体的关系

项目	饲养水平/%			
	105	100	90	80
日增重/g	840	790	730	650
日增重/%	106	100	92	82
瘦肉率/%	54.6	54.7	55.8	57.4

技能操作

合理配制日粮

为了保证生长育肥猪的饲养效果，我们首先需要掌握如何合理配制日粮。日粮的配制应根据猪的生理状态、成长阶段以及环境条件进行调整。以下是日粮配制的操作步骤。

(1)学习理解猪的营养需求　育肥猪的营养需求包括蛋白质、能量、矿物质和维生素。每种营养物质的需求量与猪的年龄、性别、体重等因素有关。

(2)计算日粮中的营养含量　选择适合的饲料，如玉米、大豆粕、鱼粉等，根据其营养成分表计算出日粮中的营养含量。

(3)合理配制日粮　在满足猪的营养需求的前提下，选择成本最低的饲料进行配制。在配制过程中，应考虑饲料的物理性质、生物学特性及猪的消化能力。

饲料的选择和调制

饲料的选择和调制是生长育肥猪饲养中的另一个重要环节。以下是操作步骤。

(1)选择合适的饲料　选择品质优良、营养成分丰富的饲料作为生长育肥猪的主要食物来源。例如可以选择包含丰富粗蛋白和维生素的豆饼、鱼粉等。

(2)调制饲料　根据日粮配方和猪只的生理需求，对饲料进行调制，可以添加一些微量元素和维生素，提高日粮的营养价值。

(3)饲料质量检测　定期对饲料进行质量检测，如检查有无霉变、饲料中的营养成分是否达标等。

饲喂方法

饲喂方法也是影响生长育肥猪生产效益的重要因素。以下是饲喂方法及注意事项。

(1)饲喂时间和频率　根据猪只的年龄和生理状态设定合适的饲喂时间和频率。一般来说，育肥猪每天至少需要饲喂 2 次。

(2)饲喂量　根据猪只的体重和生长需求，设定适当的饲喂量。应避免过度饲喂导致猪只腹泻或其他健康问题。

(3)饲喂方式　饲喂方式应根据饲料的类型和猪只的习性设定。如精饲料可以设定自由采食,粗饲料则可以定时投喂。

(4)饲喂环境　保持饲喂环境的清洁,避免饲料受到污染。定期清扫猪舍,保持良好的通风条件,减少病原微生物的滋生。

(5)监测和调整　通过定期对猪只的体重、体况等进行检测,了解猪只的生长状况,及时调整饲喂策略。

知识拓展

在深入了解了生长育肥猪的饲养基本知识后,为了进一步提高我们的技术水平和理解,将在本部分介绍一些前沿的知识,以拓宽视野。

1.精准营养与定制日粮

精准营养:随着生物技术的进步,我们已经能够更准确地确定猪的营养需求。现代科技已可以通过检测和分析猪只的基因、生理和代谢特征,为它们制定个性化的营养方案。这被称为精准营养,可以大大提高饲养效率和猪只的健康。

定制日粮:日粮的配制不再局限于以往的"均一化"策略。可以根据猪只的年龄、性别、体重和育种目标,制定个性化的日粮。这种定制化的日粮可以更好地满足猪只的营养需求,提高生长效率,降低饲料浪费。

2.微生物饲料与饲料添加剂

微生物饲料:微生物饲料是一个前沿领域,通过发酵等技术,可以使用微生物将废物转化为猪只可消化的饲料。这种饲料不仅环保,而且成本低,能为猪只提供丰富的蛋白质和其他营养物质。

饲料添加剂:在饲料中添加专门的添加剂,可以提高猪只的消化率,增加饲料的营养价值,如酶制剂可以帮助猪只分解饲料中的复杂碳水化合物,而益生素可以增强猪只的肠道健康。

3.智能化饲喂

自动化饲喂。现代农业科技已经开发出一种自动化饲喂系统,它可以根据猪只的需求自动分配饲料,从而提高饲养效率,减少人工劳动。

智能化监控。使用传感器和计算机视觉技术,可以实时监控猪只的饲喂行为和健康状况。这种智能化监控可以尽早发现猪只的疾病和生长问题,帮助我们及时调整饲养策略。

任务二　生长育肥猪的管理

生长育肥猪的管理是通过对育肥猪的合理分群、注重调教、加强观察与监测、保证充足清洁的饮水、创造适宜的环境条件和做好驱虫与防疫,使育肥猪尽早达到屠宰要求标准的育肥管理过程。

生长育肥猪的管理是猪生产中的关键环节,生长育肥猪的管理技术是否科学会直接影响养猪生产的经济效益。首先我们来了解生长育肥猪如何进行分群。要根据猪的品种、性别、体重和采食情况进行合理分群，以保证猪的生长发育均匀；供给充足的清洁饮水，水是调节体温、饲料营养的消化吸收和剩余物排泄过程不可缺少的物质，水质不良会带入许多病原体，因此既要保证水量充足，又要保证水质；对生长育肥猪创造适宜的环境条件既有利于减少猪病，又有利于提高猪的日增重和饲料利用率。

一、合理分群

生长育肥猪生产阶段，合理组群能有效地利用圈舍面积和生产设备，提高劳动生产率，降低无公害生长育肥猪的生产成本。充分利用生长育肥猪合群性及采食竞争性的特点，促进食欲，增加采食量，提高增重。

1.合理组群

合理组群的目的在于保证生长育肥猪拥有一个合理的饲养密度和猪群结构，饲养密度是指生长育肥猪平均每头所占用猪栏的面积。正常情况下，猪群中饲养的猪只应密度合理，间隔一定距离。饲养密度过大，使猪只间利用的有效空间减少，摩擦不断，尤其在炎热季节还会使圈内局部温度升高，猪只间散热不良，猪的排泄物在温度升高时，圈舍有害气体浓度也会升高，甚至出现猪只间咬架、咬尾、咬耳现象。这些都会影响猪群的正常休息和采食，也会影响猪的生长速度和饲料转化率。饲养密度过小，猪舍空间大，也会降低猪舍使用率。

生长育肥猪饲养密度的大小与猪的年龄、管理方式和圈舍地面形式等因素有关。

猪的年龄越大，猪只间应保持的距离越大，需要的空间面积也越大，所以无公害生长育肥猪前期和后期的饲养密度应该有所区别。目前，现代化规模猪场都采用直线育肥的方法，即仔猪断乳后，直接转入几千米或几十千米外的猪舍进行育肥直到出栏，这样可以减少母猪场对生长育肥猪群的疾病传播。育肥舍内先进的设施、良好的环境及卫生防疫的控制，前期可以保证育肥猪的自由采食，后期应进行限制饲喂，这样可以提高猪群的成活率和出栏率。

生长育肥猪分群时，要考虑群体大小。如果群体过大，猪只之间的位次关系容易削弱或打乱，使猪只之间争斗频繁，互相干扰，影响采食和休息。实际生产中，在温度适宜、通风良好的情况下，每圈 12～15 头为宜，一般不超过 20 头。猪群健康状况良好的情况下也可以大群育肥，但不要超过 300 头/栏，群体过大不利于健康观察和疾病控制。

2.组群方法要适当

生长育肥猪组群时，应根据其来源、体重、体质、性情和采食特性等方面合理进行。不同杂交组合的猪有不同的营养需要和生产潜力，有不同的生活习性和行为表现，如果混在一起饲养，既会互相干扰影响生长，又不能兼顾各杂交组合的不同营养需要和生产潜力，各自的生产性能难以得到充分的发挥。因此，应按杂交组合合理分群，避免因生活习性不同互相干扰，也可以满足营养需要使同一群的猪只发育整齐，同期出栏。性别不同则行为表现不同，育肥性能也不相同，如公猪去势后具有较高的采食量和生长速度，而小母猪则生长略慢，但饲料转化率高，胴体瘦肉率高。因此应将相同性别的猪分为一群。分群时，注意采取“留弱不留强，拆多不拆少，夜并昼不并”的方法，减少猪群的争斗或咬架现象。一般要求同一圈内生长猪体重的差异不超过 3～5 kg。

为减轻猪群争斗、咬架等现象造成应激，建议组群时要采取 5 项措施：①原窝育肥，即同窝哺乳或保育的猪只一起育肥。②用带有气味的消毒剂对猪群进行喷雾消毒以混淆气味，消除猪只之间的攻击和争斗。③分群前停饲 6～8 h，在转入的新圈舍食槽内撒放适量饲料使猪群转入后能够放弃争斗立即采食。④组群时间安排在傍晚。⑤在新圈舍内悬挂供猪只玩耍的玩具，播放优美的音乐转移其注意力。

3. 必要时适当调群

生长育肥猪分群后，在短时间内会建立起明显的组群位次，此时要尽可能地保持群体的稳定。经过一段时间饲养后，体重达到 60 kg 左右时，应对猪群进行再次调整。调群只适用于 3 种情形：①因猪生长速度不同而出现较明显的体重大小不均情况。②猪群因体重增大而出现过于拥挤的现象。③群内有猪患疾病或其他原因需隔离或转出，造成饲养密度过小。

二、注重调教

生长育肥猪在组群和调群后，要及时进行调教。调教的目的是尽快促使猪在圈舍内养成固定地点排便、睡觉、采食和饮水的习惯，这样既能提高管理效率和减少人员的劳动强度，也能保持圈舍的清洁干燥和提高猪的健康水平。调教要及时，当猪进入新圈后便可着手调教。

要做好调教工作，首先要了解猪的生活习性和规律。猪喜欢睡卧，在适宜的圈养密度下约有 60%的时间躺卧或睡觉，猪喜躺卧于高处、平地、木板上、垫草上，热天喜睡在风凉处，冬天喜睡于温暖处，猪排便有固定的地点。一般在洞口、门口、低处、湿处及圈角处，并在喂食前后和睡醒后排便。此外，在进入新的环境或受惊吓时也排便，只要掌握这些习性，就能做好调教工作。调教的内容主要有 2 项。

1. 防止“强夺弱食”

为使群内生长育肥猪能采食充足的饲料，组群后应防止体重大的猪抢食弱小仔猪饲料，重点做好两方面工作：若是采取限制饲喂方法，则要有足够的采食槽，确保每头猪都能充足的采食到饲料且能吃饱；若是采取自由采食饲喂方法，则要有足够饲料，保证每头弱小的猪都够吃到、吃饱。

2. 训练“三点定位”

生长育肥猪转到圈舍后要训练其养成“三点定位”的习惯，使猪在采食、休息和排泄时有固定的区域，并形成条件反射，以保持圈舍的清洁、卫生和干燥。“三点定位”训练的具体方法是在猪群转入新圈舍之前，先把圈舍打扫干净，特别是猪的睡卧区，并在指定的排泄区堆放少量的粪便或洒些水，然后再把猪群转入，猪到粪污区排便，使猪养成定点排便的习惯。如果这样仍有个别猪不按指定地点排泄，应及时将其粪便铲到指定地点并守候看管，经过 3～5 d 的训练，就会养成采食、睡卧、排泄三点定位的习惯。调教成败的关键在于抓得早（猪转入新圈舍后立即进行）和抓得勤（勤守候、勤看管）。

三、加强观察与检测

因为猪汗腺不发达，自身调节温度能力较差，并受体重、采食量、空气流速和地板类型的影响，故猪的温度要求由猪舍类型和体重决定。生长育肥猪适宜环境温度为 16～23 ℃，前期为 20～23 ℃，后期为 16～20 ℃，在这一范围内，猪的增重速度最快，饲料转化率最高。环境温度过低，猪要消耗很多能量去产热，以维持体温，这样会导致日增重降低，采食量增加，从而使饲料转化率下降。环境温度过高，猪为了散发体热，加快呼吸，新陈代谢受到影响，食欲减退，食量减少，导致生产力下降。在 28～35 ℃高温环境下，15～30 kg、30～60 kg 和 60～90 kg 的生长育肥猪的日增重比正常日增重分别降低 6.8%、20%、28%。夏季要防止猪舍暴晒，保持通风。勤冲圈舍和给猪淋澡，多喂凉水和青绿多汁饲料，尽力做好防暑降温工作，注意灭蚊和灭蝇。

要经常观察猪群，做到平时看神态、吃时看食欲、清扫查看粪便(表 6-5)，发现问题及时解决。一般健康猪的表现是：反应灵敏，鼻端湿润发凉，皮毛光滑，眼光有神。走路摇头摆尾，喂料争先恐后，食欲旺盛，睡时四肢摊开，呼吸均匀，尿清无色，粪便成条，体温 38～39 ℃，呼吸每分钟 10～20 次，心跳每分钟 60～80 次，如果喂料时大部分猪都争先上槽，只有个别猪仍不动或吃几口就离开，可能这头猪已患病，需进一步检查。如果喂料时，全栏猪都不来吃或只吃几口，可能是饲料方面的问题或猪中毒，注意观察猪的粪便。在白天，猪一般要排泄，粪便新鲜易发现问题，再者晚上的粪便因猪活动少未被踩烂，容易看见。如果粪便稀烂，腥臭，混有鼻涕状的黏液，有可能是因为消化不良或慢性胃肠炎。同栏猪个别生长缓慢，毛长枯乱，消瘦，很可能是猪患有长期的消耗性疾病，如寄生虫病、消化道实质器官疾病和热性疾病。

表 6-5 健康猪和有病猪外表的区别

项目	健康猪	有病猪
动作	敏捷迅速	迟缓
被毛	红润、柔顺	蓬乱
鼻子	鼻镜湿润、颜色和皮肤颜色相同	鼻镜干燥或龟裂、发绀
呼吸	呈胸腹混合式呼吸，呼吸强度适中	呈明显的胸式或腹式呼吸，呼吸短促而急
肛门	干净	肮脏
尾部	温暖、摇晃得活泼有力	潮湿、冰冷，摇晃时无力
粪便	软硬适中，气味正常	过稀或过干，恶臭
尿液	澄清透明	混浊

四、保证充足清洁的饮水

水对生猪的生长发育有很重要的作用，可以说猪体一切新陈代谢都是在有水的环境下进行的，水可以调节猪的体温，特别是夏天，水从猪的肺和呼吸道排泄到体外，可以带走大量的能量(热量)，每蒸发 1 g 水约可散热 2 261 kJ，从而保持猪的正常体温。水是猪各种营养物质最好的溶剂和运载工具，也是将废物从体内排泄到体外的运输工具，对营养的消化、吸收和排泄废物起重要作用。水还是生猪体内各部分的润滑剂，如猪只缺水，细胞会干枯，所有的新陈代谢活动将受到不利的影响。因此，满足饮水，是保证猪健康生长的重要措施。水对喂干湿饲料的猪特别重要。

各种饲料中均含有水分，尤其是青绿饲料和多汁饲料的含水量特别多，如青饲料中的含水量为 70%～90%，但单靠这些饲料所含的水分是远远不能满足猪只生长发育需要的。水和饲料一起食用，吃进去的大多是水，所含养分很少，而又冲淡了唾液、胃液，影响肠胃的消化吸收功能。饲喂干湿饲料后给水，先吃进去的是饲料，后吃进去的是水。这种干湿饲料有利于唾液、胃液的分泌，可以促进消化及吸收。需要注意的事项如下。

1.猪喜欢饮用什么类型的水

猪喜欢喝新鲜、干净、水面宽阔的水，对水的气味和质量要求很高，任何被粪便、尿液污染的水都会影响猪的饮用。

2.猪的饮水习性

猪每天的饮水量比采食的饲料要多，冬季猪的饮水量是采食量的2～3倍，夏季猪的饮水量最高可达采食量的5～6倍。猪每天饮水的时间有限，主要在采食后饮水，因此最好在料槽旁边安装饮水器，而不应该安装在角落里。实际生产中，育肥猪每天的饮水量可能在2～10 L范围内变化，白天饮水量大于晚上，饮水最活跃的时间是上午9:00至下午7:00，饮水高峰期在下午3:00～4:00。

3.猪的饮水量及影响因素

育肥猪每天要饮用大量的水，随着猪的生长，其饮水量随着采食量稳定增长，同时猪舍温度、体重、饮水器（类型、高度、水压）、饲料品质、健康程度都会影响猪的饮水量。

当猪感到热时会通过多饮水来减轻热应激，增加排尿量也可以进一步散热。通常猪吃颗粒料比吃粉料需要饮用更多的水，饲料中的蛋白质和矿物质含量越高，饮水量越大；当饲料缺乏时为了增加饱腹感，育肥猪饮水量也会增加。如果水被污染，猪只会饮用维持自身生命的水量，导致饮水不足，降低采食量。

4.猪饮水不足的行为表现

猪群饮水不足或者缺水可以观察到以下症状。

群体行为表现：猪群烦躁不安，表现口渴，挤在饮水器旁抢水喝，增加猪群攻击和打架行为，并发出尖叫，当饮水严重不足时，会出现严重干渴现象，导致猪群消化能力减弱，食欲下降，体内代谢严重紊乱，采食量下降，皮肤苍白消瘦，甚至死亡。猪对饮水器的错误使用会导致喝不到足够的水，表现出皮肤苍白，毛长消瘦，腹部凹陷，精神沉郁，远离猪群。

5.保证所有猪都可以喝到水

每天对整个猪舍仔细观察，通过观察猪的缺水症状来检查猪群饮水是否供应不足，每天都要检查饮水器是否有水，防止饮水管道或者饮水器堵塞。注意供水管始端比末端的压力更大。如果压力太大，猪饮水时水会过量溅出，会惊吓到保育猪，尤其是胆小的猪会不敢喝水，而压力太低会导致有些保育猪缺水。

6.定期检查水的流量

水压低、管道太长、太细或管道有渗漏、饮水器堵塞等原因均会造成饮水器水流量过低，所以要经常对水嘴流量进行检查。保育猪的饮水器流量不能低于0.8 L/min，育肥猪要保证饮水器的流速达到1.5 L/min，定期进行饮水器流量检查可以及时发现饮水供应异常的情况。

7.温度对猪饮水的影响

猪群饮用水的温度要保持在10～15 ℃为宜。水温过低会降低猪体内消化酶的活性，导致饲料消化不良而造成腹泻；水温过高会减少胃液分泌，pH升高。随着栏舍环境温度增高，猪饮水量增加，尤其是在炎热的夏季，但水温过高时反而导致饮水量严重下降。研究表明，夏季炎热的猪舍，当水温为11 ℃时，育肥猪的日饮水量为10.5 L；当水温为30 ℃时，育肥猪饮水量仅为0.6 L。因此，在夏季要注意猪舍内的水温不能太高，水管应该安装在栏舍内而不是外部，避免水管被太阳直接照射。

8.使用滤水器

为了避免水中的杂质造成饮水器堵塞，可以安装过滤器对水进行过滤，尤其是使用水井中、河流或者鱼塘等地表水作为猪群饮用水源的。每周都要检查滤水器，及时进行清洗和更换滤芯，确保水中杂质过滤，减少饮水器的堵塞。

五、创造适宜的环境条件

生长育肥猪在适宜的环境条件下，才能充分发挥营养水平的作用，一定要注意舍内的温度、湿度、气流、光照、灰尘、微生物、有害气体、噪声、密度等因素的影响。

1.温度

温度是生长育肥猪最主要的小气候环境条件，对生长育肥猪的生长速度、饲料转化率及健康都有重大影响。在高温环境中猪的采食量降低，同时猪为加大散热而使其维持需要增加。因此，生长速度和饲料转化率也随之降低；在低温环境中，猪的采食量增加但机体散热量也大大增加，为保持体温恒定，机体加快体内代谢以提高机体产生热量，这样猪的维持需要也明显增大，猪的生长速度和饲料转化率也下降。当温度在 20～28 ℃，舍内温度每下降 1 ℃，生长育肥猪每天需要增加能量 209.2 kJ；温度在 12～20 ℃，舍内温度在此温度下限值时，每下降 1 ℃，生长育肥猪每天需要增加能量 418.4 kJ。这表明温度每下降 1 ℃，每头生长育肥猪每天将多消耗饲料 15～33 g。温度对生长育肥猪生产性能的影响见表 6-6。

表 6-6 温度对生长育肥猪生产性能的影响

温度/℃	日喂量/kg	平均日增重/g	饲料转化率/%
0	5.06	540	9.45
5	3.75	530	7.10
10	3.49	800	4.37
15	3.14	790	3.99
20	3.22	850	3.79
25	2.62	720	3.65
30	2.21	440	4.91
35	1.51	310	4.87

温度过高或过低时还会对猪的健康产生明显的不良影响，降低猪的抵抗力和免疫力，诱发各种疾病。所以控制好猪舍温度是养好猪的关键之一。

温度对生长育肥猪的胴体组成也有影响，温度过高或过低均显著影响脂肪的沉积，使瘦肉率提高。但如果有意识地利用不适宜的温度来生产较瘦的胴体则不合算。

不同体重的猪对于温度的要求不一样，随着体重的增加最适温度逐渐下降。体重 20～40 kg 的猪，适宜温度为 24～27 ℃；体重 40～60 kg 的猪，适宜温度为 21～24 ℃；体重 60～90 kg 的猪，适宜温度为 18～21 ℃；体重 90 kg 以上的猪，适宜温度为 15～18 ℃。

在养猪生产中，夏季应采取覆盖遮阳网、打开通风系统、喷洒凉水等降温措施；冬季应采取封严门窗、开暖风炉等保温措施。

2.湿度

湿度对生长育肥猪的影响远远小于温度。温度适宜时，相对湿度在45%～90%对猪的采食量、生长速度和饲料转化率没有明显影响。对猪影响较大的是低温高湿和高温高湿。低温高湿，会增加体热的散失，加重低温对猪只的不利影响；高温高湿，会影响猪只的体表蒸发散热，阻碍猪的体热平衡调节，加剧高温所造成的危害。同时，空气相对湿度过大时，还会促进微生物的繁殖，容易引起饲料、垫草的霉变。空气相对湿度低于40%，容易引起皮肤和外露黏膜干裂，增加呼吸道和皮肤疾病。因此，生长育肥猪环境的相对湿度在通风良好的条件下以50%～80%为宜。

3.光照

适度的太阳光照能加强机体组织的代谢过程，促进猪的生长发育，提高抗病能力。太阳光是天然的保健剂和杀菌剂，在冬季充分利用阳光尤为重要。然而过强的光照会引起猪兴奋，休息时间减少，增加甲状腺的分泌，提高代谢率，影响增重和饲料转化率。一般建议生长育肥舍的光照度为40～50 lx，光照时间为8～10 h。

4.通风

空气的流动是由不同位置的空气温度不一致而引起的。猪舍内气流以0.1～0.2 m/s为宜，最大不要超过0.25 m/s。在高温环境下，增大气流有利于猪的散热，缓解热应激的影响是一项重要的防暑措施。在寒冷季节，过大的气流会使机体大量散热，成为阻碍生产性能发挥及影响猪体健康的重要因素，作用于机体局部的低温高速气流（俗称“贼风”）对猪的危害更大，常引起猪的感冒、肠炎、腹泻、关节炎等疾病，因此在寒冷季节要降低气流速度，更要防止“贼风”。对气流速度的调节可通过控制猪舍的通风换气来实现，根据生产实际情况，采取自然通风或辅以机械通风。

猪在育肥前，一方面要做好圈舍的修缮以防止贼风危害猪群，另一方面要做好猪舍通风换气设施的检修，以确保有效的通风量。猪舍的通风以横向自然通风为宜，横向自然通风的猪舍跨度8 m以内通风效果较好，跨度超过8 m要辅以机械通风。在自然通风时，猪舍的门窗并不能完全替代通风孔或通风道，要想保证猪舍的通风效果，在设计猪舍时应该留进风孔和出风孔。

5.控制有害气体和尘埃

猪的采食、排泄、活动以及饲养管理操作等，都会在猪舍内产生大量的有害气体和尘埃。猪舍内有害及恶臭的物质有13种之多，如氨、甲硫醇、硫化氢、甲基硫、二甲硫、三甲胺、乙醛、苯乙烯、正丁酸、正戊酸、偏戊酸、一氧化碳、二氧化碳等。舍内有害气体和尘埃的大量存在，会降低猪体的抵抗力，增加猪体感染疾病的机会，特别是皮肤病和呼吸道疾病。所以养猪生产中应尽可能地减少有害气体和尘埃的数量。一般要求，生长育肥猪舍内氨气的浓度不得超过20 mg/m^3，硫化氢的浓度不得超过10 mg/m^3，二氧化碳的浓度不得超过0.15%。

减少生长育肥猪舍有害气体和尘埃的方法有：调整日粮、补充必需氨基酸、降低蛋白质水平、降低粪中含氮量；在饲料中添加去臭添加剂，如丝兰属植物的提取物，可降低猪舍中游离氨的浓度。另外，在猪舍内采用粪尿分离后再处理，可以最大限度地减轻氨的产生，加强通风换气、及时清除粪尿污水、确定合理的饲养密度、保持猪舍一定湿度、建立有效的喷雾消毒制度等。

6.噪声

猪舍内的噪声来自外界传入、舍内机械和猪只争斗等方面。噪声对猪的休息、采食、增重都有不良影响。噪声会使猪的活动量增加而影响增重，还会引起猪惊恐，降低食欲。因此要尽量避免突发性的噪声，噪声强度以不超过 85 dB 为宜。

六、做好驱虫与防疫

（一）驱虫

寄生虫病是猪场的隐形杀手。不管是规模猪场还是中小猪场，寄生虫是无处不在的，寄生虫感染后可以引起营养物质的吸收减少，生长速度或生产性能下降。而且某些寄生虫感染会在某种程度上引起免疫抑制，影响猪场的效益。对生长猪进行驱虫，既可以预防感染猪病，防止经济损失的发生；又可防止寄生虫发育成熟，从而防止寄生虫进一步污染猪舍，大大降低再次感染的可能性。对于生长育肥猪的驱虫方案建议如下。

1.寄生虫病的种类

按寄生部位，可将猪寄生虫病分为外寄生虫病和内寄生虫病，而球虫病和其他的血液原虫病一般不考虑在内。

（1）外寄生虫　最重要的外寄生虫病为猪疥螨，此外还有猪虱等。猪疥螨主要是由于病猪与健康猪的直接接触，或通过被疥螨及其虫卵污染的圈舍、垫草和用具间接接触而引发的感染。幼猪喜欢挤堆躺卧，也是造成本病迅速传播的重要因素。此外，猪舍阴暗、潮湿、环境卫生差及营养不良等，均可促使本病的发生和发展。秋冬季节，特别是阴雨天气，本病蔓延最快。猪疥螨多见于种猪和 5 月龄以下的猪。

猪疥螨通常起始于头部、眼周、颊部及耳部，严重时蔓延到背腹部、体侧和股内侧。仔猪多发，且程度较重。病猪表现剧痒，到处摩擦或以蹄搔弹患部，皮肤破裂，有渗出物，患部脱毛、结痂、皮肤增厚，形成皱褶和龟裂。病猪食欲减退，生长停滞，逐渐消瘦，甚至衰竭死亡。

螨虫的繁殖力很强，疥螨雌虫一生产卵 40～50 个，在适当条件下 2～3 周就可完成一个世代。在不利的条件下，可转入休眠状态，休眠期可达 5～6 个月，并且休眠期的疥螨对各种理化因素的抵抗力很强。离开猪体后，疥螨可存活 2～3 周。疥螨感染会导致猪的生长速度降低 4.5%～12%。

（2）内寄生虫　内寄生虫主要是指寄生于胃肠道的寄生虫，但也有寄生于腹腔、肝脏、心脏、肺脏、肾脏等器官甚至肌肉中的。

内寄生虫病的种类很多，常见的主要有猪蛔虫病、猪肺丝虫病、猪鞭虫病、猪姜片吸虫病、细颈囊尾蚴病、猪囊虫病、棘球蚴病、猪旋毛虫病、猪胃线虫病、猪肾虫病等。成虫与猪争夺营养，幼虫移行破坏猪的肠壁、肝脏和肺脏的组织结构和生理机能，造成猪日增重减少，抗病力下降等。同时，寄生虫感染还可在某种程度上影响猪的免疫功能，造成免疫抑制。

感染寄生虫可使育肥猪生长速度下降 15%左右，对猪场经济效益影响极大。寄生虫还具有欺骗性，如猪蛔虫感染会使细菌性肠炎发病率增加；蛔虫移行至肺脏或后圆线虫感染，会引起咳嗽、气喘等呼吸道症状，使用抗生素治疗无效。蛔虫寄生于肠道引起的腹泻易与病毒性、细菌性腹泻混淆，使用抗生素治疗无效。如被蛔虫寄生的猪一般表现生长发育不良，至出栏会浪费饲料 18～20 kg，且晚出栏 10～20 d；严重的感染者发育停滞，甚至死亡，尤其是仔猪多发。蛔虫感染是危害养猪业最大的寄生虫病之一。

内寄生虫的繁殖力很强，如一条蛔虫可于一昼夜排出 10 万～20 万个虫卵，严重污染外界环境。蛔虫卵可在土壤中存活几个月至几年。本病一年四季均可发生，卫生条件差、猪只拥挤、饲料不足、微量元素和维生素缺乏时，猪只感染严重，一般是经口感染。成年猪抵抗力较强，一般无明显症状。对仔猪危害严重。

2.猪寄生虫的发育史

要控制猪场的寄生虫病，必须制定合理的驱虫程序，而驱虫程序的制定需要结合寄生虫的生活史、敏感药物的选择以及合理使用。

(1)猪疥螨的发育史　一般要经过虫卵到幼虫再到若虫，最后到成虫的几个阶段。其中在适宜的条件下，虫卵经 3～10 d 发育成幼虫，再经 3～4 d 发育成若虫，继续 3～5 d 发育成成虫。从虫卵到成虫需要 10～15 d(平均 12 d)。

(2)猪线虫的发育史　由于线虫比较多，不能一一列举，现以蛔虫为例介绍线虫的生活史。

蛔虫属于直接发育型线虫。蛔虫卵随感染者的粪便排到外界，污染水和土壤等。虫卵在 10～37 ℃的潮湿环境里经 15～30 d 可发育为感染性虫卵。猪吞食感染性虫卵后，卵中幼虫在小肠内逸出，钻入血管并从腹部移行至肝，再随血液循环到肺脏，经细支气管、支气管移行到咽喉部，再吞咽到消化道，在小肠内经 2～3 个月发育为成虫，其寿命为 7～10 个月。

其他寄生虫的生活史可能与蛔虫不完全相同，其中有的需要中间宿主，有的则不需要。

3.猪寄生虫病的控制

猪寄生虫病控制的好坏，与猪场的重视程度有关。如果不认为是大问题，可以忍受寄生虫造成的损失，则可以不采取任何措施；如足够重视，则应采取有效措施，减轻寄生虫病造成的损失。

由于寄生虫病与饲养规模、卫生状况、环境有很大关系，所以不是单用药物就能解决的。

(1)卫生管理　寄生虫，特别是虫卵在环境中有顽强的生命力，合适的条件下即可感染猪。所以需要保持猪舍的清洁、干燥，没有明显的粪污污染。粪便需要收集发酵。

(2)驱虫

①驱虫药的选择。因为猪体内的寄生虫很多，但主要外寄生虫为螨虫，主要内寄生虫为蛔虫、类圆线虫、胃圆线虫及肾虫。这些寄生虫可单独感染，也可混合感染，但往往外寄生虫和内寄生虫混合感染。所以需要选择广谱、高效、低毒、使用方便的产品。对内寄生虫高效的药物有阿苯达唑、芬苯达唑等。这些药物对常见的体内寄生虫成虫、某些线虫的幼虫甚至虫卵都有效，但对外寄生虫无效。而伊维菌素、多拉菌素等抗虫谱更广，既可以驱外寄生虫，又可以杀灭内寄生虫，但对内寄生虫的作用相对弱，对幼虫甚至虫卵的作用微弱。

生产上往往采用复合制剂驱虫，常用阿苯达唑伊维菌素粉、阿苯达唑伊维菌素预混剂。进口制剂基本上都是单方的。

②驱虫程序。驱虫需要有程序，主要依据是感染的寄生虫种类及严重程度、不同寄生虫的生活史等。

商品猪的感染源可来自母猪，也可来自环境。由于生长育肥阶段主要感染的是线虫和螨虫，因此选择药物主要针对的是蛔虫、食道口线虫、类圆线虫和螨虫等。根据各种寄生虫的生活史，可在 45～50 日龄和 100～120 日龄各驱虫 1 次。可使用阿苯达唑/芬苯达唑伊维菌素粉或预混剂，每次连用 7 d，或内寄生虫使用阿苯达唑/芬苯达唑驱虫，而外寄生虫则采用敌百虫/拟除虫菊酯喷雾，间隔 7～10 d 重新喷雾一次；也可以用浇泼剂驱虫。

重视驱虫，可以提高育肥猪的生长速度，降低料重比。据统计，商品猪驱虫彻底，可节省 10%的饲料。

(二)防疫

生猪育肥期事关商品猪场经济效益的好坏，也是育肥场发展的关键和冲刺阶段。商品肉猪的基础免疫在 90 日龄以前就基本完成，到了育肥后期猪群多种疫病的免疫抗体水平逐渐降低，保护力明显下降，特别是基础免疫没做好或者饲养周期长的二次育肥猪群更容易感染发病。

育肥猪的发病率和死亡率虽然没有仔猪和保育猪阶段高，但是一旦发病死亡往往会给养猪场造成巨大的经济损失，即使是慢性发病或者亚临床感染，也会影响育肥猪的生长速度和饲料报酬。育肥猪感染后还会大量排毒，生物安全控制不好的猪场，容易将病原传播到其他饲养阶段的猪群，引起整个猪场疫病的波动。因此生长育肥猪疫病的控制依然不能放松，综合防控措施建议如下。

1.制定科学的免疫程序

猪场免疫程序需结合猪场内部及周边的防控压力科学地制定。要根据当地猪病流行情况，科学制定免疫程序，认真做好预防接种工作。在自繁自养的猪场，保育舍仔猪基本上完成了各种疫苗的预防接种工作，转入生长育肥猪舍后，一直到出栏无须再接种疫苗，但应定期对猪群随机抽样进行采血，检测猪体内各种疾病的抗体水平，防止发生传染病。因此仔猪在哺乳期和保育期，必须按照猪场的免疫程序，认真做好预防接种工作，防止漏免。

外购的仔猪应在场里隔离观察 30 d 左右，待猪群状态稳定后，根据本地区传染病流行情况及时免疫接种，如猪瘟、口蹄疫等传染性疾病。仔猪购买时要注意：①尽量从非疫区选购；②选购的仔猪必须是从经过当地防疫部门认可或确定的规模化猪场购买，并有免疫接种和场地检疫证明；③采用“窝选”，即选购体重大、群体发育整齐的整窝保育猪。

病原监测(包括病原种类、基因型和血清型等)是选择疫苗种类和毒株的基础，并通过免疫监测调整免疫的频次和间隔时间(表 6-7)。

表 6-7 生长猪免疫监测程序

样本分布	样本比例	监测目的
10～15 日龄	3%或不少于 18 头	评估母源抗体滴度，制定猪瘟的首免日龄
25～30 日龄	3%或不少于 18 头	
50～60 日龄	3%或不少于 18 头	①评估伪狂犬病和口蹄疫疫苗的肌内注射日龄。②评估猪瘟、蓝耳病及猪圆环病毒病的首免效果。③评估蓝耳病病毒、猪圆环病毒的感染时间
90～100 日龄	3%或不少于 18 头	①伪狂犬病野毒感染活跃情况。②猪瘟疫苗二免效果。③口蹄疫疫苗免疫效果
120～130 日龄	3%或不少于 18 头	①疫苗的保护期。②伪狂犬病病毒活跃阶段
>150 日龄	3%或不少于 18 头	

应重点监测蓝耳病、伪狂犬病、猪瘟、圆环病毒病和口蹄疫的抗体消长规律，并以此为依据进行调整免疫效果的评估。

2.只有健康的猪群才能做疫苗接种

(1)当猪处于应激状态(如断奶、去势、驱虫)或患病时(如贫血、拉稀等疾病)，须暂缓或推迟疫苗的接种。

(2)接种后一周内禁止使用抗生素。

(3)整群猪进行疫苗接种时应一次性做完，否则可能会出现产生疫苗反应的猪将病原传染给未接种的猪，引起发病。

3.选择质量可靠的疫苗和安全有效的方法给猪只进行免疫接种

(1)选购正规厂家生产的质量可靠的疫苗，并按其使用说明正确地储运和使用疫苗。使用前要注意疫苗瓶标签上的有效日期，不要使用过期疫苗；严禁使用劣质或失效疫苗。

(2)要用专门的稀释液稀释疫苗，稀释后的疫苗必须在1～2 h内用完。

(3)接种疫苗用的注射器必须严格消毒，注射针头最好是一猪一针，特别是在进行紧急免疫接种时更要严格执行。

4.紧急防疫措施

当猪群因免疫失败或漏免等原因而发生传染病时，必须按“早、快、严、小”的原则，及时控制疫情并迅速扑灭。

(1)迅速查明原因、确诊病症　对病猪要进行隔离或淘汰，病死猪一定要深埋或焚烧。隔离的病猪，必须指定专人管理与治疗，病猪舍及饲喂用具等要进行彻底消毒，经过1个月反复消毒后才可以使用。

(2)对健康猪群进行紧急预防注射　如细菌性传染病，可直接用抗生素或磺胺类药物治疗和预防。

(3)隔离治疗的病猪完全康复后方能出售　严禁出售病死猪肉，防止疫情扩散。

(4)封锁猪场　严禁外人进场，本场职工出入应严格消毒，经2～4周疫情完全被控制后方能解除封锁。

技能操作

合理分群

操作步骤：

1.依据猪只的品种、体重、性别、健康状态等因素，对猪只进行分组。以体重为例，可以将体重相近的猪只分为一组，以确保食物的公平分配。

2.记录各群体的基本信息，以便根据需要进行后续调整。

3.定期重新评估群体的分配，根据猪只的生长情况进行调整。

注重调教

操作步骤：

1. 设计并实施行为训练计划，例如训练猪只在特定时间进食、在指定区域排泄等。
2. 使用正面奖励加强猪只的良好行为，如当猪只按计划进食或排泄时，给予额外的食物奖励。
3. 建立和猪只的信任关系，每天与猪只互动，让它们习惯你的存在。

加强观察与检测

操作步骤：

1. 每天观察猪只的行为和身体状况，注意观察异常表现，如食欲减退、行动迟缓等。
2. 定期对猪只进行体重测量和健康检查，记录并分析数据。
3. 在发现猪只的异常状况时，立即采取应对措施，隔离病猪，联系兽医进行诊断和治疗。

保证充足清洁的饮水

操作步骤：

(1)检查并维护饮水设施，确保水质清洁，无异味和污染。

(2)每天至少两次检查饮水设施是否正常运行，猪只是否有足够的饮水。

(3)根据季节和天气变化调整水供应量，炎热天气需要提供更多的饮水。

创造适宜的环境条件

操作步骤：

(1)根据猪只的年龄和体重，调整温度和湿度，创建适宜的环境。如小猪需要更高的温度，而成年猪对温度的需求较低。

(2)保持猪舍清洁，定期清扫和消毒，以降低疾病的风险。

(3)提供足够的运动空间，让猪只能自由地移动和伸展，这有助于猪只的身心健康。

(4)确保良好的通风，减少氨气和其他有害气体的积累。

(5)根据季节和气候变化，调整猪舍的温度、湿度和光照。

做好驱虫与防疫

操作步骤：

(1)根据兽医的建议，定期给猪只驱虫。每一种驱虫药都有其特定的使用剂量和频率，一定要严格遵守。

(2)按照疫苗接种时间表，定期给猪只接种疫苗。在疫苗接种前，确保猪只处于健康状态。

(3)保持良好的环境卫生，减少疾病的发生。如定期清理和消毒猪舍，防止有害细菌和寄生虫的滋生。

(4)在发现猪只疾病症状时，立即隔离病猪，防止疾病传播，同时及时联系兽医进行诊断和治疗。

(5)记录并监控所有的疫苗接种和驱虫活动，以便跟踪疾病的发生，这对猪只的健康管理至关重要。

知识拓展

1.精准农业和群体管理

随着科技的发展，精准农业已经成为畜牧业的一种新趋势。这种技术使得分群更加精准，可以更加符合每头猪的生长阶段和个体需求。如通过RFID(Radio Frequency Identification)技术，可以对猪群进行精确的个体识别，然后根据每头猪的健康状况、行为、生长速度等信息，对猪群进行合理的分群。

2.行为学在调教猪群中的应用

行为学在调教猪群中有着重要的应用。以往的猪群管理方式常常忽视猪的行为习惯，这往往会导致猪群的健康和生产效率受到影响。现代畜牧科学开始采用行为学的方法来调教猪群，观察猪的各种行为，如进食、睡眠、玩耍、互动等，了解其习性，然后根据这些信息进行有效的管理。

3.智能化观察与检测

智能化观察与检测已成为现代猪群管理的重要手段。通过物联网、人工智能等技术，可以对猪群进行全天候的实时监控，及时获取猪群的健康状况、行为变化、生长状况等信息。如利用摄像头和计算机视觉技术，可以实时观察猪群的行为和活动，通过分析这些信息，可以发现猪群的异常情况，及时进行调整和治疗。

4.饮水管理的新技术

保证猪群充足清洁的饮水是管理工作的关键一环。随着科技的进步，现在有了许多新的饮水管理技术，如自动饮水器可以保证猪群能随时获得新鲜的水，且通过计量装置记录每头猪的饮水量，帮助管理者了解猪群的饮水状况，从而更好地管理猪群的健康。

5.环境控制系统的发展

为猪群创造适宜的环境条件是提高猪群生产效率的关键。现代农业生产已经可以利用先进的环境控制系统，如自动化的温度和湿度控制设备，自动照明系统等，为猪群创造最适宜的环境条件，既提高了猪群的生产效率，又节省了大量人工成本。

6.驱虫与防疫的新方法

近年来，有许多新的驱虫与防疫方法被开发出来。如通过疫苗的使用，可以预防许多猪的常见疾病。而通过新型的药物和生物技术，如基因编辑技术，可以有效地驱除猪群中的寄生虫。这些新方法的应用，大大提高了猪群的健康水平，提高了生产效率。

职业技能测试题

1. 合理配制日粮对于生长育肥猪的饲养非常重要，以下哪种营养元素在日粮中的比例应较高？

A.纤维素　　B.蛋白质　　C.脂肪　　D.矿物质

2. 饲养生长育肥猪时，以下哪种饲料成分可以提高饲料的消化利用率？

A.添加抗生素　　B.添加酶制剂　　C.添加色素　　D.添加食盐

3. 生长育肥猪的饲养目的是(　　)。

A. 增加产肉量　　B. 促进毛发生长

C. 提高繁殖能力　　D. 改善肌肉力量

4. 在饲料调制中,如何保证生长育肥猪获得充足的营养?

A. 增加饲料的数量　　B. 提高饲料的品质

C. 减少饲料的种类　　D. 加入香精增加食欲

5. 生长育肥猪的饲喂方法应注意以下哪个方面?

A. 固定喂食时间　　B. 随意喂食

C. 只提供一种饲料　　D. 尽量减少饲料量

6. 生长育肥猪的饲喂次数一般为(　　)。

A. 一天一次　　B. 一天两次　　C. 一天三次　　D. 随意

7. 生长育肥猪饮水设施的选用应考虑的因素包括(　　)。

A. 容量和材质　　B. 颜色和形状

C. 水质和温度　　D. 味道和味道添加剂

8. 生长育肥猪的饮水应保持(　　)。

A. 清洁和充足　　B. 有颜色和味道

C. 冷却和加热　　D. 饮用量尽量减少

9. 生长育肥猪的饲喂密度过高可能导致的问题是(　　)。

A. 生长速度过慢　　B. 饲料浪费严重

C. 猪只之间发生争斗　　D. 饲料中营养不均衡

10. 生长育肥猪饲养中的环境温度应保持在(　　)

A. 20～25 ℃　　B. 10～15 ℃

C. 30～35 ℃　　D. 0～5 ℃

11. 生长育肥猪的饲养环境应保持适宜的湿度,一般为(　　)。

A. 30%～40%　　B. 50%～60%　　C. 70%～80%　　D. 90%～100%

项目七

智能化猪舍管理

项目导读

智能化猪舍管理内容丰富，涉及面广，就猪场内部生产而言，其主要内容包括猪场计划管理、劳动管理、财务管理、经济核算、技术及经济活动分析、市场预测、经济合同、保险业务和科学决策等。一个猪场能否以较低的成本实现高产高效和优质计划，不仅取决于科学养猪技术的运用程度，也取决于管理水平，这是由养猪生产的复杂性和社会性所决定的。智能猪场管理的目的是组织全场人力、财力和物力，在满足猪生长、繁殖过程中对环境需要的前提下，最大限度的提高养猪经济效益。

学习目标

素质目标：

1. 培养对猪饲养全过程的热爱和尊重，理解其在农业经济中的地位。
2. 提高对猪饲养工作责任心的认识，明白精细的饲养管理对动物福利和生产效率的影响。
3. 理解如何在猪饲养中实施可持续和环保的措施，以及其对环境、动物福利和人类社会的重要性。

知识目标：

1. 认识猪场数据和表格的种类，理解猪场数据管理的重要性。
2. 了解猪场各管理岗位的职责，以及猪场各岗位管理目标和操作规程。
3. 了解猪场成本项目和费用种类，掌握猪场成本控制的途径。

能力目标：

1. 能在养猪现场收集数据，填写各类生产记录表格。
2. 能操作某种猪场生产管理软件及对猪场数据进行有效管理。
3. 学会通过各类报表与技术指标的对比，发现问题，掌握饲养成本的管理控制。
4. 能按猪场岗位和操作规程完成工作目标。

思维导图

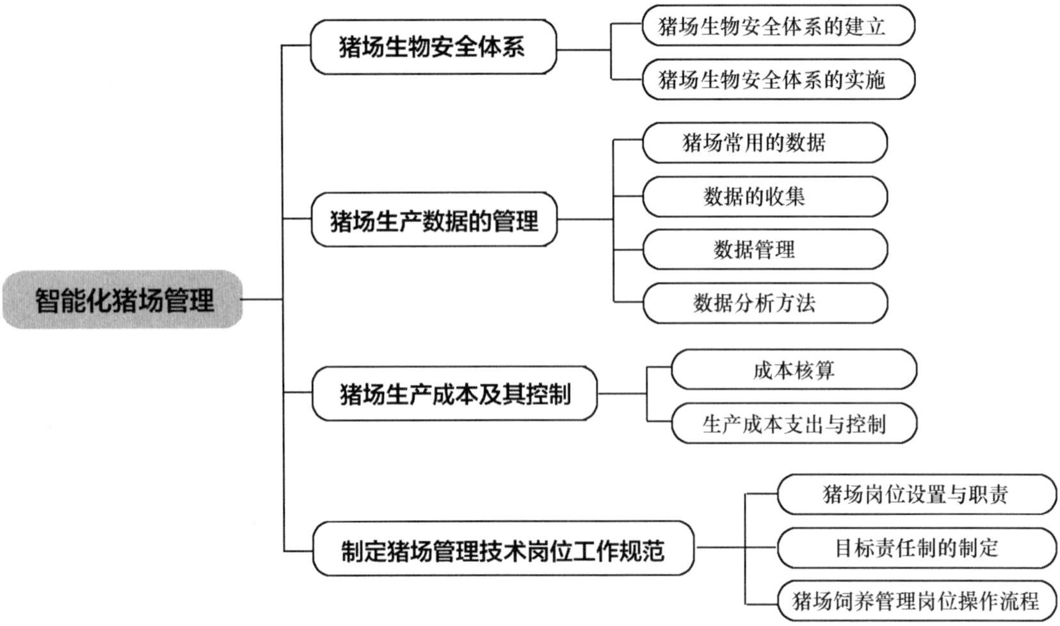

任务一　猪场生物安全体系

一、猪场生物安全体系的建立

生物安全体系是指采取必要的措施，最大限度地减少各种物理性、化学性和生物性致病因子对动物造成危害的一种动物生产体系。其总体目标是防止有害生物以任何方式侵袭动物，保持动物处于最佳的生产状态，以获得最大的经济效益。

生物安全体系是目前最经济、最有效的传染病控制方法，同时也是所有传染病预防的前提，它将疾病的综合性防制作为一项系统工程，在空间上重视整个生产系统中各部分的联系，在时间上将最佳的饲养管理条件和传染病综合防制措施贯彻于动物养殖生产的全过程，强调了不同生产环节之间的联系及其对动物健康的影响。该体系集饲养管理和疾病预防为一体，通过阻止各种致病因子的侵入，防止动物群受到疾病的危害，不仅对疾病的综合性防治具有重要意义，而且对提高动物的生长性能，保证其处于最佳生长状态也是必不可少的。因此，它是动物传染病综合防制措施在集约化养殖条件下的发展和完善。

猪场生物安全体系的内容主要包括规模猪场的建设、“全进全出”管理模式、卫生及消毒管理、人员的活动管理、车辆的管理、引种的管理、免疫体系的建立、疫病的监测及疫病的净化。

二、猪场生物安全体系的实施

(一)规模猪场的建设

场址选择、合理布局、远离传染病原是猪群生物安全体系的基础条件。

(1)场址选择　场址是考虑生物安全时最重要的一个因素。在养猪密集的地区,高度接触性的传染病容易发生传染。在这类地区,难以防止某些疾病传入猪场。口蹄疫、喘气病以及蓝耳病等疾病可随风传播,对于邻近的猪场来说,钩端螺旋体病、传染性胃肠炎和猪痢疾等疾病很可能成为地方性流行病,如果一个猪场感染了如同猪痢疾这样的疾病,那么完全可以认为邻近的其他猪场迟早也会受到同样的感染。因此这些猪场不得不接受"共享"一些传染病的事实。

在理想情况下,猪场应坐落于隔离区域内,远离其他猪场,与其他猪场核心场的最小距离为 5 km,扩繁场的最小距离为 2 km。应尽可能远离其他牲畜,与其他牲畜如牛、山羊、绵羊的最小距离为 1 km,要远离市场和屠宰场。

(2)建筑布局　一个功能齐全的养猪场的建筑分为 4 个独立区域,即生活区、生产管理区、生产区和隔离区。生活区应距猪场 500 m 以上;生产管理区位于猪场的一端,形成独立的建筑群,与生产区之间有消毒室相连;隔离与粪污处理区,在猪场下风方向 50 m 处。生产区按三点布局,公猪、配种、母猪、妊娠母猪以及产仔舍放置一点,断奶以后保育期的猪单独放置一点,生长育肥猪放置一点。各点距离尽可能在 500 m 以上,彼此用绿化带或围墙隔开,三点间有道路或门控制,不能随意往来。

(二)"全进全出"管理模式

在规模化养猪场,采取"全进全出"、隔离消毒的饲养管理模式,有助于控制疾病,改善生产。在传统连续进出的养猪方式中,由于圈栏一直处于占用状态,只能带猪消毒;一方面限制了强消毒剂的使用,另一方面由于不能彻底地搞好清洁,去除粪便和污物(消毒时由于粪便和污物对微生物有保护作用而对消毒剂则有拮抗作用),使消毒效果也很不理想,给疾病连续滞留创造了条件,以至于在一些猪场中,病原的品种数量不断地积累,猪的患病率和死亡率较高,几乎达到无法控制的局面;有的猪场虽用大剂量的药物控制了发病率和死亡率,但猪群长期处于亚临床症状状态,生产水平较低。

"全进全出"管理方式则保证了对圈栏的彻底清扫和消毒,不仅有效防止了病原菌的积累和条件性微生物向致病性微生物的转化,而且阻止了疾病在猪场中的垂直传播(主要是大猪向小猪的传播)。全进全出并不强调一场一地的大规模全进全出,强调的是一栏或一舍的全进全出。

(三)卫生及消毒管理

良好的环境卫生和消毒措施能够有效地控制病原微生物的传入和传播,从而显著降低猪只生长环境中病原微生物的数量,为猪群健康提供良好的环境保证。

1.卫生管理

对猪舍中粪便、尿液、饲料残渣等应及时清理,猪舍每天打扫 2 次。舍内整体环境卫生,包括屋顶灰尘、门窗、走廊等平时不易清扫的地方，结合猪场全进全出每次彻底打扫。猪舍要保持温暖、干燥，适时通风换气，排出有害气体，保持舍内空气新鲜。场区必须搞好绿化，保持清洁卫生，每天打扫一次。

猪场要有专门的堆粪场，猪场粪便需及时进行无害化处理并合理利用。猪场应把灭蝇、灭蚊和灭鼠列入日常工作，猪场内不得饲养其他畜禽及动物。

2. 消毒实施

(1)猪场应建立门口消毒池，猪舍内外、猪场道路要定期消毒　根据不同的要求选择不同的消毒剂；严格按照消毒剂的使用说明配制消毒液，要现配现用；根据消毒液的浓度、环境温度以及污染程度调整消毒时间。

(2)按照不同日龄分群，做好不同猪群间的隔离　工作顺序应从仔猪到母猪或是老年猪；在产仔舍的入口处建立一个洗澡消毒池，在母猪移入产仔舍之前，用消毒液对母猪进行清洗；定期利用空舍期，通过清扫和消毒等措施来打断疫病自身的循环模式，控制疫病在群体内的传播。

(3)围栏、转猪车及猪群之间使用的设备要进行清洗和消毒　风扇、天花板、给料器、饮水器也要进行清洗和消毒，角落更不能忽视；所有的装备，特别是常与猪群接触(如注射器、手术器具等)的装备要进行严格的清洗和消毒；还要注意窗户，内部通信工具等的消毒。

(四)人员的活动管理

1. 关于本场职工

本场职工应该严格遵守猪场管理措施。工作人员进场要进行沐浴、更衣、消毒，穿已消毒过的工作服和胶鞋，戴上工作帽，工作服及鞋帽应保持干净、整洁，并定期消毒，饲养员不得串舍，各舍间用具不得相互借用，进出猪舍要脚踏消毒药液并用消毒液洗手，饲养员原则上不允许外出，特殊情况外出后必须在生活区宿舍彻底洗澡更衣后，隔离 2 d 以上才能进入生产区，场内工作人员不要接近本场猪以外的任何猪只，不要进出屠宰场和畜禽交易市场，技术员不准对外出诊，参加业内相关会议后必须彻底洗澡更衣，在生活区隔离 3 d 以上，再次洗澡换衣后才能进入猪场生产区。

2. 关于来访者

来猪场办事或探亲访友的人员一律在接待室接待，不准进入生产区。猪场应谢绝所有参观活动，禁止买猪者参观猪场，所有来访者在进入猪场前必须在门卫室登记，登记内容包括日期、姓名、来访原因、上次接触猪或污染物的时间和地点等，如来访者进入生产核心区，必须在生活区隔离 48 h。

(五)车辆的管理

场内的车辆只能在场内行驶，严禁驶出场外，每次使用完毕都要进行清洗与消毒，并放置在指定地点，场外的车辆包括装人员的车、装饲料的车和装猪粪的车，在离猪场 1 km 以外的地点设立消毒点，对进入的车辆实施全方位消毒，到达猪场的边缘再进行消毒，并详细登记消毒记录与车辆信息。严禁场外车辆驶入生产区内部。在办公区设立停车点，消毒后的车辆放置在指定的停车位置。

(六)引种的管理

新猪的引进是至今为止最重要的危险因素,它是将新病引进猪场的重要途径。原种猪场引种频率及数量要有长远规划,减少引种次数,必须引种的,在引种之前通过实验室检测等方法了解种源提供场的猪群基本健康状况,必须是从已检测为主要传染病阴性的猪场引进种猪,严禁从烈性传染病病原检测结果为阳性的种猪场引种,严禁从健康等级低于本场的种源提供场引种。

引进的种猪由于长途运输等应激因素,其健康状况可能发生改变,并影响本场其他猪群的健康状况,因此引进的种猪必须经过至少 45 d 的隔离适应,隔离期对全部种猪进行抽血化验,确保重大传染病病原的检测结果均为阴性,方能混群。混群后根据本场的免疫程序,接种疫苗。

(七)免疫体系的建立

免疫体系的建立在整个猪场生物安全体系构建中占据重要的位置。猪场必须根据本场、本地区疫病流行情况,制定科学规范的免疫程序,并且严格执行,使猪只获得坚强的免疫,达到常规预防免疫接种的目的。

免疫接种的方法分为预防和控制两类。对于大多数流行病来说,免疫接种的目的在于预防猪只免受感染,从而将损失降低到较低水平。然而在不存在某些疾病(如伪狂犬病)的猪场,免疫接种的目的在于当生物安全措施万一被突破时,可对猪群提供必需的保护。在这样的情况下,免疫接种被看作是预防疾病爆发的一种保证。

建立免疫程序后,接着便是筛选疫苗。选择疫苗厂家应遵循规模化、专业化生产及口碑良好的原则;要针对疫苗进行动物试验,从疫苗接种的副反应,如发烧、食欲减退等,以及接种后抗体产生的最短时间与持续存在时间等多方面进行综合评估,从而确立最佳的疫苗供应商。

疫苗的运输与保存均需要冷链设备,针对不同类型的疫苗,其保存的最佳温度要求也是不同的。因此,保存疫苗要根据温度要求精准调控冷链的保存温度,同时使用温度计监控冷链温度,每天上午、下午各记录一次,防止因冷链设备的原因导致疫苗失效。免疫注射后的针头、注射器、疫苗空瓶需进行消毒处理,避免污染环境。

(八) 疫病的监测

猪群健康状态的描述,是疫病控制的重要措施,最常用的评价方法是定期对猪群进行疫病和免疫状态的监测。通过疫病监测有利于猪场实时掌握疫病的流行和病原感染状况,有的放矢地制订和调整疫病控制计划,及时发现疫情,及早防治。对疫苗免疫效果进行监测可以了解和评价疫苗的免疫效果,同时为免疫程序的制订和调整提供依据。

猪场应定期对全场猪群开展疫病监测和免疫监测,采用血清学抽样方法进行监测,监测时间一般每 4～6 个月进行 1 次。每次监测结果均应做好详细的记录,并根据监测结果分析猪群的健康状态。对病原体监测为阳性的猪群,要立即进行隔离,半个月后进行复检,如果仍为阳性,应实施淘汰处理。

(九)疫病的净化

猪场对重点动物疫病应有计划地实施净化。疫病净化的标准为:种用猪群重点疫病血清学阳性率低于0.2%,一般猪群低于1%。疫病净化的方法为:依据猪群疫病监测结果,对猪群进行重点净化疫病的血清学全群检疫,隔离并淘汰阳性猪;实施疫病净化后3~6个月对猪群再次进行疫病监测,以确定种猪群是否达到疫病净化标准。

任务二 猪场生产数据的管理

一、猪场常用的数据

一般规模化猪场有隔离舍、后备舍、配种舍、妊娠舍、分娩舍、保育舍、生长育肥舍等,现分述如下。

(一)隔离舍/后备舍

常用的数据有:

1.后备猪隔离天数

为疾病控制需要,需要足够的隔离时间,通常需要45 d以上。

2.后备猪死淘率

以批次为单位计算引入的后备猪死亡、淘汰比例。

3.10月龄利用率

后备猪达到10月龄已怀孕的比例,也是按批次计算,通过逐头统计每头后备母猪达10月龄以后的状态来计算。猪场可根据自己的标准调整为8月龄或9月龄。

4.超期未发情比例

以一定日龄(比如300 d)为标准判定母猪是否为超期不发情母猪,统计此类母猪占引入(或者去掉死淘)的后备猪的比例。

(二)配种舍

常用的数据有:

1.断奶7 d发情率

同一批次断奶后7 d内发情配种的比例。

2.配种分娩率

某一时间段内配种的母猪最后分娩的比例。没有分娩的称为失配,可统计失配率。

3.空怀返情流产率

统计某段时间内配种母猪出现空怀、返情、流产的比例。

(三)妊娠舍

配种 60 d 以后没有怀孕的母猪称为空怀，小于 60 d 称为返情，看到流产物视为流产。

1.妊娠死亡淘汰率

以整个怀孕舍或某批猪为基础统计怀孕母猪死亡淘汰的比例。

2.胎龄结构

以怀孕猪或基础母猪群统计各胎母猪所占的比例。本次配种完成至下次配种前为同一胎次。

3.断奶、怀孕期料量

可统计整个配种前、怀孕期的平均料量或不同时间段的平均料量。

(四)分娩舍

常用的数据有：

1.胎均总仔

某一段时间内所产总仔数(含死胎、木乃伊胎)/对应窝数。

2.胎均健仔

某一段时间内所产健仔数(总仔去掉死胎、木乃伊、弱小仔、畸形仔)/对应窝数。

3.胎均无效仔比例

某一段时间内所产死胎、木乃伊、弱小仔、畸形仔总数/总仔数。

4.胎均断奶活仔

某一段时间内断奶仔猪数量/对应窝数。

5.胎均转保正品苗

某一段时间内转保加上市正品仔猪数量/对应窝数。

6.繁殖周期

繁殖周期＝母猪平均妊娠期＋产房平均哺乳期＋母猪断奶至配种平均天数。年分娩窝数(胎次)＝365/繁殖周期。

7.计算机统计数据

计算机统计本年度总分娩窝数/生产母猪数(凡有配种、分娩记录的母猪都算)。

一般来说，用计算机统计的数值会比用繁殖周期计算的更低，因为前者包含了补充的后备母猪、提前淘汰的经产母猪，而它们常常只分娩了 1 次。但对于均衡生产的猪场，用计算机统计计算更有实际意义，可以体现空耗猪的影响。单头母猪年上市正品猪苗数＝每年上市正品猪苗数量/年基础母猪数量。

(五)保育舍

1.猪苗上市正品苗率

同一批次上市正品猪苗/当批次断奶或转保总数。

2.产房仔猪死亡率

某段时间内产房死亡的仔猪数/同期产房仔猪存栏数。

3.保育仔猪死亡率

某段时间内保育舍死亡的仔猪数/同期保育仔猪存栏数。

4.哺乳母猪日均采食量

统计产房单元母猪每天平均采食量,可统计每条线整个产房,也可统计每一个单元。

5.仔猪采食量

统计不同日龄阶段仔猪的平均每头采食量。

(六)生长育肥舍

常用的数据有:

1.料肉比

饲料消耗量/增重。

2.生长舍成活率

生长舍上市的猪只数/转生长舍猪只数。可以统计多栋猪舍,也可只统计一栋猪舍或某一批猪只。

3.上市正品率

上市正品猪只数/(上市正品猪数+上市B级猪数)。

4.上市日龄

上市猪只的平均日龄,可以按猪舍或按批次统计。

5.上市均重

上市猪只的平均体重可以按猪舍或按批次统计。原种、扩繁场关键数据还有各阶段窝均选留数,原种场还有测定比例、遗传指数等。

二、数据的收集

1.数据的收集过程

猪场印制各类报表,交给各级干部、员工填写,定期上报,由专人负责录入计算机系统,再由相关人员从系统获取各类汇总分析报表。

2.常用的数据表格

(1)种猪的档案

①公猪的档案包括出生情况、断奶体重、外貌特征、血统记录、免疫记录、健康记录等。由配种舍负责人记录(表7-1)。

②母猪的档案配种记录包括出生情况、断奶体重、外貌特征、耳号、配种记录、发情鉴定记录、产仔记录、断奶记录、免疫用药记录等。由配种舍负责人记录(表7-2至表7-5)。

③产仔记录包括配种时间、与配公猪耳号、母猪耳号、胎次、配种方式、母猪体况、预产日期、

分娩日期、产仔情况、出生窝重、初生活体均重、断奶日期、母猪批次生产计划分娩记录等。每头仔猪出生后都应做好编号,输入档案,形成猪的系谱。由产房负责人、接产人员记录(表7-6、表7-7)。

(2)疾病记录

①病原的记录。记录本场存在哪些病原,即以往猪场内曾发生过的疫病,根据其特点确定该病原现在是否还存在于猪场内,其一般感染何种猪群、感染的时间、该病原的抗药性、有何预防药物。由兽医室负责人记录(表7-8)。

②用药记录管理。记录好本场常用哪些药物,每种药物用药剂量,每次使用效果,是否做过药敏试验。由医务室负责人记录。

③种猪的疾病管理。建立种猪的健康档案,记录其每次发病、治疗、康复情况,并对康复后公猪的使用价值进行评估。由兽医室负责人记录(表7-9)。

记录种猪的免疫接种情况:每年接种的疫苗种类、生产厂家、接种时间、当时的免疫反应及抗体监测时的抗体水平。由兽医室负责人记录(表7-10)。

记录母猪是否发生过传染病,是否有过流产、死胎、早产,是否有过子宫内膜炎,是否出现过产后不发情或屡配不孕及处理的情况记录。由配种舍负责人记录。

(3)猪群动态记录　记录各猪舍的猪群变动情况,包括出生、入栏、出栏、淘汰、出售和死亡等情况。由各猪舍饲养员负责记录(表7-11、表7-12)。

(4)配料记录　包括饲料品种、配料计划、配料日期、数量、投药情况、出仓记录等。由配料车间负责人记录(表7-13、表7-14)。

(5)生产报表各生产线、各猪舍的猪群变动情况　包括存栏、入栏、出栏、淘汰、出售和死亡等情况。

母猪舍还包括产仔胎数、头数、仔猪情况等。由各生产线负责人统计。

每周、每月、每季、每年都要进行全面统计,具体参见表7-15至表7-18。

三、数据管理

规模化猪场的数据是十分庞大而复杂的,为了让数据发挥充分的作用,需要建立强大的数据管理体系,从而确保数据的真实性和及时性,以及分析方法的正确性。具体操作方法如下。

(一)真实

(1)每类报表逐级核对。一些关键报表需要多联制,便于取出复写表格核对。

(2)组内现场核对。定期或不定期进行现场盘点,抽查饲养员数据填写的真实性。

(3)组间关联数据核对,历史关联数据核对,场部从另一个侧面校对数据的真实性。

(4)分公司再次核对。分公司组织人力对一些关键数据进行盘点核对。

(5)总公司职能部门不定期抽查。

(6)计算机数据录入系统利用逻辑关系对数据真实性进行判定。

(二)及时性

(1)根据各类报表的及时性需求,对不同报表的录入时间进行规定,尤其是月底(或财务月末)要及时录入。

(2)对数据承包员进行规定,确保休假有人顶班。必要时设立专门数据录入人员。

(三)计算方法到位

在数据录入计算机系统以后,常常需要简单加工才能形成各类报表,有的甚至需要很复杂的关联计算才能得到最终结果,这些都需要系统的计算方法,需要不断对系统输出数据进行核对,对计算方法进行优化,甚至建立交叉检验方法验证数据处理结果的有效性。

当一个公司有多个猪场,情况也就有多种,技术人员应不断优化数据的计算与处理方法,做到客观公正反映各单位的生产情况。好的计算方法更易于发现隐性问题。

四、数据分析方法

通过计算机的帮助与处理,输出各类表格供从业者分析问题,而直接的数据常常只代表一个时间点,并不能对数据的优劣做出判定,为了便于发现问题,需要建立一套数据分析对比的方法。常用的生产数据分析方法有很多,以下列举几个常用的方法供参考。

(一)与生产标准比较

将输出数据与标准比较,从而发现生产的优缺点,这是临床生产中最常用的方式。比如胎均总仔、胎均断奶活仔、产房死淘率、保育死淘率等建立标准预警范围,超出则视为异常。

(二)同比、环比

所谓同比,即与往年同月进行比较;所谓环比,即与本年度往期比较(常常比较上个月情况)。同比是考虑每年的气候相对恒定,理论上生产成绩受气候的影响是一致的,从而看出今年的生产水平优劣;环比是考虑生产的延续性,生产成绩通常有一个梯度变化的规律,分析这种规律,可以衡量气候的影响,也可以大致判断生产的走势,从而判定生产的状况,比如分析本月配种分娩率,可以与去年同期比,也可与上月比较。

(三)横向对比

横向对比即与兄弟单位对比。大家处于同样的气候条件下,同样的生产模式,生产成绩是否也一致,如果不同,查找原因。通过横向对比,常常容易发现本单位的不足,也能快速找到生产操作中存在的问题,明确未来努力的方向,并学习优秀单位的做法,快速提升本单位的生产成绩。

(四)分析数据变化趋势

比如逐周、逐月分析数据走势,预测未来生产可能的变化规律。常常可以借用往年同期或前几个月的数据变化规律,预测当前的生产状况。比如分析胎均总仔的变化趋势,根据往年逐月的变化规律,大致是6—9月最低,其中7月为最低谷,然后逐步上升,至次年3—4月为最高峰。从这些情况可以判定今年的生产水平,进而分析出工作的主要矛盾。

表 7-1　公猪卡

基本信息	公猪耳号				系别			
	出生日期				进入生产群日期			
血统	父亲		祖父		祖母			
	母亲		外祖父		外祖母			
免疫记录	疫苗名称		免疫时间		剂量		备注	
健康记录								

表 7-2　______ 种猪场种猪档案卡(正面)

编号					品种					耳号			
性别					出生日期					同窝头数			
出生重/kg					出生地					乳头数量	左		右
毛色					初配年龄					经配猪号			
断乳体重					进场日期					出场日期			
外形特征										级别			
配种记录					产仔记录					断奶记录			留种头数
胎次	配种日期	与配公猪号	复配日期	预产日期	实产日期	正常头数	弱仔	死胎	成活	断奶日期	头数	窝重	
1													
2													
3													
4													
5													
6													
7													
8													

表 7-3 ＿＿＿＿＿种猪场种猪档案卡(背面)

免疫用药记录

项目	猪瘟	蓝耳病	细小病毒	伪狂犬	喘气病	口蹄疫	丹肺二联	仔猪黄白痢	乙型脑炎	
注苗时间										
剂量										
注苗时间										
剂量										
注苗时间										
剂量										
注苗时间										
剂量										
注苗时间										
剂量										

表 7-4 ＿＿＿＿种猪场猪系谱卡

<table>
<tr><td>编号</td><td></td><td>品种</td><td></td><td>耳号</td><td colspan="2"></td></tr>
<tr><td>性别</td><td></td><td>出生日期</td><td></td><td>出生体重/kg</td><td colspan="2"></td></tr>
<tr><td>出生地</td><td></td><td>断乳体重</td><td></td><td>乳头数量</td><td>左</td><td>右</td></tr>
<tr><td>出生胎次</td><td></td><td>进场日期</td><td></td><td>级别</td><td colspan="2"></td></tr>
<tr><td>外形特征</td><td colspan="3"></td><td colspan="2">种畜禽许可证编号</td><td></td></tr>
<tr><td rowspan="8">耳号：</td><td rowspan="4" colspan="3">父号：</td><td rowspan="2" colspan="2">父父号：</td><td>父父父号：</td></tr>
<tr><td>父父母号：</td></tr>
<tr><td rowspan="2" colspan="2">父母号：</td><td>父母父号：</td></tr>
<tr><td>父母母号：</td></tr>
<tr><td rowspan="4" colspan="3">母号：</td><td rowspan="2" colspan="2">母父号：</td><td>母父父号：</td></tr>
<tr><td>母父母号：</td></tr>
<tr><td rowspan="2" colspan="2">母母号：</td><td>母母父号：</td></tr>
<tr><td>母母母号：</td></tr>
</table>

表 7-5　发情鉴定记录表

日期	时间		栏位		耳号	发情表现					备注
	下午	上午	舍	栏		爬跨其他猪	对公猪敏感	接受爬跨	静立反射	阴道分泌物	

表 7-6　猪场配种、产仔记录表　　（单位：头、kg）

配种时间	与配公猪号	母猪耳号	胎次	配种方式	母猪体况	预产日期	分娩日期	产仔情况				出生窝重	初生活体均重	备注
								仔数	健仔	弱仔	死仔			

表 7-7　母猪批次生产计划分娩记录

年　　月　　日　　第（　　）批次

序号	位置	分娩日期	母猪耳号	胎次	窝号	与配公猪	总产仔	活仔数	死亡					哺乳数	第一天			第三天			第十天	断奶日	头数	备注
									难产	死胎	木乃伊	畸形	弱仔		滴鼻	称重	耳缺	补铁	断尾	去势	支原体			
1																								
2																								
3																								
4																								
5																								
6																								
7																								
8																								
9																								
10																								

表 7-8 猪场疫病诊疗记录表

时间	生猪标识编码	圈舍号	日龄	发病数/头	病因	诊疗人员	用药名称	用药方法	诊疗结果

表 7-9 生猪养殖场防疫检测记录

采样日期	圈舍号	采样数量/头	监测项目	监测单位	监测结果	处理情况	备注

表 7-10 免疫记录表

圈舍号	免疫日期	猪只种类	疫苗种类	批号	产地	使用剂量	使用方法	免疫头数	技术员

表 7-11　保育、育肥猪转猪单

序号	转出猪舍				变动明细																				转入猪舍			
	阶段	舍号	正品头数	次品头数	公				母				自留公				自留母				肉猪	合计头数	重量/kg	日龄/天	阶段	舍号	正品头数	次品头数
					D	L	Y	F2	D	L	Y	F2	D	L	Y	F2	D	L	Y	F2								
1																												
2																												
3																												
4																												
5																												

注：D 表示杜洛克猪，L 表示长白猪，Y 表示大白猪，F2 表示杂交二代。

表 7-12　种猪转舍单

第（　　）批　　年　月　日

转出猪舍		变动明细																	转入猪舍	
阶段	舍号	公				母				自留公				自留母				合计头数	阶段	舍号
		D	L	Y	F2	D	L	Y	F2	D	L	Y	F2	D	L	Y	F2			

序	耳号	栏号	序	耳号	栏号	序	耳号	栏号	序	耳号	栏号
1			9			17			25		
2			10			18			26		
3			11			19			27		
4			12			20			28		
5			13			21			29		
6			14			22			30		
7			15			23			31		
8			16			24			32		

表 7-13　饲料加工量记录

单位：kg

栋号	颗粒料 20 kg/包			保育料			小猪料			种猪料			育肥猪料			公猪料			妊娠料			哺乳料			备注
	加工	出库	库存	加工	出库	库存	加工	出库	库存	加工	出库	库存	加工	出库	库存	加工	出库	库存	加工	出库	库存	加工	出库	库存	

表 7-14　每栋每日耗料统计表

单位：kg

栋号	存栏	大猪料	中猪料	保育料	后备料	小猪料	哺乳料	怀孕料	公猪料	合计	平均喂料
小计											

表 7-15　猪场月配种记录表

时间：　　年　　月　　日——　　月　　日

（断奶）母猪编号	配种日期	胎次	断奶日期	发情间隔	1 次公猪	方法	配种状态	2 次公猪	方法	配种状态	第一次返情鉴定日期（+21 d）	第二次返情鉴定日期（+42 d）	妊娠诊断日期	预产期

表 7-16　月断奶记录表

时间：　　年　　月　　日——　　月　　日

（断奶）母猪编号	胎次	断奶日期	分娩日期	断奶天数	健仔数	死亡	淘汰	腹泻	寄养	断奶头数	总体重/kg	平均体重/kg	断奶母猪体型指标	断奶方法	哺乳病例特记事项
合计/平均															

注：断奶母猪体型指标（BCS）：1～5；断奶方法：1. 正常，2. 早期断奶，3. 哺乳期死亡，4. 代母作用。

表 7-17　猪场分娩记录表

时间：　　年　　月　　日——　　月　　日

（断奶）母猪编号	胎次	分娩日期	配种日期	妊娠天数	体型指标 BCS	诱导分娩	分娩状态	总产仔数	木乃伊	死胎	畸形	弱仔	哺乳开始头数	总体重/kg	平均/kg	断奶日期
合计/平均																

注：体型指标（BCS）：1～5；诱导分娩：有/无；分娩状况：1. 顺产，2. 难产，3. 早产。

表 7-18 猪只异常处理申请表

舍号： 第（ ）批 年 月 日

<table>
<tr><td>序号</td><td>阶段</td><td>数量/头</td><td>重量/kg</td><td>淘汰/死亡</td><td>处理原因</td><td>处理方式</td><td>备注</td></tr>
<tr><td>1</td><td></td><td></td><td></td><td>£淘汰£死亡</td><td></td><td></td><td></td></tr>
<tr><td>2</td><td></td><td></td><td></td><td>£淘汰£死亡</td><td></td><td></td><td></td></tr>
<tr><td>3</td><td></td><td></td><td></td><td>£淘汰£死亡</td><td></td><td></td><td></td></tr>
<tr><td colspan="2">合计</td><td></td><td></td><td></td><td></td><td></td><td></td></tr>
<tr><td colspan="8">情况说明：

饲养员</td></tr>
<tr><td colspan="8">批示：

主管： 日期：</td></tr>
<tr><td colspan="8">批示：

场长： 日期：</td></tr>
</table>

注：1. 处理方式：A. 种猪转肉猪；B. 销售；C. 安乐死；D. 深埋；E. 其他。

2. 一式三联，饲养员、统计员、财务各持一联。

任务三 猪场生产成本及其控制

从企业的角度看，经营猪场的最终目的是盈利。所以在猪场的经营管理过程中，不但要通过先进技术、先进装备和先进的管理使猪只的生产性能得到充分发挥，而且要高度重视成本管理，通过尽可能控制和降低成本，实现更多的利润。

一、成本核算

养猪生产中的各项消耗，有的直接与产品生产有关，这种开支称为直接生产成本，如饲养人员的工资、福利费、饲料、猪舍的折旧费等；另外还有一些间接费用，即管理费用（如场长等管理人员的工资和各项管理费等）、销售费用（销售人员费用、广告宣传等）、财务费用（利息等）。

（一）成本项目与费用

（1）劳务费 直接从事养猪生产的饲养人员的工资和福利费。

(2)饲料费　饲养各类猪群直接消耗的各种精饲料、粗饲料、动物性饲料、矿物质饲料、多种维生素、微量元素和药物添加剂等的费用。

(3)燃料和电费。

(4)医药费　猪群直接消耗的药品和疫苗费用。

(5)固定资产折旧费。

(6)固定资产维修费。

(7)低值易耗品费　当年报销的低值工具和劳保用品的价值。

(8)其他直接费　不能直接列入以上各项的直接费用,如接待费等。

(9)管理费　非直接生产费,即共同生产费,如管理人员的工资及其他管理费。

(10)财务费用　主要指贷款产生的利息费用。

(二)成本的计算

根据成本项目核算出各类猪群的成本后,计算出各猪群头数、活重、增重、主副产品产量等数据,进一步得出各猪群的饲养成本和产品成本。在养猪生产中,一般要计算猪群的饲养日成本、增重成本、活重成本和主产品成本等,其计算公式如下:

猪群饲养日成本＝猪群饲养费用/猪群饲养日数

断乳仔猪活重单位成本＝断乳仔猪群饲养费用/断乳仔猪总活重

商品猪单位增重成本＝(肉猪群饲养费用－副产品价值)/肉猪群总增重

主产品单位成本＝(各群猪的饲养费－副产品价值)/各群猪主产品总产量

养猪生产中断乳仔猪和肉猪为主产品,副产品一般为粪肥、自产饲料等。

(三)盈亏核算

总利润(或亏损)＝销售收入－生产成本销售费用－税金±营业外收支净额

二、生产成本支出与控制

(一)生产成本支出

规模化猪场的费用按其经济用途不同可分为生产成本(制造成本)和期间费用。

1. 生产成本

生产成本主要是指与养猪生产直接有关的费用。

这类费用有的直接用于养猪生产,有的则用于管理与组织养猪生产。其划分的若干成本项目大致有:生产区内工作人员的工资、奖金及津贴;按国家规定提取的福利费、工会费、教育费;各猪群耗用饲料费;兽药费;种猪费用摊销;生产区内能直接计入各猪栏的猪舍和专用机械设备设施的固定资产折旧费;生产区内能直接计入各猪群的低值工具、器具和生产区人员劳保用品的摊销等低值易耗品费用;猪场耗费的全部燃料费;猪场耗费的全部水电费;零配件购置及修理费;办公费;生产用运费;差旅费等。

2.期间费用

期间费用是指猪场在生产经营过程中发生的，与养猪生产活动没有直接联系，属于某时期耗用的费用。

这些费用容易确定其发生期间和归属期间，但不容易确定它们应归属的成本计算对象。

期间费用不计入养猪生产成本，不参与成本计算，而是按照一定期间（月份、季度或年度）进行汇总，直接计入当期损益。规模化猪场的期间费用包括管理费用、财务费用、销售费用等。

将生产成本和费用合理划分为若干明细科目进行核算，能够反映猪场在一个时期内发生了哪些费用，数额各是多少，可用于分析猪场各个时期各种费用的支出水平，与同期比较升降的程度和因素，从而为猪场制定增收节支及成本与费用控制目标提供可靠的依据。据了解，某万头猪场通过财务预算方案的控制，仅饲料费用一项开支，每年就可降低生产成本 20 万元，这是一个可观的数字。

（二）成本控制

1.制定成本与费用控制目标，是提高猪场经济效益的有效手段

要对规模化猪场的成本及费用开支做到合理控制，年初就应根据本单位本年度的出栏商品猪头数和预期实现的销售收入，编制出详细的年度成本与费用开支的预算方案，该方案应该包括生产成本和期间费用的所有可列支的明细项目，制定的依据应该是在猪场正常生产的情况下，本单位近两年来有关成本和费用支出的平均数值。在本年度的工作中，应根据月度成本与费用支出报表与预算方案进行对比分析，通过对比分析，及时发现在成本费用控制计划执行过程中，哪些指标已经达到和超过，以及存在哪些问题等。这样就可在有效使用现有资金、降低行息的同时，抓好内部挖潜、堵塞各种漏洞和不合理的费用支出，从而达到促进增收节支的目的。

2.制订生产监督与计划完成情况分析表，进一步降低生产成本

（1）各环节的原始记录是实行计划生产的参数和依据　这些参数应包括：哺乳成活率、保育成活率、情期受胎率、产活仔数、每年每头母猪断奶胎数、母猪淘汰率、饲料转化率、日增重、平均出栏天数等。这些参数应是近几年内正常生产的平均数字。在制订生产计划时，各环节的参数一定要齐全，否则所定的计划若与实际生产情况差异较大，会造成生产过程的堵塞和圈舍的浪费，不利于降低每头出栏猪所分摊的折旧费用。

（2）生产组要定饲料、定药品、定工具、定能源消耗计划　不同环节、不同阶段的猪只对饲料、药品、工具、能源等的需要量也各有不同。把长期以来各环节的实际使用量平均分配到各头猪的数字作为参数，然后以这些参数为依据，计算出各环节的需要量，作为监督生产过程的控制指标。

（3）跟踪生产，适时检查，及时调整　全年生产计划制订以后，整个猪场都应围绕这一目标按照生产周期程序开展工作，但计划并不代表实际生产成绩，计划与实施往往存在着一定的差距。例如受胎率可随母猪的年龄、胎次、环境条件等的变化而变动较大，原计划每周配种的头数，往往会出现不同程度的偏差，致使原定每周所产的窝数不一定能按时完成。因此对猪场生产计划的执行与完成情况应有严格的监督和准确的统计分析，从中找出未完成任务的原因，提出解决问题的办法，以便在下周和以后的工作中予以弥补，确保年度生产计划按时完成，进而

降低养猪成本。

(4)注意捕捉市场信息，努力做到适时出栏，降低饲料成本日增重是影响养猪经济的主要性状之一　猪的日增重不是随时间的推移而呈直线上升的。随着体重的增加，猪体对自身生命活动所需的基本维持营养需要也相应增加。因此，为了取得养猪效益的最大化，猪场经营者应以肥育猪的料重比为参考(因为在肥育后期投入的成本主要是饲料成本)，与市场售价作比较，确定适宜的出栏体重。若肥育后期猪的料重比按 3.8 计算，在前段时间出栏猪卖价 13 元/kg、全价饲料 2.79 元/kg 的形势下，肥育猪每增重 1 kg 需投入的饲料成本为 10.6 元，与 13 元/kg 的卖价相比，仍有 2.4 元/kg 的盈利空间。这样将体重 95 kg 的肥育猪延长至 100 kg 出栏，就能多增加收益 12 元，一个万头猪场就能多收益 12 万元。相反，在市场售价降低的情况下，上述操作就有可能不赚钱甚至亏本。因此在低价位情况下养大猪不合算时，就要适当降低肥育猪的出栏体重，这也是降低饲养成本的有效途径。

(5)选择使用优良种猪　确定理想的杂交组合模式是控制养猪生产成本的有效措施之一，好的品种和杂交组合与地方猪相比，具有生长快、耗料少、瘦肉率高、适应性强的特点，在相同饲养条件下即使生产成本相同，所得经济效果也明显不同。在种猪的管理方面，要及时淘汰生产成绩不佳的母猪，提高生产成绩。这些母猪包括：胎次在 8 胎以上的、经常发病的(如母猪乳腺炎、子宫炎、无乳综合征、呼吸道病综合征等)、产仔数少的(10 头以下/胎)、母乳不足的、有肢蹄病的、连续 3 个情期配不上种的、母性差的、习惯性流产的等。

(6)管好用好饲料，促进增收节支　根据本单位各生产猪群的存栏量，参照各类猪只的营养标准，计算出全价饲粮的定额日喂量后，就可以计算出每日、每周和全年的饲料用量，在充分考虑饲料运输、贮藏、加工过程中的正常损耗量后，制订月度(或季度)饲料供应和贮存计划，这样就能在筹资方面做到有的放矢，有利于降低行息和饲料因管理方面的原因导致的损耗。

①把好收购关。对无质量保证以及含水分较高的饲料，坚决不购；为保证所购麸皮质量，要与大型面粉厂建立长久的业务关系；在购买高蛋白饲料特别是鱼粉时，要先抽检、验质合格后再进货。

②把好贮运关。饲料入库前，仓库要保证通风干燥，应有防雀设施；全场要定期灭鼠除虫，以减少不必要的饲料损失。在运输过程中，对包装和装卸的设施，力求严密，以免散失饲料。饲料入库时，保管员要先行入库核实，对饲料的含水量进行测定，超过规定的限度，必须晒干并散热后方能贮存，以防腐烂变质。

③把好饲料的配制和加工混合关。制订全价的饲料配方是促使猪只健康生长的可靠保证。同时，要严格按照所定的配方认真对原料过磅称重，这也是保证饲料营养水平的关键。为此，猪场应选择工作责任心强的人员担负全场饲料的配制和加工混合工作，不提倡把精料分给饲养员让其自行加工配制混合的方法。

对种猪饲料的配制，应在考虑钙磷平衡的前提下，尽可能少使用或不使用棉籽饼、菜籽饼等饲料，以防脱毒不力带来繁殖障碍。

根据猪群的营养需要及气候特点制订饲粮配方。饲料成本占养猪总成本的 75%左右，是最具挖掘潜力的部分。为此，必须根据猪不同生长阶段的营养需要，科学地配制饲料，如专用哺乳仔猪料、断奶应激料、生长肥育猪料、哺乳母猪料等。另外，还要随季节变化调整饲料配方。一年四季的气温不同，猪对营养的需要也不同，不论饲料厂推荐的配方，还是专家设计的配方，都不可能在一年四季适用。如冬季用高蛋白配方，会造成蛋白质的浪费，夏季用高能配方又会造成能量的浪费等。

3.做好环境控制，是降低养猪成本的重要条件

育肥猪的最适宜温度为15～23 ℃，天气寒冷时猪的采食量加大，同时需要消耗更多的能量维持体温，饲料用于生产的效率不高。猪皮下脂肪厚，体内热能散发较慢，并且汗腺退化，不能以大量排汗方式散发体内热量，对热应激比较敏感，因此在天气炎热的条件下，猪采食量少，消化功能减弱，饲料利用率不高。因此，努力做好猪舍的合理环境控制，确保猪只健康、快速生长，也是降低养猪成本的必要措施。

4.采取有力措施，降低疾（疫）病损失

(1)采取措施，防止外疫传入，包括谢绝外人参观、严格进场消毒、消灭老鼠和蚊蝇、对引进种猪实行严格隔离等措施。

(2)应在认真做好抗体检测的基础上，制订本场科学的免疫程序，要求免疫注射率达到100%，以增强猪只的抗病力。

(3)要根据各类猪只的具体情况，认真做好驱虫保健工作，以确保猪只体质健康。

(4)认真做好消毒灭源工作。

要求每转进一批猪只前，均要对设备及地面进行严格的高压冲洗和常规消毒，认真执行转出—清洗—消毒—干燥—再转进制度。消毒后的干燥时间不少于7 d。

(5)应根据本场近年来（尤其是近两年来）疾（疫）病流行特点，做好猪群的群体药物预防工作，防止疫病发生。

(6)确保生产区外环境的清洁卫生。圈舍周围的杂草、脏物要及时清除，以防滋生蚊蝇；舍外的粪尿沟要定期进行消毒，职工食堂每周应用3%～4%氢氧化钠溶液消毒一次，场区每半个月应大消毒一次，消毒的重点区域是人、猪经常通行的道路。对病猪走、卧、排粪尿的地方，要反复进行消毒。

(7)及时处理无价值的猪。无价值的猪主要是指一些病弱僵猪。南京农业大学吴增坚教授曾提出的“五不治”病猪都属无价值猪，即无法治愈的猪，包括治愈后经济价值不大的猪，治疗费工费时的猪，传染性强、危害性大的猪，治疗费用过高的猪等。

(8)重视购销环节的管理工作，减少不必要的经济损失。

任务四　制定猪场管理技术岗位工作规范

一、猪场岗位设置与职责

岗位设置包括健全的劳动组织和劳动制度，贯彻生产岗位责任制。制定出合理的劳动定额和劳动报酬，使每个人责任明确、工作有序，坚决杜绝互相推诿、生产窝工等现象，最终目的是调动每个人的积极性，提高劳动生产率和养猪经济效益。

(一)健全的劳动组织和劳动制度

猪场的劳动组织根据猪场的各项工作性质进行分工，使干部、职工进行最佳组合，明确每

个人的责任，使之相互独立又相互协作，达到提高劳动生产率的目的。各部门的基本职责如下。

1.管理方面

包括场长、副场长等。职责是负责全场发展计划的制订，对生产经营活动具有决策权和指挥权，合理调配人力，做到人尽其才。对职工有按条例奖罚权；安排生产，指挥生产，检查猪群繁殖、饲养、疾病防治、生产销售、饲料供应等关键性大事，掌握财务收支的审批及对外经济往来，负责全场职工的思想、文化、专业技术教育及生活管理。

2.技术方面

包括畜牧、兽医技术人员等，在场长的统一领导下负责全场的技术工作。职责是制订各种生产计划，掌握猪群变化、周转情况，检查饲养员工作情况以及各种防疫、保健、治疗工作，疫苗注射部位和操作规程必须准确熟练。同时还要负责新技术推广、生产技术问题分析、生产技术资料统计等，及时向场长汇报。

3.饲养方面

主要是饲养员。这类人员要实行责任制，按所饲养猪群制订生产指标、饲料消耗和奖罚制度。他们的职责是按技术要求养好猪，积极完成规定的生产指标。做好本猪群的日常管理、卫生清理工作，注意观察猪群，发现意外或异常情况及时报告。另外，要积极学习养猪技术知识，不断提高操作技能。

4.后勤管理方面

主要包括财务管理、饲料加工供应及其他服务工作，如供销、水电供应、房屋设备维修等。财务管理工作包括日常报账、记账、结账、资金管理与核算、成本管理与核算、生产成果的管理与核算等，并通过报表发现存在的财务薄弱环节，提供给场长，以便及时做出决策，避免造成不可挽回的损失。物资的供应及产品的销售，应本着降低成本、提高效益的原则进行。

猪场的劳动制度是合理组织生产力的重要手段。劳动制度的制订，要符合猪场劳动特点和生产实际，内容要具体化，用词准确，简明扼要，质和量的概念必须明确，经过群众认真讨论，领导批准后公布。一经公布，全场工作人员必须认真执行。

(二)确定合理的劳动定额

定额是指集约化猪场在进行生产活动时，对人力、物力、财力的配备、占用、消耗以及生产成果等方面遵循或达到的标准。定额包括以下几个方面的内容。

1.劳动手段配备定额

即完成一定任务所规定的机械设备或其他劳动手段应配备的数量标准，如运输工具、饲料加工机具、饲喂工具和猪栏等。

2.劳动力配备定额

即按照生产的实际需要和管理工作的需要所规定的人员配备标准，如每个饲养员应承担的各类猪头数定额、机务人员的配备定额、管理人员的编制定额等。

3.劳动定额

即在一定质量要求条件下，单位工作时间内应完成的工作量或产量，如机械工作组定额、人力日作业定额等。

4.物资消耗定额

即为生产一定产品或完成某项工作所规定的原材料、燃料、工具、电力等的消耗标准，如饲料消耗定额、药品使用定额等。

5.工作质量和产品质量定额

如母猪的受胎率、产仔率、成活率、肉猪出栏率、出勤率、机械的完好率等。

6.财务收支定额

即在一定的生产经营条件下，允许占用或消耗财力的标准，以及应达到的财力成果标准，如资金占用定额、成本定额、各项费用定额以及产值、收入、支出、利润定额等。

二、目标责任制的制定

目标责任制是进行有秩序的生产、养好各类猪和提高饲养人员积极性的重要措施。

(一)目标责任制

全面落实目标生产责任制是搞好猪场的成功经验之一。猪场的生产责任制形式多种多样，可用“定、包、奖”来描述。“定”就是定目标、任务，如饲养人员就是定饲养任务、繁殖任务或上交生猪数量等;“包”就是包饲养费用，可以按照上年或前几年各类猪每头的物资消耗、定额平均数和平均价格，计算出各类猪全年的饲料、医药、水电，房舍折旧等费用，再加上管理费，一并包给承包者，实行超支不补，节约归己的原则，促使承包者不断降低生产成本;“奖”即奖罚制度，超额完成目标任务者奖，反之则罚，这有利于调动承包者的生产积极性，发挥因地制宜的灵活性，最大限度地提高生产水平和经济效益。

目前，一般采用联产承包责任制(产量责任制)或利润承包责任制，即定出全年上缴利润总额，其他一切费用和经营活动由承包者自己安排。上述承包办法适于几年或更长期限的承包;对后勤或科室干部职工，应明确规定不同岗位和人员在整个经营活动中的任务、责任以及利益和奖励办法，把各项工作都落实在每一个劳动者身上，并实行量化考核，以确保预期目标的实现。

下面列举一种常用的承包模式。

1.种公猪饲养组

岗位责任:按要求饲喂、供水、清粪、调教、驱赶、刷拭公猪，与母猪饲养员协作进行试情、配种，做好各项记录。

考核项目:公猪体质、精液品质、母猪情期受胎率。

奖惩办法:根据具体情况确定。

2.空怀、妊娠母猪饲养组

岗位责任:按要求饲喂、供水、清粪。协作配种，母猪保胎，做好各项记录，协助其他人员工作。

考核项目:情期受胎率、产仔窝数、窝产活仔数、母猪体况。

奖惩办法:根据具体情况确定。

3.哺乳母猪饲养组

岗位责任:按要求饲喂、供水、清粪、接产、消毒、护理母猪及仔猪,操作有关设备,做好各项记录,协助有关人员进行防疫、治疗、称重、转群等工作。

考核项目:仔猪断奶成活头数、成活率、个体重、药费开支。

奖惩办法:根据具体情况确定。

4.幼猪培育组

岗位责任:按要求饲喂、供水、清粪、消毒,操作有关设备,做好各项记录,协助有关人员进行防疫、治疗、称重、转群等工作。

考核项目:日增重、成活率、饲料转化率、药费开支。

奖惩办法:根据具体情况确定。

5.生长肥育猪饲养组

岗位责任:按要求饲喂、供水、清粪、消毒,操作有关设备,做好各项记录,协助有关人员进行防疫、治疗、称重、转群与出栏称重等工作。

考核项目:日增重、成活率、饲料转化率、药费开支。

奖惩办法:根据具体情况确定。

6.技术室

岗位责任:协助场长制订生产计划、各项生产技术措施,组织安排好猪群周转,每月统计生产水平变化。对猪场存在的问题进行必要的调查、试验与研究,并提出改进技术管理的意见,制订并落实各项防疫计划与保健措施。治疗猪病、节省药费开支。

考核项目:产活仔总数及各阶段成活率、增重速度、饲料转化率、出栏周期、药费开支。

奖惩办法:根据具体情况确定。

7.财务室

岗位责任:账目日清月结,每月做出成本核算,管理好各项资金,对生产成本及资金周转、使用情况每季度做出书面报告,并提出降低成本、提高资金利用率的措施,及时向场长汇报。

考核项目:账目清楚、准确、及时,成本核算准确,能提出成本与资金运用状况的评价,提出增加效益的具体措施。

奖惩办法:根据具体情况确定。

8.场长

岗位责任:在上级部门领导下,负责猪场的全面经营管理活动的决策、组织、实施工作。主持制订各种制度、计划,保证各种生产经营活动的基本条件,组织技术培训,提高职工素质,组织考核、讲评,调动职工积极性。

考核项目:出栏数、出栏率、全群饲料转化率、盈利额、总投资利润率、职工工作条件及生活条件的改善、群众评议等。

奖惩办法:根据具体情况确定。

(二)合理地兑现劳动报酬

依照按劳分配为主、效益优先、兼顾公平的原则,结合猪场生产特点及时兑现劳动报酬,这是调动工作人员生产积极性和进一步落实目标责任制的重要手段和有效措施。目前，一些养猪企业采用结构工资，工资总额包括基础工资、职务工资、奖励工资3部分，每一部分所占工资总额的比例可根据具体情况而定。在猪场经营管理中，要充分利用和发挥这个手段，把生产和效益搞上去，要制订合理的计酬办法和标准，按劳动数量和质量给予报酬。

三、猪场饲养管理岗位操作规程

(一)隔离舍(后备猪)饲养管理技术操作规程

1. 工作目标

保证后备母猪使用前合格率在90%以上，后备公猪使用前合格率在80%以上。

2. 操作规程

(1)按进猪日龄，分批次做好免疫计划、限饲优饲计划、驱虫计划并予以实施。后备母猪配种前驱体内外寄生虫一次，进行乙脑、细小病毒等疫苗的注射。

(2)日喂料2次。母猪6月龄以前自由采食，7月龄适当限制，配种使用前一个月或半个月优饲。限饲时喂料量控制在2 kg以下，优饲时2.5 kg以上或自由采食。

(3)做好后备猪发情记录，并将该记录移交配种舍人员。母猪发情记录从6月龄时开始。仔细观察初次发情期，以便在第2至第3次发情时及时配种，并做好记录。

(4)后备公猪单栏饲养，圈舍不够时可2～3头一栏。后备母猪小群饲养，5～8头一栏。

(5)引入后备猪第1周，饲料中适当添加一些抗应激药物，如维生素C、多种维生素、矿物质添加剂等。同时饲料中适当添加一些抗生素药物，如强力霉素、利高霉素、土霉素、卡那霉素。

(6)外引猪的有效隔离期约为6周(40 d)，即引入后备猪至少在隔离舍饲养40 d。若能周转开，最好饲养到配种前一个月，即母猪7月龄、公猪8月龄时。转入生产线前最好与本场老母猪或老公猪混养2周以上。

(7)后备猪每天每头喂2.0～2.5 kg，根据不同体况、配种计划增减喂料量。后备母猪在第一个发情期开始，要安排喂催情料，一般比常规喂料量多1/3，配种后料量减到1.8～2.2 kg。

(8)进入配种区的后备母猪每天用公猪试情检查。以下方法可以刺激母猪发情、调圈：与不同的公猪接触；尽量靠近发情的公猪；进行适当的运动；限饲与优饲；应用激素。

(9)凡进入配种区后超过60 d不发情的母猪应淘汰。对患有喘气病、胃肠炎、肢蹄病的后备母猪，应单独饲养在一栏内，此栏应位于猪舍的最后。观察治疗一个疗程仍未见有好转的，应及时淘汰。

(10)后备猪每天分批次赶到运动场运动1～2 h。

(11)后备母猪在6～7月龄转入配种舍，小群饲养(每栏5～6头)。后备母猪的配种月龄须达到8月龄，体重要达到110 kg以上。公猪单栏饲养，配种月龄须达到9月龄，体重要达到130 kg以上。

(二)配种妊娠舍饲养管理技术操作规程

1. 工作目标

(1)按计划完成每周配种任务，保证全年均衡生产。

(2)保证配种分娩率在85%以上。

(3)保证窝平均产活仔数在10头以上。

(4)保证后备母猪合格率在90%以上(转入基础群为准)。

2.操作规程

发情鉴定一般选择在母猪喂料后半小时表现平静时进行，每天进行两次发情鉴定，上、下午各一次，采用人工查情与公猪试情相结合的方法。配种员所有工作时间的1/3应放在母猪发情鉴定上。

母猪的发情表现：阴门红肿，阴道内有黏液性分泌物；在圈内来回走动，频频排尿；神经质，食欲差；压背静立不动；互相爬跨，接受公猪爬跨。也有发情不明显的，发情检查最有效的方法是每日用试情公猪对待配母猪进行试情。

3.配种

配种程序：先配断奶母猪和返情母猪，然后根据满负荷配种计划有选择地配后备母猪，后备母猪和返情母猪需配够3次。目前采用“1+2”配种方式，即第一次本交，第二、第三次人工授精，条件成熟时推广“全人工授精”的配种方式。

不同阶段母猪的配种间隔如下所述。

经产母猪：上午发情，下午配第一次，次日上、下午配第二、第三次；下午发情，次日早配第一次，第三日上、下午配第二、第三次，经产母猪两日内配完。断奶后发情较迟(7 d以上)的母猪及复发情的母猪，要早配(发情即配)。

初产母猪：当日发情，次日起配第一次，随后每间隔8～12 h配第二、第三次，一般来说，两日内配完；个别的三日内配完(一、二次配种情况不稳定时，其后配种间隔时间拉长)。超期发情(8.5月龄以上)的后备母猪，要早配(发情即配)。

4.人工授精技术操作规程

具体见人工授精相关技术。

5.分娩舍饲养管理技术操作规程

(1)工作目标

①按计划完成母猪分娩产仔任务。

②哺乳期成活率在95%以上。

③仔猪3周龄断奶平均体重不少于6.0 kg，4周龄断奶平均体重不少于7 kg。

(2)操作规程

产前准备：

①空栏彻底清洗，检修产房设备，之后用消毒药连续消毒2次，晾干后备用。第二次消毒最好采用火焰消毒或熏蒸消毒。

②产房温度最好控制在25 ℃左右，湿度65%～75%，产栏安装滴水装置，夏季头颈部滴水降温。

③确认预产期，母猪的妊娠期平均为114 d。

④产前、产后3 d母猪减料，以后自由采食，产前3 d开始投喂小苏打或芒硝，连喂1周，分娩前检查乳房是否有乳汁流出，以便做好接产准备。

⑤准备好 5%碘酊、0.1% $KMnO_4$ 消毒水、抗生素、催产素、保温灯等药品和工具。

⑥分娩前用 0.1% $KMnO_4$，消毒水清洗母猪的外阴和乳房。

⑦临产母猪提前一周上产床，上产床前清洗消毒，驱体内外寄生虫一次。

判断分娩：

①阴道红肿，频频排尿。

②乳房有光泽、两侧乳房外涨，用手挤压有乳汁排出，初乳出现后 12～24 h 内分娩。

接产：

①要求有专人看管，接产时每次离开时间不得超过半小时。

②仔猪出生后，应立即将其口鼻黏液清除、擦净，用抹布将猪体抹干，发现假死猪及时抢救，产后检查胎衣是否全部排出，如胎衣不下或胎衣不全可肌内注射催产素。

③断脐用 5%碘酊消毒。

④把初生仔猪放入保温箱，保持箱内温度在 30 ℃以上。

⑤帮助仔猪吃上初乳，固定乳头，初生重小的放在前面、大的放在后面。仔猪吃初乳前，每个乳头的最初几滴奶要挤掉。

⑥有羊水排出、强烈努责后 1 h 仍无仔猪排出或产仔间隔超过 1 h，即视为难产，需要人工助产。

6.保育舍饲养管理技术操作规程

(1)工作目标

①保育期成活率在 95%以上。

②60 日龄转出体重在 20 kg 以上。

(2) 操作规程

①转入猪前，空栏要彻底冲洗消毒，空栏时间不少于 3 d。

②每周有批次的猪群转入、转出，猪栏的猪群批次清楚明了 。

③刚转入小猪的猪栏，要用木屑或棉花将饮水器乳头撑开，使其有小量流水，诱导仔猪饮水和吃料。经常检查饮水器。

④头两天注意限料，以防消化不良引起下痢。以后自由采食，勤添少添，每天添料 3～4 次。

⑤及时调整猪群，强弱、大小分群，保持合理的密度，病猪、僵猪及时隔离饲养。注意链球菌病的防治。

⑥保持圈舍卫生，加强猪群调教，训练猪群吃料、睡觉、排便“三定位”。尽可能不用水冲洗有猪的猪栏(炎热季节除外)，注意舍内湿度。

⑦头一周，饲料中适当添加一些抗应激药物，如维生素 C、多种维生素、矿物质添加剂等。同时饲料中适当添加些抗生素药物，如强力霉素、利高霉素、土霉素、卡那霉素等。一周后驱体内外寄生虫一次。

⑧清理卫生时注意观察猪群排粪情况；喂料时观察食欲情况；休息时检查呼吸情况，发现病猪，及时对症治疗。严重病猪隔离饲养，统一用药。

⑨按季节温度的变化，做好通风换气、防暑降温及防寒保温工作。注意舍内有害气体浓度。

⑩分群、合群时，为了减少相互咬架产生应激，应遵守“留弱不留强”“拆多不拆少”“夜并昼

不并”的原则，可对并圈的猪喷洒药液（如来苏儿），清除气味差异，并圈后饲养人员要多加观察（此条也适合于其他猪群）。

⑪每周消毒两次，每周消毒药更换一次。

7.生长育肥舍饲养管理技术操作规程

(1)工作目标

①育成阶段成活率≥99%。

②饲料转化率(15～90 kg阶段)≤2.7∶1。

③日增重(15～90 kg阶段)≥650 g。

④生长育肥阶段(15～95 kg)饲养日龄≤119 d。

(2)操作规程

①转入猪前，空栏要彻底冲洗消毒，空栏时间不少于3 d。

②转入、转出猪群每周一批次，猪栏的猪群批次清楚明了。

③及时调整猪群，强弱、大小、公母分群，保持合理的密度，病猪及时隔离饲养。

④49～77日龄喂小猪料，78～119日龄喂中猪料，120～168日龄喂大猪料，自由采食，喂料时参考喂料标准，以每餐不剩料或少剩料为原则。

⑤保持圈舍卫生，加强猪群调教，训练猪群吃料、睡觉、排便“三定位”。

⑥干粪便要用车拉到化粪池，然后再用水冲洗栏舍，冬季每隔一天冲洗一次，夏季每天冲洗一次。

⑦清理卫生时注意观察猪群排粪情况；喂料时观察食欲情况；休息时检查呼吸情况；发现病猪，及时对症治疗。严重病猪隔离饲养，统一用药。

⑧按季节温度的变化，调整好通风降温设备，经常检查饮水器，做好防暑降温等工作。

⑨分群、合群时，为了减少相互咬架而产生应激，应遵守“留弱不留强”“拆多不拆少”“夜并昼不并”的原则，可对并圈的猪喷洒药液（如来苏儿），清除气味差异，并后饲养人员要多加观察（此条也适合于其他猪群）。

⑩每周消毒一次，每周消毒药更换一次。

⑪出栏猪要事先鉴定合格后才能出场，残次猪特殊处理出售。

知识拓展

一、猪场饮用水管理制度

①严格执行NY 5027—2008规定的饮用水质量标准，场内一律使用经检验合格的水，严禁使用其他未经检验的水源。

②经常清洗消毒饮水器、水池等饮水设备，避免细菌滋生。

③各栏舍安装安全可靠的送水、饮水装置，避免饮用水受外界污染。

④保持排水、排污渠道畅通，防止积水现象。污水必须经厌氧发酵处理后方能排放或使用。

⑤定期对水源进行质量监测，掌握用水质量情况。

⑥有专人负责养殖场用水管理工作。

二、卫生消毒制度

①消毒剂的选择要考虑人畜安全，应选择对设备没有破坏性，既要效果好，又要毒性小的消毒剂。

②本场工作人员进入生产区必须更衣、换鞋、用紫外线消毒等、严格控制外来人员进入生产区，必须进入的，要更衣、换鞋，并经过严格的消毒程序。

③定期带猪消毒。

④定期对猪舍、保温箱、补料槽、饲料车、料箱及其他用具进行消毒。

⑤猪转群后或销售后的栏舍要进行彻底消毒，猪转群时猪体要进行冲洗消毒。

⑥产房内的母猪产前要进行一次全身消毒和栏内消毒；产后要及时清理产栏，并进行消毒。

⑦定期对场、舍周围及场内污水池、排粪坑、下水道口等进行消毒；在大门口、猪舍入口设消毒池，定期更换消毒药，出入车辆、人员必须进行消毒。

三、猪场引种制度

①坚持自繁自养的原则。

②需要引种时，应从具有种猪经营许可证的种猪场引进，并按照规定进行检疫。

③引进的种猪，隔离观察 15～30 d，经兽医检疫确定为健康合格后，方可供繁殖使用。

④引种前应调查产地是否为非疫区，不得从疫区引进种猪。

⑤猪只在装运及运输过程中严禁接触其他偶蹄动物，运输车辆要进行装前、卸后彻底清洗消毒。

四、猪场免疫制度

①使用的疫苗必须符合《兽用生物制品质量标准》，到有资格经营生物制品的供应点选购，禁止从非法渠道购买疫苗。

②疫苗必须按有关规定保存、运输和使用。

③根据本场实际情况，制定科学的免疫程序，并在生产过程中严格执行。

④免疫用具在免疫前后应彻底消毒。

⑤剩余或废弃的疫苗以及使用过的疫苗瓶要集中进行无害化处理，不得乱扔。

五、猪场疫病防治制度

①坚持“预防为主”，按时做好计划免疫接种。

②猪场环境布局合理，设施符合防疫的要求。场内生产区和生活区分开，并建有消毒兽医室、隔离室、病死畜无害化处理间。出入生产区要更衣换鞋，进行消毒或淋浴。场内定期灭蚊、灭鼠等。

③猪场内严禁饲养与本场防疫要求相关的畜禽和犬、猫等其他动物；猪场职工及食堂不得外购生鲜肉品及副产品。本场兽医、配种人员不准对外诊疗动物疾病和对外开展配种工作。

④开展疫病监测工作。猪场应定期对口蹄疫、猪传染性水疱病、猪瘟、猪繁殖与呼吸综合征、伪狂犬病、乙型脑炎、布鲁氏菌病、猪囊虫病和弓形虫病等进行监测。

⑤疫病控制和扑灭。当发生猪口蹄疫、炭疽、猪水疱病时，必须立即报告当地畜牧兽医行政管理部门，并立即采取封锁和扑灭措施，扑杀和销毁病畜。发生猪瘟、伪狂犬病、猪繁殖与呼吸综合征时应采取清群和净化措施，全场进行彻底消毒，病死或淘汰的猪尸体按标准进行无害化处理和消毒。

⑥饲养员必须注意观察、检查猪群，发现病猪及时报告，并协助兽医员做好日常治疗工作。

⑦兽医员要经常深入猪舍，发现疾病及早治疗，疑难病例要及时组织会诊，采取相应的防制措施，做好诊断、治疗等记录.

六、猪场饲料、添加剂使用管理制度

①饲料原料和饲料添加剂符合 NY 5032—2006 的规定要求。

②使用的饲料、添加剂必须来自具有生产许可证和产品批准文号的生产企业。

③禁止使用国家停用、禁用或者淘汰的饲料、添加剂以及未经审定公布的饲料、添加剂。

④禁止使用未经国家批准的进口饲料、添加剂。

⑤禁止使用失效、霉变或超过保质期的饲料、添加剂。

⑥禁止在饲料、饮用水中添加激素药物及国家规定的其他禁用药品。

⑦禁止在饲料中添加“瘦肉精”等国家禁用的药品。

⑧使用的添加剂必须严格遵守国家制定的安全使用规范。

⑨在猪的不同生长期和生理阶段，根据营养需求，配制不同的配合饲料，不同阶段的饲料，包装、标识要有所区别。

⑩禁止用制药工业副产品作饲料原料，不给育肥猪使用高铜、高锌日粮。

⑪使用含有抗生素的添加剂时，在商品猪出栏前，按准则严格执行休药期。

七、兽药使用管理制度

①保持良好的饲养管理，尽量减少疾病的发生，减少药物的使用量。

②仔猪、生长猪必须治疗时，药物的使用应符合规定要求。

③所用兽药必须来自具有“兽药生产许可证”和产品批准文号的生产企业，或者具有“进口兽药许可证”的供应商。所用兽药的标签符合《兽药管理条例》的规定。

④优先使用疫苗预防动物疫病，使用的疫苗应符合《兽用生物制品质量标准》。

⑤禁止使用人用药。

⑥禁止使用麻醉药、镇痛药、镇静剂、中枢兴奋药、化学保定药及骨骼松弛药。禁止使用未经国家畜牧兽医行政管理部门批准的用基因工程生产的兽药。禁止使用未经农业农村部批准或已淘汰的兽药。

⑦药物购回后，保管员应对其进行验收(包括厂家、批准文号、有效期、是否为禁用药等)，合格者登记入库，不合格者上报有关负责人进行处理，禁止入库。

⑧凭处方领取药物，处方由兽医人员开具，所领取的药物按领取部门及药物名称分类进行严格登记。按疗程用药，杜绝药物的滥用和浪费。

⑨育肥后期的商品猪，尽量不使用药物，必须治疗时，根据所用药执行停药期(未规定停药期的品种，停药期不应少于 28 d)。

⑩建立并保存全部用药记录。治疗用药记录包括生猪编号，发病时间及症状，治疗用药名

称(商品名及有效成分),给药途径,给药剂量,疗程,康复情况等。

八、病死猪、废弃物的处理制度

①淘汰、处死的可疑病猪,应采取无血液和浸出物散播的方法进行扑杀,传染病猪尸体按标准进行处理。

②不得出售病猪、死猪。

③有治疗价值的病猪应隔离饲养,由兽医进行诊治。

④猪场废弃物处理实行减量化、无害化、资源化原则。

⑤粪便经堆积发酵后作农业用肥。

⑥猪场污水应经发酵、沉淀后才能作为液体肥使用。

九、资料记录制度

①认真做好日常生产记录,记录内容包括引种、配种、产仔、哺乳、断奶、转群饲料消耗等。

②种猪要有来源、特征、主要生产性能记录。

③做好饲料来源、配方及各种添加剂使用情况记录。

④兽医人员做好免疫、用药、发病和治疗情况记录。

⑤每批猪出场应有销售地记录,以备查询。

⑥资料应尽可能长期保存,最少保留两年。

十、猪场工作人员管理制度

①必须定期体检,取得健康合格证后方可上岗。

②生产人员进入生产区时应更换衣鞋、按程序消毒。工作服保持清洁、定期消毒。

③猪场兽医人员不准对外诊疗动物疾病,猪场配种人员不准对外开展猪的配种工作。

④非生产人员一般不允许进入生产区,特殊情况下,需经更换衣鞋、按程序消毒后方可入场,并遵守场内的一切防疫制度。

十一、猪场主管领导岗位责任制

①全面负责猪场生产、示范、培训工作,制订计划、管理制度,组织实施,督促检查。

②严格按养殖业无公害产品标准组织猪场生产、科技示范工作,确保上市的猪肉符合无公害猪肉标准。

③审查、批准猪场科研、生产示范的技术方案,督促、检查实施情况。

④对猪场经营状况承担责任,做到财务收支平衡,努力开发市场,增加收入,严格控制支出,降低成本。

⑤严格监督、检查各部门工作,发现问题须及时组织有关人员解决。

十二、猪场技术员岗位责任制

①严格按养殖业无公害产品标准开展猪场的生产示范工作。

②禁止在生产过程中使用违禁药物,控制兽药的使用范围及使用量,严格执行休药期制度。

③须对饲料、兽药等投入品的使用情况进行登记，建立生产管理。

④制订生产计划，报技术负责人审核后，组织实施并对生产中出现的各种情况及时向技术负责人做好汇报。

⑤根据技术负责人的安排，协助完成猪场对外接待及技术培训工作。

职业技能测试题

一、选择题

1. 初生仔猪登记要求（　　）三方到场签字确认。

A. 场长、统计员、配种员　　B. 技术员、统计员、配种员

C. 统计员、配种员、产房饲养员　　D. 技术员、统计员、产房饲养员

2. 场内猪只转群时，统计员到场点头数、称重量，填写（　　），并要求转出、转入方饲养员签字确认。

A. 猪只转群报告单　　B. 生产周报表

C. 育肥猪生产统计表　　D. 配种产仔通用报表

3. 养猪生产中的各项消耗，有的直接与产品生产有关，这种开支叫（　　）。

A. 管理费用　　B. 直接生产成本

C. 间接成本　　D. 期间费用

4. 猪场生产例会由（　　）主持。

A. 生产主管　　B. 技术员　　C. 饲养员　　D. 场长

5. 配种时先配（　　），然后根据满负荷配种计划有选择地配后备母猪，后背母猪和反情母猪需要配够 3 次。

A. 断奶母猪和返情母猪　　B. 断奶母猪

C. 返情母猪　　D. 后备母猪

二、综合测试

1. 简述猪场管理数据的重要性。
2. 如何开好生产例会？
3. 分娩舍饲养管理技术操作规程。
4. 如何管理和控制饲料成本？
5. 在养猪生产实践中，需要记录成本的项目有哪些？

参考文献

[1] 李立山.猪生产.北京:中国农业出版社,2011.
[2] 靳胜福.畜牧业经济与管理.北京:中国农业出版社,2008.
[3] 李军成,任德云.养猪与猪病防治.北京:中国农业出版社,2014.
[4] 李立山,张周.养猪与猪病防治.北京:中国农业出版社,2006.
[5] 鄂禄祥,吕丹娜.猪生产.北京:化学工业出版社,2016.
[6] 李清宏.猪生产学.北京:中国农业出版社,2021.
[7] 刘凤华.家畜环境卫生学.北京:中国农业出版社,2006.
[8] 颜培实,李如治.家畜环境卫生学.北京:高等教育出版社,2011.
[9] 邢军.养猪与猪病防治.3版.北京:中国农业大学出版社,2022.
[10] 宋育.猪的营养.北京:中国农业出版社,1995.
[11] 刘孟洲.猪的配套系育种与甘肃猪种资源.兰州:甘肃科学技术出版社,2007.
[12] 美国国家研究委员会.[美]猪营养需要.谯仕彦等,译.北京:中国农业大学出版社,1998.
[13] 李清宏.猪饲养管理新技术.北京:中国社会出版社,2006.
[14] 杨公社.猪生产学.北京:中国农业出版社,2002.
[15] 李俊柱.规模猪场生产管理手册.北京:中国农业出版社,2010.
[16] 吴德.猪标准化规模养殖图册.北京:中国农业出版社,2013.